异方差模型的统计推断

徐登可　张忠占　吴刘仓　著

科学出版社

北京

内 容 简 介

本书系统地介绍了双重广义线性模型等异方差回归模型的理论、方法和应用. 内容主要包括: 高维数据下双重广义线性模型的变量选择研究, 纵向数据下均值–协方差模型的变量选择和贝叶斯分析, 半参数异方差模型的变量选择和贝叶斯分析, 偏正态异方差模型的异方差检验和贝叶斯分析, 半参数混合效应双重回归模型的贝叶斯分析, 以及双重 Logistic 回归模型在妊娠期高血压疾病危险因素分析中的具体应用.

本书可作为统计学、生物医学、质量管理与控制、经济金融等相关专业研究生的教学参考书, 也可供相关专业的教师、科研人员和统计工作者参考.

图书在版编目(CIP)数据

异方差模型的统计推断/徐登可, 张忠占, 吴刘仓著. —北京: 科学出版社, 2021.1

ISBN 978-7-03-067710-5

Ⅰ. ①异… Ⅱ. ①徐… ②张… ③吴… Ⅲ. ①计量经济学-应用-统计推断 Ⅳ. ①O212

中国版本图书馆 CIP 数据核字 (2021) 第 000864 号

责任编辑: 李 欣 赵 颖 / 责任校对: 彭珍珍
责任印制: 吴兆东 / 封面设计: 无极书装

科学出版社 出版
北京东黄城根北街 16 号
邮政编码: 100717
http://www.sciencep.com

北京九州迅驰传媒文化有限公司 印刷
科学出版社发行 各地新华书店经销
*
2021 年 1 月第 一 版 开本: 720×1000 B5
2021 年 1 月第一次印刷 印张: 10 1/2
字数: 212 000
定价: **88.00 元**
(如有印装质量问题, 我社负责调换)

前　　言

在经典的线性回归模型中, 观测值的方差齐性是一个基本的假定. 在此假定下, 方可进行常规的统计推断. 若方差非齐而且未知, 则回归分析将会遇到诸多问题, 我们称方差非齐为异方差. 人们发现在现实生活中, 异方差数据是大量存在的, 所以观测值的方差齐性这种假定有时并不一定成立. 处理异方差的方法常见的有两类: 第一类, 数据变换法, 如方差稳定化变换和经典的 Box-Cox 变换, 经过变换后转化为同方差处理; 第二类, 方差建模法, 不仅对均值而且也对方差建立统计模型, 称为异方差回归模型, 我们也称之为均值–方差模型. 均值–方差模型是 20 世纪 80 年代发展起来的一类重要的统计模型, 该模型既对感兴趣的均值参数建模, 又对感兴趣的方差参数建模. 它比单纯的均值回归模型有更大的适应性, 并具有较强的解释能力. 一方面, 该模型的一个特点是对方差的重视, 它能更好地解释数据变化的原因和规律, 这是数据分析中一个重要的发展趋势, 这种思想也体现在质量管理方面, 比如, 日本田口学派的一个重要贡献是控制产品性能指标的方差. 另一方面, 为了研究影响方差的因素, 从而有效控制方差, 有必要建立关于方差参数的模型, 并且均值–方差模型的实际背景主要来源于产品的质量改进试验, 典型的例子是试验设计中的田口方法, 它是日本田口玄一所创立的一种以廉价的成本实现高性能产品的稳健设计方法. 因此, 对均值–方差模型进行系统深入的研究是十分必要的. 另外, 为了更全面准确地分析复杂异方差数据, 本书主要针对纵向数据、偏态数据等复杂数据较系统地研究双重广义线性模型等异方差回归模型的变量选择、方差齐性检验以及贝叶斯估计等统计推断, 并结合社会科学、生物医学等学科中的一些实际复杂异方差数据作相关统计分析, 为这些学科的研究和发展提供了新的统计分析方法, 这也丰富和拓展了均值–方差模型的理论与方法.

我们希望本书的出版能引起回归分析、产品的质量管理与控制、经济和金融中风险管理等关注方差或波动领域方面的学者以及实际使用者的兴趣. 特别地, 第 2~7 章的部分内容还可以继续深入研究, 希望有兴趣的读者通过本书的介绍能在相关领域作进一步的研究工作. 本书共 7 章. 第 1 章主要介绍了异方差回归模型及其推广, 同时介绍本书用到的变量选择等方法. 第 2 章基于一种有效的惩罚伪似然方法研究了高维数据下双重广义线性模型的变量选择问题. 第 3 章研究了纵向数据下均值–协方差模型的变量选择和贝叶斯估计问题. 第 4 章研究了半参数均值–方差模型的变量选择和贝叶斯估计问题. 第 5 章研究了偏正态分布下异方差模型的参数估计、异方差检验、贝叶斯分析等统计推断问题. 第 6 章研究了半参数混合效应双重回归模型的贝叶斯估计. 第 7 章主要研究了双重 Logistic 回归模型在妊娠期高血压疾病危险因素分析中的具体应用.

本书的出版得到了国家自然科学基金项目 (11771032, 11861041)、中国博士后科学基金资助项目 (2014M562348)、云南省概率论与数理统计硕士生导师团队建设项目 (109920190058) 和昆明理工大学应用统计学科方向团队建设项目 (14078358) 的支持, 特此表示衷心的感谢! 本书写作过程中, 得到了科学出版社的关心与帮助, 特别要感谢李欣编辑, 她对本书的写作、审定与出版都给予了大力的支持和帮助, 特此表示衷心的感谢!

由于作者水平有限, 书中难免有不妥之处, 敬请广大读者批评指正.

徐登可　张忠占　吴刘仓

2019 年 12 月

目　　录

第1章 绪 论

在经典的回归模型中, 观测值的方差齐性是一个基本的假定, 在此假定下, 方可进行常规的统计推断. 然而在大多数社会经济现象中, 存在大量的异方差 (即方差非齐, 又称为异方差) 数据, 所以这种假定不一定成立. 处理异方差的常见方法有两类: 第一类, 数据变换法, 如方差稳定化变换和经典的 Box-Cox 变换 (韦博成等, 2009), 经过变换后转化为同方差处理; 第二类, 方差建模法 (Park, 1966; Harvey, 1976; Aitkin, 1987; Verbyla, 1993; Engel and Huele, 1996; Taylor and Verbyla, 2004; 王大荣, 2009), 不仅对均值而且也对方差建立统计模型, 称为异方差回归模型, 我们也称之为均值-方差模型. 事实上, 随着人们对现实世界越来越深入的认识, 很多现实生活的事件、现象、过程等也表现得越来越复杂, 这也将导致我们研究的实际数据变得错综复杂. 如果只是用简单的统计模型来描述和研究, 很多分析已经不能得到真实的实际结果. 因此我们很有必要针对这些复杂现象, 采用比较复杂的模型来描述, 均值-方差模型就是其中一种. 它主要的特点就是体现在对方差的重视, 能更好地解释数据变化的原因和规律, 这也是数据分析中一个重要的发展趋势. 另外, 在许多统计推断中, 均值永远是主题, 是主要感兴趣的部分. 但是, 一方面为了提高均值推断的效率, 需要数据或者模型的方差的正确估计 (Carroll, 1986; Carroll and Rupert, 1988); 另一方面, 方差部分也是主要感兴趣的, 如在经济、金融、生物领域中, 方差是描述随机波动和风险的度量, 这些量是这些领域主要感兴趣的. 因此, 方差建模与均值建模具有同等重要的地位. 相比均值建模, 方差建模研究方兴未艾.

另外, 变量选择是统计分析与推断中的重要内容, 也是当今研究的热点课题 (王大荣和张忠占, 2010; Fan and Lv, 2010). 变量选择作为模型选择的一种手段, 基于这样的考虑: 首先, 建立统计模型的目的往往不只是通过模型对数据进行总结, 还要通过分析认识客观规律, 并在今后的实践中利用这些规律. 一旦选入本来与响应无关的协变量, 不仅干扰了对于变量间关系的理解, 而且对有些实际问题, 某些自变量的观测数据的获得代价昂贵, 这样不但浪费人力物力, 还可能造成损失. 其次, 研究表明, 在回归模型建模过程中, 如果把一些对响应变量影响不大, 甚至没有影响的协变量选入回归模型中来, 不但计算量大, 估计和预测的精度也会下降. 当然, 漏选变量所造成的问题也不言而喻. 因此, 简而言之, 变量选择就是一种从大量协变量中挑选出所有相关或有重要影响的协变量, 从而建立一个简洁模型的技术. 它的主要目的是改善预测变量的预测效果, 给出更有效的估计值, 对产生数据的潜在模型提供更好的理解, 这样我们就很有必要对模型的自变量选择做一些深入的理论分析. 随着科学技术和计算机的迅速发展, 统计问题的规模和复杂性都有了急剧的增加. 在许多实际问题中收集了海量的复杂数据, 为准确、及时地分析来自各个领域的复杂现象, 发展了大量有效的复杂模型. 这也使得对复杂数据下复杂模型进行变量选择等统计推断成为现代统计研究的前沿问题之一. 但是针对变量选择, 目前, 大多数文献集中于对均值回归模型的变量选择 (Fan and Li, 2001, 2012, 2004, 2006; Li and Liang, 2008; Garcia et al., 2010; Zhao and Xue, 2009a; Wang et al., 2008; Johnson, 2008; Johnson et al., 2008; Fan et al., 2012), 对均值–方差模型的变量选择的研究还不多见. 特别地, 均值–方差模型同时变量选择对了解复杂的社会经济现象和改进工业产品的质量试验具有十分重要的理论意义和实用价值. 因此, 本书主要针对高维数据、纵向数据和偏态数据等复杂数据较系统地研究双重广义线性模型以及半参数均值–方差模型等复杂异方差模型的变量选择、异方差检验、贝叶斯分析等统计推断问题, 这也为揭示各种学科中复杂异方差数据的规律性提供一些新的统计方法.

1.1　模　　型

变量选择、方差齐性检验和贝叶斯分析等都是基于模型的方法, 因此, 首先很有必要对模型的演变以及我们要研究的模型进行简单的介绍.

1.1.1　线性回归模型

线性回归模型, 又称为线性模型, 是现代统计学中发展较早、理论最丰富而且应用最广泛的一个重要分支. 过去几十年中, 线性模型不仅在理论研究方面甚为活跃, 获得了长足的发展, 而且在工农业、气象地质、经济管理、医药卫生、教育心理等领域的应用也日渐广泛 (Searle, 1971; Christensen, 1987; Wang and Chow, 1994; Rao and Toutenburg, 1995; 王松桂等, 2004; Chatterjee and Hadi, 2006).

正态线性模型的一般形式如下

$$Y_i = X_i^{\mathrm{T}} \beta + \varepsilon_i, \quad i = 1, 2, \cdots, n, \qquad (1-1)$$

其中 $\varepsilon_i \sim N(0, \sigma^2)$, Y_i 是响应变量, $X_i = (X_{i1}, \cdots, X_{ip})^{\mathrm{T}}$ 为 p 维解释变量向量, $\beta = (\beta_1, \beta_2, \cdots, \beta_p)^{\mathrm{T}}$ 为 p 维未知回归参数. 由于正态线性回归模型 (1-1) 的回归函数部分中仅回归参数 β 是未知的, 因此若得到 β 的估计, 则自然也得到了回归函数的估计, 从而可以进行统计预测等其他统计推断研究. 在正态线性回归模型下, 估计 β 的常用方法是极大似然估计, 在观测样本 $(Y_i, X_{i1}, X_{i2}, \cdots, X_{ip})$, $i = 1, 2, \cdots, n$

下, β 的极大似然估计可以表达为

$$\hat{\beta} = \left(\sum_{i=1}^{n} X_i X_i^{\mathrm{T}}\right)^{-1} \sum_{i=1}^{n} X_i Y_i.$$

不难发现, 线性回归模型的回归函数形式较为简单, 估计方便, 且由于该模型仅依赖于有限个回归参数, 因此当实际问题与假设模型较为接近时, 其统计推断往往具有较高的精度. 然而, 随着人们对现实世界越来越深入的认识, 很多现实生活的事件、现象、过程等也表现得越来越复杂, 这也将导致我们研究的实际数据变得错综复杂. 因此, 为了能准确及时地分析来自各个领域的复杂数据, 一方面发展了大量有效的复杂模型, 比如, 非参数回归模型、半参数回归模型、变系数回归模型和部分线性变系数回归模型等. 但这些模型本质上都是对响应变量的均值或者条件均值建模, 其中方差看作讨厌参数. 另一方面, 正态线性回归模型观测值的方差齐性是一个基本的假定, 在此假定下, 方可进行常规的统计推断. 然而在大多数社会经济现象中, 存在大量的异方差数据, 所以观测值的方差齐性这种假定有时并不切合实际. 而在许多应用领域, 特别在经济领域和工业产品的质量改进试验中, 非常有必要对方差建模, 以便更好地了解方差的来源, 达到有效控制方差的目的. 另外, 方差建模本身具有科学意义, 而且对有效估计和正确推断均值参数起到非常关键的作用, 所以方差建模与均值建模具有同等重要的地位. 近些年来, 同时对均值和方差建模引起了许多统计学者的研究兴趣. 下面介绍本书研究的主要模型.

1.1.2　双重广义线性回归模型

线性回归模型的一个极其重要的发展与推广领域就是 Nelder 和 Wedderburn (1972) 在其论文中首次提出的广义线性模型 (Generalized Linear Model, GLM). 广义线性模型刚一提出便受到统计学界很大的重视, 自 1970 年以来发表的相关论文数以千计 (Fahrmeir and Kaufmann, 1985; McCullagh and Nelder, 1989; Stefanski and Carroll, 1990; Wang et al., 1998; Stute and Zhu, 2002). 1983 年 McCullagh 和 Nelder 出版了有关广义线性模型的同名著作, 并在 1989 年出了第二版 (McCullagh and Nelder, 1989).

广义线性回归模型的提出源于线性回归在应用上有两个重要的缺点和局限 (Pregibon, 1984): 一是适用于因变量 Y 取连续值的情况, 它特别不适用于分类数据; 二是 Y 的期望与自变量 X 是用线性关系相联系的, 选择面太窄, 往往与实际情况不符. 另外, 线性回归推断基本上只适用于误差正态的情形, 在某些 Y 取连续值的场合, 比如, Y 的分布是偏态的 (如指数分布、Gamma 分布时), 线性回归模型不是一个合适的工具. 因此广义线性模型主要体现在两个方面的改进, 随机部分和系统部分. 对于随机部分, 将随机误差由服从正态分布这一个条件放宽为

单参数指数族分布, 该分布族包括了正态分布、二项 (Binomial) 分布、Gamma 分布、Poisson 分布、对数正态分布等许多常见分布. 从而可适用于连续数据和离散数据 (McCullagh and Nelder, 1989; Lee et al., 2006), 特别是后者数据类型的拓展, 如属性数据等. 假定 Y_i 服从单参数指数族分布, 则该分布族的密度函数为

$$f(Y_i; \theta_i, \phi) = \exp\{(Y_i\theta_i - b(\theta_i))/a(\phi) + c(Y_i, \phi)\},$$

其中 θ_i 称为典则参数 (Canonical Parameter), ϕ 称为散度参数 (Dispersion Parameter), $a(\phi), b(\theta_i)$ 以及 $c(Y_i, \phi)$ 均为已知函数. Y_i 的均值和方差分别为

$$\mu_i = \dot{b}(\theta_i), \tag{1-2}$$

$$\mathrm{Var}(Y_i) = \phi\ddot{b}(\theta_i) = \phi\frac{d\mu_i}{d\theta_i} \equiv \phi V(\mu_i). \tag{1-3}$$

(1-3) 式可以看出, Y_i 的方差由两部分的乘积构成: 与均值 μ_i 无关的散度参数 ϕ, 以及均值的函数 $V(\mu_i)$ (称为方差函数). 可以看出, 散度参数 ϕ 与 Y_i 的方差有关. 例如, 在通常的正态线性回归模型中, $Y_i \sim N(X_i^{\mathrm{T}}\beta, \sigma^2)$, 其中 σ^2 就起着此处 ϕ 的作用. 有关方差函数的选择主要依赖于所使用的分布. 例如, 对于正态分布, $V(\mu) = 1$; 对于 Poisson 分布, $V(\mu) = \mu$; 对于逆高斯分布, $V(\mu) = \mu^3$; 对于 Gamma 分布, $V(\mu) = \mu^2$.

广义线性模型的另一个推广就体现在系统部分, 主要为通过引入一个严格单调可微函数 $g(\cdot)$, 使得

$$\eta_i = g(\mu_i) = X_i^{\mathrm{T}}\beta,$$

其中 $g(\cdot)$ 称为联系函数 (Link Function). 针对不同的分布定义不同的联系函数.

由于上述两个推广, 经典线性模型中独立同方差的条件自然也就放宽了, 独立性仍然保持, 而方差可以不同. 因此, 广义线性模型可以容纳通常的 Logistic 回归模型、对数线性模型以及 Poisson 模型等, 具有广泛的应用背景.

另外, 广义线性模型类虽然包括了许多非常有用的模型, 然而它仍然存在许多局限性, 主要有以下几个方面 (Pregibon, 1984):

(i) 以一个线性预测子 $\eta_i = X_i^{\mathrm{T}}\beta$ 为先决条件;

(ii) 分布类型完全局限于指数族分布;

(iii) 假设观测数据 $\{Y_1, Y_2, \cdots, Y_n\}$ 是相互独立的;

(iv) 在广义线性模型中, 应该有 $\mathrm{Var}(Y_i) = \phi_i V(\mu_i)$, 如果 ϕ_i 未知且不相等, 相应模型的统计推断会遇到诸多问题, 因而 ϕ_i 恒等于 ϕ 也是一个基本假定.

对于 (i)~(iii) 的扩展, Jφgensen (1987, 1997) 在前人工作的基础上定义了一类比指数族分布更加广泛的分布, 称之为再生散度模型 (Reproductive Dispersion Model, RDM), 具体定义也可以参见文献 (唐年胜和韦博成, 2007). 近年来, 有关对它的研究可以参见文献 (Tang et al., 2006; Tang et al., 2009; Chen et al., 2012) 等.

再生散度模型的提出, 不仅扩大了广义线性模型的误差分布, 同时使得广义线性模型的思想对于任意的预测子 $\eta_i = \eta_i(X_i, \beta)$ 和相依数据也适用.

然而在现实生活中我们所面对的数据是复杂多变的. 在很多情况下, 考虑的数据服从 "指数族分布" 或者 "再生散度模型" 这个假定也不一定切合实际. 比如, 当 "超散度" (Overdispersion) 出现时, 服从指数族分布的假定不再成立; 还有一些情况, 一开始就没有充分的理由取指数族分布或者再生散度模型作为模型. 这就说明, 在实际问题中, 要事先知道数据服从的分布是不容易的, 因此我们就很有必要发展出相应的统计推断方法去处理数据或者模型的分布并未确定的情形. 然而为了克服这一局限性, 早在 1974 年, Wedderburn (1974) 就提出了拟似然的概念, 它的使用只需要对分布的前两阶矩做适当的假定. 他定义满足下式的函数 $q(\mu_i; Y_i)$ 为拟似然 (Quasi Likelihood, QL):

$$\frac{\partial q(\mu_i; Y_i)}{\partial \mu_i} = \frac{Y_i - \mu_i}{\phi V(\mu_i)}. \tag{1-4}$$

拟似然法的提出扩大了广义线性模型和再生散度模型的使用范围. 大家都明白, 无论是在单参数指数族分布中还是拟似然函数中, 散度参数 ϕ 都被假设成了一个常数. 当 ϕ 已知时, 对单参数指数族分布, 拟似然和对数似然函数是相同的. 当 ϕ 未知时, 这个结论通常是不成立的. 在实际中, 除了一些标准的分布, 如正态分布、二项分布、Gamma 分布或者 Poisson 分布, ϕ 很少是已知的. 即便如此, 对于给定的数据, $\phi = 1$ 的假设是否成立也有待检验. 然而, 经典的拟似然方法却没有给出有关 ϕ 的估计. Nelder 和 Pregibon(1987) 提出了扩展拟似然 (Extended Quasi Likelihood, EQL) 的定义与方法 (参见本书第 7 章), 在一定条件下, 解决了关于 ϕ 的估计问题. 扩展拟似然函数为本书第 7 章考虑双重 Logistic 回归模型在妊娠期高血压疾病危险因素分析中的具体应用提供了方法, 但是在一般的扩展拟似然估计中可能不是相合的 (Davidian and Carroll,1988). 另外, 一种选择是伪似然 (Pseudo Likelihood, PL), 具体可以参见文献 (Engel and Huele, 1996). 不管是伪似然还是拟似然都不是真正的似然方法. 伪似然是基于矩的方法, 因此估计方程是无偏的, 这样在一般的条件下甚至不需要正态性假设就能获得估计的相合性和渐近正态性. 因此这也为本书第 2 章在高维数据下研究双重广义线性模型的变量选择问题提供了理论基础.

对于局限性 (iv) 的扩展是在 1984 年, Pregibon(1984) 提出了对散度参数建模的方法, 即考虑如下散度建模模型

$$\begin{cases} g(\mu_i) = X_i^{\mathrm{T}}\beta, \\ \mathrm{Var}(Y_i) = \phi_i V(\mu_i), \\ h(\phi_i) = Z_i^{\mathrm{T}}\gamma, \\ i = 1, 2, \cdots, n. \end{cases} \tag{1-5}$$

此时, 散度参数 ϕ_i 不再是一个常数. 我们把方程 $h(\phi_i) = Z_i^{\mathrm{T}}\gamma$ 称为散度模型. 其中 $V(\mu_i)$ 是方差函数, $X_i = (X_{i1}, \cdots, X_{ip})^{\mathrm{T}}$ 和 $Z_i = (Z_{i1}, \cdots, Z_{iq})^{\mathrm{T}}$ 分别是均值模型和散度模型中对应的解释变量向量, Y_i 是其相应的响应变量, $\beta = (\beta_1, \cdots, \beta_p)^{\mathrm{T}}$ 是均值模型中 $p \times 1$ 维未知参数向量, $\gamma = (\gamma_1, \cdots, \gamma_q)^{\mathrm{T}}$ 是散度模型中 $q \times 1$ 维未知参数向量. Z_i 可能是 X_i 的子集, 或者与 X_i 不同. $h(\cdot)$ 是另一个联系函数. Smyth(1989) 将模型 (1-5) 称为双重广义线性模型 (Double Generalized Linear Model, DGLM), 而 Lee 等 (2006) 称之为联合广义线性模型 (Joint Generalized Linear Model, JGLM). 在本书中我们沿用 Smyth(1989) 的名称, 称之为双重广义线性模型. 该模型在工业产品的质量改进试验中得到了广泛的应用.

1.1.3 纵向数据下均值−协方差模型

纵向数据是指对同一组受试个体在不同时间点上重复观测的数据. 此类数据常常出现在生物、医学、社会科学以及金融等领域. 尽管对不同个体所观测的数据是独立的, 但是对同一个个体所观测的数据往往具有相关性. 由于此类数据具有组间独立、组内相关, 并且具有多元数据以及时间序列数据的特点, 因此对纵向数据的处理方法往往比关于普通的截面数据的处理方法复杂.

从纵向数据的定义中可以看到, 个体内部不同时间的观测数据之间是相关的, 因此, 在纵向数据分析中, 协方差矩阵的估计是十分重要的, 因为考虑协方差矩阵的估计, 我们可以提高回归参数的估计效率, 同时, 协方差矩阵本身也是很感兴趣的, 通过估计协方差矩阵, 可以揭示各个因子对应变量的影响之间的相关性大小, 因此, 对协方差矩阵的估计成为分析纵向数据的核心问题.

近年来, 在纵向数据分析中, 关于协方差的统计推断已成为统计研究的热门问题之一. Liang 和 Zeger(1986) 提出了广义估计方程 (GEE) 的方法来处理纵向数据, 并且考虑了个体内部的协方差矩阵, 从而给出了均值参数的有效估计, 但是, 假如工作相关矩阵选择错误, 则该方法可能会带来估计效率的损失. 为了提高估计效率, Qu 等 (2000) 用基矩阵的线性组合估计工作相关结构的逆, 然后基于广义矩估计思想提出了二次推断函数 (QIF) 方法进行估计, 他们的理论结果和模拟结果都显示 QIF 方法优于 GEE, 特别是当选择错误的工作相关矩阵时, 其优点更加明显. 此外, Diggle 和 Verbyla(1988) 采用了核加权局部线性回归光滑的方法研究了纵向数据中协方差结构的非参数估计. Fan 等 (2007) 对纵向数据中的协方差函数提出了一类半参数模型, 基于拟似然方法和最小广义方差方法估计相关矩阵中的参数和用核方法估计边际方差, 再结合截面加权最小二乘来估计回归系数. 最后也建立了模型中估计的理论性质. 由于协方差矩阵的维数较高, 而且具有正定性限制, 因此, 直接估计协方差矩阵通常比较困难. 为了减少待估计的参数个数以及克服正定性的限制, 学者们也提出了许多不同的分解方法, 其中最重要的一种分解方法就是 Cholesky 分解, 这种分解方法是将复杂的协方差矩阵分解为相关部分和方差部分, 然后用回归方法分别对它们进行建模.

修正 Cholesky 分解法就是把协方差矩阵分解为下三角矩阵和对角矩阵. 在这里我们假设有 n 个独立样本, 并对第 i 个样本进行 m_i 次重复观测. 具体地, 记第 i 个个体在时间 $t_i = (t_{i1}, \cdots, t_{im_i})^{\mathrm{T}}$ 的响应变量向量为 $Y_i = (Y_{i1}, \cdots, Y_{im_i})^{\mathrm{T}}$, 其中 $i = 1, \cdots, n$. 我们假设响应变量服从正态分布 $Y_i \sim N(\mu_i, \Sigma_i)$, 其中 $\mu_i = (\mu_{i1}, \cdots, \mu_{im_i})^{\mathrm{T}}$ 是一个 $m_i \times 1$ 维向量, Σ_i 是一个 $m_i \times m_i$ 正定矩阵 $(i = 1, \cdots, n)$. 因为对称矩阵 Σ_i 正定的充要条件是存在唯一的下三角矩阵 T_i, 其对角线上的元素为 1, 以及唯一的对角矩阵 D_i, 其对角线上的元素都大于零, 使得 (Pourahmadi, 1999)

$$T_i \Sigma_i T_i^{\mathrm{T}} = D_i.$$

其中 T_i 和 D_i 都比较容易计算, 并且具有较好的统计意义: T_i 的下三角上的元素是 $Y_{ij} - \mu_{ij} = \sum_{k=1}^{j-1} \phi_{ijk}(Y_{ik} - \mu_{ik}) + \varepsilon_{ij}$ 中的自回归参数 ϕ_{ijk} 的负数; D_i 的对角元素是新息方差 $\sigma_{ij}^2 = \mathrm{Var}(\varepsilon_{ij})$. 用该方法分解后的下三角矩阵的元素没有限制, 因此, 对其可以用协变量进行建模, 进一步降低未知参数的个数, 这样就大大简化了计算. 此外, 该方法可以保证估计的协方差矩阵是正定的, 从而克服了协方差矩阵的正定性限制.

在纵向数据下使用这种分解的模型已经得到了很多学者的广泛研究. Pourahmadi (1999, 2000) 考虑了协方差矩阵改进的 Cholesky 分解, 然后对分解后的部分进行广义线性建模, 最后研究了模型的参数估计问题. 这种分解方法很好地解决了在纵向数据中协方差阵难估计的问题. Ye 和 Pan(2006) 提出了用 GEE 研究纵向数据下均值-协方差模型的估计问题. 其中对协方差阵的分解是采用文献 (Pourahmadi, 1999, 2000) 中的分解方式, 最后也给出了参数估计量的渐近正态性. Kou 和 Pan(2009) 提出了用惩罚似然函数的方法对在纵向数据下的均值-协方差联合建模的模型中的参数进行变量选择. 其中协方差建模是对模型中的协方差阵进行参数化后再进行建模, 并且也讨论了变量选择结果的理论性质. Lin 和 Wang (2009) 讨论了在纵向数据下 t 分布的均值方差同时建模的稳健估计, 但是没有详细地探讨估计的理论性质. Leng 等 (2010) 研究分析了纵向数据下半参数均值-协方差同时建模的参数估计问题, 其中非参数部分利用 B 样条基函数逼近的方法, 最后给出了参数估计和非参数估计的理论性质. Mao 和 Zhu(2011b) 使用改进的 Cholesky 分解研究了纵向数据下半参数均值-协方差模型的参数估计问题, 其中非参数部分采用核估计, 最后也得到了估计量的渐近正态性. Mao 和 Zhu(2011a) 使用改进的 Cholesky 分解研究了纵向数据下半参数均值-协方差模型的参数估计问题, 其中非参数部分采用局部线性估计, 最后也研究了估计量的理论性质.

根据 Rothman 等 (2010) 提出的分解思想, 令 $L_i = T_i^{-1}$ 为对角线元素为 1 的下三角矩阵, 因此我们可以写成 $\Sigma_i = L_i D_i L_i^{\mathrm{T}}$. 实际上我们可以用新的统计意义解释, 也就是利用 Rothman 等 (2010) 提出的改进的 Cholesky 分解来表示协方差矩阵. L_i 中的元素 l_{ijk} 可以解释为以下滑动平均模型的滑动平均系数

$$Y_{ij} - \mu_{ij} = \sum_{k=1}^{j-1} l_{ijk} \varepsilon_{ik} + \varepsilon_{ij}, \quad j = 2, \cdots, m_i,$$

其中 $\varepsilon_{i1} = Y_{i1} - \mu_{i1}$ 和 $\varepsilon_i \sim N(0, D_i)$ 且 $\varepsilon_i = (\varepsilon_{i1}, \cdots, \varepsilon_{im_i})^{\mathrm{T}}$. 注意这里的 l_{ijk} 和 $\log(\sigma_{ij}^2)$ 是没有限制的.

基于改进的 Cholesky 分解和受到 Pourahmadi(1999, 2000) 以及 Ye 和 Pan (2006) 的启发, 无限制的参数 μ_{ij}, l_{ijk} 和 $\log(\sigma_{ij}^2)$ 可以用广义线性模型来建模

$$g(\mu_{ij}) = X_{ij}^{\mathrm{T}}\beta, \quad l_{ijk} = Z_{ijk}^{\mathrm{T}}\gamma, \quad \log(\sigma_{ij}^2) = H_{ij}^{\mathrm{T}}\lambda. \tag{1-6}$$

这里 $g(\cdot)$ 是单调可微的已知联系函数, 且 X_{ij}, Z_{ijk} 和 H_{ij} 分别是 $p \times 1$ 维, $q \times 1$ 维和 $d \times 1$ 维协变量向量. 协变量 X_{ij} 和 H_{ij} 是回归分析中的一般协变量, 其中 Z_{ijk} 一般可以取成时间差 $t_{ik} - t_{ij}$ 的多项式. 我们进一步记 γ 为滑动平均系数, λ 为新息系数. 在本书第 3 章考虑模型 (1-6) 的变量选择问题, 详细讨论见第 3 章.

1.1.4　半参数回归模型

以上陈述的都是参数模型, 我们也知道参数回归模型中, 当假设模型成立时, 其推断具有较高的精度. 但当假设模型与实际背离时, 基于假设模型所作的推断其表现可能很差, 甚至得出错误的结论. 这促使统计学者寻找一种适用性更强的统计方法, 而非参数回归则是解决该问题的一种方法. 非参数回归模型的一般形式:

$$Y = m(Z) + \varepsilon, \tag{1-7}$$

其中 Y 为一维响应变量, Z 为 k 维解释变量向量, $m \in \mathcal{M}$, $\mathcal{M}$ 为 R^k 上某个函数空间, ε 为均值为 0 的随机误差且与 Z 相互独立.

非参数回归模型的特点是回归函数的形式可以任意, 并且该方法不依赖于总体分布, 因此, 即使对总体的分布所知甚少甚至完全未知, 非参数统计方法仍然可以得到可靠的结论. 这使得非参数统计方法具有更广泛的适用性. 自 Stone(1977) 研究非参数回归后, 其理论和方法已经得到了大量的发展与推广.

非参数回归模型虽有前面所说的优点, 但也有其局限性. 例如, 影响解释变量 Y 的因素可分为两个部分, 即 $X_1, \cdots, X_p$ 及 $T_1, \cdots, T_q$ ($p + q = k$), 根据经验或历史资料可以得出因素 $X_1, \cdots, X_p$ 是主要的, 而且 Y 与 $X_1, \cdots, X_p$ 是线性关系, 且 $T_1, \cdots, T_q$ 是某种干扰因素, 与响应变量 Y 的关系是完全未知的. 若用非参数回归

处理, 则有可能会丢失历史资料信息; 若用线性回归拟合, 则可能拟合结果很差. 此外, 在非参数回归模型中, 各个解释变量对因变量作用的差别被忽略, 当某些因变量对 Y 的影响显著时, 使用非参数回归会明显降低模型的解释能力. 在此背景下, 统计学者就对参数模型和非参数模型之间的 "中间模型" 产生了兴趣, 这引发了半参数模型的兴起. 因此, Engle 等 (1986) 在研究一实际问题时提出了以下半参数回归模型. 记 $Z^{\mathrm{T}} = (X_1, \cdots, X_p, T_1, \cdots, T_q) = (X^{\mathrm{T}}, T^{\mathrm{T}})$, 则

$$Y = X^{\mathrm{T}}\beta + g(T) + \varepsilon, \tag{1-8}$$

其中 $g(\cdot) \in \mathcal{W}$ 是未知函数, $\mathcal{W}$ 是 R^q 上某个实值函数空间, β 是 p 维未知回归系数向量, ε 是均值为 0 的随机误差且与 $\{X_i, T_i\}$ 相互独立. 模型 (1-8) 为部分线性模型, 而 $X^{\mathrm{T}}\beta, g(T)$ 分别称为参数部分与非参数部分, 习惯上也称 β 为回归系数. 当 T 是高维时, 会出现 "维数祸根" 的问题. 为了避免 "维数祸根" 问题, 文献中常常假定 T 是一维的. 在本书的研究中, 也假定 T 是一维变量.

　　半参数回归模型是 20 世纪 80 年代发展起来的一种重要统计模型, 与参数回归模型相比, 半参数回归模型能更灵活地描述各个解释变量对响应变量的影响, 避免参数回归模型由于对模型总体的较强假设带来的过度拟合问题; 与非参数回归模型相比, 半参数模型可以更充分地利用样本信息, 提高统计推断的精度, 并有效地避免高维回归函数带来的 "维数祸根" 问题. 因此半参数回归模型具有较强的解释能力, 并且可以描述许多实际问题, 因而也引起了很多统计研究者的广泛重视. 半参数回归模型发展至今, 在解决实际问题中, 实际工作者和学者们提出了许多类型的半参数回归模型并给出了很好的理论性质 (Cui and Li, 1998; Liang et al., 1999; Zhu and Cui, 2003; Wang et al., 2004; Wang and Sun, 2007; Zhao and Xue, 2009b; Sun et al., 2012; Xue and Wang, 2012; Sun and Zhang, 2013). 例如, 变系数部分线性模型、部分线性单指标模型等, 这类模型都有其实际意义.

　　近年来, 随着统计学科的快速发展, 涌现出了许多非参数未知函数的估计方法, 如核估计、局部多项式回归和样条逼近方法等. 有很多学者已经对其进行了系统深入的研究. 例如, Fan(1993) 提出了回归函数的局部线性光滑估计且列出了其优点, 在文中也分别计算了估计的均方误差和积分均方误差. 最后也展示了估计量良好的渐近性质; Fan 和 Gijbels(1996) 进一步研究了回归函数的局部多项式估计, 讨论了估计的渐近性质; He 和 Shi(1994) 研究了非参数条件分位数回归模型, 其中非参数采用 B 样条逼近. 最后也证明了回归函数 B 样条估计达到了最优的收敛速度. Wang 等 (2009) 基于 B 样条逼近研究了纵向数据下部分线性变系数模型的分位数回归. Hu 和 Cui(2010) 基于样条逼近研究了广义部分变系数模型的稳健估计.

1.1.5 半参数均值−方差模型

下面给出的是正态分布下均值−方差模型, 也是双重广义线性模型的一个特例:

$$\begin{cases} Y_i \sim N(\mu_i, \phi_i^2), \\ \mu_i = X_i^{\mathrm{T}}\beta, \\ \phi_i = h^{-1}(Z_i^{\mathrm{T}}\gamma), \\ i = 1, 2, \cdots, n. \end{cases} \tag{1-9}$$

在正态分布下, 这种联合模型结构的特殊情况早已得到应用 (Searle, 1971; Chatter-jee and Hadi, 2006; Fan et al., 2012). 基于正态分布均值−方差模型, 本书将进一步把它推广到半参数均值−方差模型 (在第 4 章也称半参数异方差模型). 具体模型如下

$$\begin{cases} Y_i \sim (\mu_i, \sigma_i^2), \\ \mu_i = X_i^{\mathrm{T}}\beta + g(u_i), \\ \sigma_i^2 = h^2(Z_i^{\mathrm{T}}\gamma), \\ i = 1, 2, \cdots, n, \end{cases} \tag{1-10}$$

这里, $g(\cdot)$ 是非参数部分. 在本书第 4 章, 我们基于限制似然考虑模型的变量选择问题.

另外, 随着统计计算方法和技术的进步, 贝叶斯统计取得了快速发展, 成为现代统计学发展最快的分支之一. 与传统的统计方法相比, 贝叶斯方法具有很大的灵活性, 能够比较容易地推广到各种复杂的统计模型, 同时贝叶斯方法通常具有如下一些优良的性质: ①考虑了模型参数的先验信息, 而且参数的先验信息用得越好, 参数估计的精度就越高; ②通常能够较好地应用于小样本情形; ③能用抽样的方法估计参数的后验分布; ④能用抽样的方法估计后验分布的数字特征, 诸如均值、众数和分位数等.

在贝叶斯分析的发展历史上有过一段较长时期的停滞阶段, 大量的后验分布是非标准的常用分布, 造成了计算和分析上的困难. 马尔可夫链蒙特卡罗 (MCMC) 算法的出现加速了贝叶斯统计的发展, 因为贝叶斯方法可以通过 MCMC 技巧从后验分布的抽样来进行模拟分析, 最终达到统计推断的目的. 其中最常用的两种 MCMC 抽样方法为 Gibbs 抽样和 Metropolis-Hastings 算法. 因此在本书第 4 章, 我们基于 B 样条逼近非参数函数, 应用联合 Gibbs 抽样和 Metropolis-Hastings 算法的有效 MCMC 算法考虑了该模型的贝叶斯估计.

双重广义线性模型以及模型 (1-9) 的异方差检验或者变散度检验问题仍是目前一个热点课题 (参见文献 (韦博成等, 2003) 及其中所列文献), 即

$$H_0: \gamma = \gamma_0 \longleftrightarrow H_1: \gamma \neq \gamma_0.$$

有关以上方差齐性检验 (变散度检验或者变尺度检验) 已经有很多成果. 例如, Lin
等 (2004) 基于改进的截面似然讨论了一般逆高斯线性回归模型中变散度的检验问
题. Wei 等 (1998) 研究了指数族非线性模型中的似然比检验和 score 检验. Xie 等
(2009b) 讨论了偏态非线性回归模型的异方差检验. Lin 等 (2009) 讨论了偏态 t 分
布非线性回归模型的异方差检验. Wong 等 (2009) 基于部分线性模型和经验似然
方法提出了模型异方差检验的统计诊断技术.

我们将进一步把模型推广到半参数变系数偏正态模型, 具体模型如下

$$\begin{cases} Y_i = X_i^{\mathrm{T}}\beta + Z_i^{\mathrm{T}}\alpha(u_i) + \varepsilon_i, \\ \varepsilon_i \sim \mathrm{SN}(0, \sigma_i^2, \lambda), \\ \sigma_i^2 = h^{-1}(Z_i^{\mathrm{T}}\gamma), \\ i = 1, 2, \cdots, n. \end{cases} \tag{1-11}$$

有关模型 (1-11) 的详细介绍见本书第 5 章, 在第 5 章中我们考虑了模型 (1-11)
的模型估计问题和方差齐性检验问题.

1.2 变量选择方法

随着现代科学技术的不断进步, 我们收集数据的技术也得到了很大的发展. 因
此, 面对大量的数据, 如何从中挖掘出有用的信息就成了我们关注的焦点. 统计建
模无疑可以很好地处理这一问题. 在建立模型之初, 我们通常会在模型中加入尽可
能多的自变量来减少模型的偏差, 但是考虑到模型的可解释性、数据收集的难易程
度和计算花费等方面的原因, 我们在实际建模过程中需要找到对响应变量最具影响
力的自变量子集, 从而提高模型的可解释性和预测精度. 因此变量选择在统计建模
中是极其重要的问题, 也是现代统计分析中一个重要的课题. 变量选择问题的研究
由来已久, 20 世纪 60 年代就已经有不少文献讨论. 以 1974 年赤池弘次 (Hirotsugu
Akaike, 也作 Hirotugu Akaike) 提出的 AIC (Akaike 信息准则) 为标志, 40 多年来,
变量选择 (模型选择) 问题的研究一直是统计学的重要问题, 研究方法和理论都有
了巨大的发展. 近年来, 由于科学研究的深入, 针对复杂数据和复杂模型的变量选
择问题再度成为热点问题, 并取得了重要的进步. 针对一般的统计模型考虑变量选
择问题时, 我们通常假设大部分系数是零, 即这些系数对应的变量是与模型不相关
的变量. 变量选择的目的就是将所有系数非零的变量鉴别出来, 并且给出这些非零
系数的有效估计.

1.2.1 子集选择法

传统的变量选择方法又称为子集选择 (Subset Selection) 法, 是从全体变量中
选择一些变量来建模, 得到子模型, 并用合理的标准来衡量该子模型, 最后选出具

有最优标准值的子模型作为最终模型. 在具体执行时, 最常用的算法是逐步回归法. "最优" 是相对于某个选择准则而言的, 出发点不同所提出的准则也不同. 常见的准则有以下几类:

(1) AIC: AIC 是由 Akaike(1973) 提出的一个衡量拟合优度的标准. 一般地, 随着参数个数的增加, 模型似然函数值会增加, 这会导致模型的过分拟合. 因此, 我们需要在似然函数中引入一项与参数个数有关的惩罚项. AIC 定义为

$$\text{AIC} = -2\log L + 2k, \tag{1-12}$$

其中 k 为模型的参数个数, 而 L 为模型似然函数的最大值. 在选择模型时, 我们选择使 AIC 最小的子模型作为最终的模型. 进一步, 在样本量较小的情形下, Hurvich 和 Tsai(1989) 提出使用下面的修正 AIC 更佳:

$$\text{AIC}_c = \text{AIC} + \frac{2k(k+1)}{n-k-1}.$$

(2) BIC: BIC 的出发点是选择具有最大后验概率的模型. 它是由 Schwarz(1978) 通过贝叶斯统计的思想提出的, 其公式为

$$\text{BIC} = -2\log L + k\log n. \tag{1-13}$$

同样地, 我们选择 BIC 最小的子模型作为最佳模型.

(3) C_p 标准: 在线性回归模型中, 为了消除变量过多, 出现过分拟合的现象, Mallows(1973) 提出了 C_p 标准. 若记 SSE_k 为包含 k 个变量的子模型的残差平方和, 则 C_p 标准定义为

$$C_p = \frac{\text{SSE}_k}{S^2} - n + 2k, \tag{1-14}$$

其中 S^2 为全模型的均方残差. 若模型拟合较好, 则 C_p 的期望应接近变量个数 k, 因此一般选择 C_p 值与 k 接近的那个子模型作为最佳模型.

(4) CV/GCV 标准 (Craven and Wahba, 1979): CV 标准, 即交叉验证 (Cross-Validation, CV) 标准, 是从模型预测的角度来考虑的. 以线性回归模型为例, 若记 D 为整个数据集 $(X_i, Y_i)_{i=1}^n$, 将其随机地等分成 M 块, $D^1, \cdots, D^M$. 我们称 $D - D^i$ 和 D^i 分别为训练集和测试集, 则 CV 标准的定义为

$$\text{CV} = \sum_{i=1}^{M} \sum_{(X_j, Y_j) \in D^i} \{Y_j - X_j^{\text{T}} \hat{\beta}_k^{(i)}\}^2, \tag{1-15}$$

其中 $\hat{\beta}_k^{(i)}$ 是 k 个变量的子模型在训练集 $D - D^i$ 上的回归系数. 一般地, M 取 5 或 10. 我们取 CV 值最小的子模型为最佳模型. GCV 标准, 即广义交叉验证

(Generalized Cross-Validation, GCV) 标准, 其定义公式为

$$\mathrm{GCV} = \frac{\mathrm{SSE}_k}{n(1 - k/n)^2}. \tag{1-16}$$

GCV 标准可以看成 CV 标准取 $M = n$ 时的近似情形, 因此得名. 同样地, 我们取 GCV 值最小的模型为最佳模型.

1.2.2 系数压缩法

子集选择法的一个共性是根据已有样本用一个准则选择出变量子集 $\{X_1, X_2, \cdots, X_p\}$, 然后再基于这一样本来估计回归系数. 但是, 由于真实的相关变量往往是不知道的, 而选择变量的过程也会产生一定的偏差. 因此, 很难评价最终模型中回归系数估计的精度. 另外, 当协变量的维数 p 较大时, 对所有的 $2^p - 1$ 个子集进行假设检验, 计算量是相当大的, 因此在实际应用中也难于实现.

随着科学研究的深入, 现代统计前沿的一个研究领域是高维数据问题 (Fan and Li, 2006). 此时子集变量选择方法有时因大量的计算或其他原因而出现困难. 子集选择的另一个不足之处是它的不稳定性, 即变量选择的结果会由于数据集合的微小变化而发生大的变化. 当前研究较多的是系数压缩方法, 它能同时进行变量选择和参数估计. 这类研究至今仍然受到众多统计学家的关注. 基于此, 目前基于惩罚估计方法进行变量选择越来越受到统计学者的重视. 惩罚估计方法的基本思想就是在进行参数估计的同时, 把较小的估计系数压缩为 0, 从而达到变量选择的目的. 该方法可以对参数估计以及变量选择同时进行, 从而大大减少了计算量, 并且克服了传统变量选择的不稳定性. 针对线性模型、广义线性模型和半参数回归模型等, 已有大量文献利用惩罚估计方法研究了模型的变量选择问题 (Fan and Li, 2004; Wang and Xia, 2009; Wu and Liu, 2009; Tang and Leng, 2010; Xu et al., 2010; Yang et al., 2010; Kai et al., 2011; Peng and Huang, 2011; Leng and Tang, 2012).

Breiman(1995) 对线性模型, 提出了一个 NNG (Non-Negative Garrote) 变量选择方法. 记 $(\hat{\beta}_1, \cdots, \hat{\beta}_p)^{\mathrm{T}}$ 为 $(\beta_1, \cdots, \beta_p)^{\mathrm{T}}$ 的普通最小二乘估计, 那么定义目标函数

$$\sum_{i=1}^{n} \left\{ Y_i - \sum_{j=1}^{p} c_j \hat{\beta}_j X_{ji} \right\}^2. \tag{1-17}$$

在约束条件 $c_j \geqslant 0, \sum_{j=1}^{p} c_j \leqslant \lambda$ 下, 最小化 (1-17) 式可得 $\hat{c}_j, j = 1, 2, \cdots, p$, 进而得 β 的最终估计为 $\tilde{\beta}_j = \hat{c}_j \hat{\beta}_j$. 在上述估计过程中, 通过选取适当的调整参数 λ, 可以压缩某些 $\hat{c}_j$ 为 0, 从而将其对应的协变量从最终模型中剔除, 达到变量选择的目的.

　　NNG 变量选择方法的一个缺陷是惩罚估计过程依赖于普通最小二乘估计. 而当 p 较大时, 往往由于协变量之间的共线性而导致普通最小二乘估计表现不好, 进而影响 NNG 方法的变量选择过程. 为此, Tibshirani(1996) 提出了 LASSO(Least Absolute Shrinkage and Selection Operator) 变量选择方法, 即最小化目标函数:

$$\sum_{i=1}^{n}\left\{Y_i - \sum_{j=1}^{p}\beta_j X_{ji}\right\}^2 + n\sum_{j=1}^{p}\lambda|\beta_j|, \tag{1-18}$$

其中 λ 为调整参数. 通过选择合适的 λ, 可以把一些较小的系数估计压缩为 0, 进而剔除模型中不重要的变量.

　　综上所述可知, 系数压缩法本质上是对适当的损失函数 $R(\beta)$ 进行惩罚, 其一般形式为

$$R(\beta) + n\sum_{j=1}^{p}p_\lambda(|\beta_j|), \tag{1-19}$$

其中 $p_\lambda(\cdot)$ 表示调整参数为 λ 的惩罚函数. 对不同的系数, 惩罚函数可以不一样, 其表现依赖于调整参数 λ 的选取, 这也是当前十分流行的变量选择的惩罚方法. 惩罚方法是一个连续的最优化过程, 比离散的方法更稳定, 而且即使变量个数较大, 也能通过合理的算法来有效地执行, 因而得到很多学者的青睐. 不同的惩罚函数, 得到的解的形式也不同. 常见的惩罚函数如下:

　　(1) L_1 惩罚函数 $p_\lambda(|\beta|) = \lambda|\beta|$ 就是 LASSO(Tibshirani,1996);

　　(2) 自适应 LASSO(Adaptive LASSO, ALASSO)(Mao and Zhu, 2011) 惩罚函数 $p_\lambda(|\beta|) = \lambda\omega_j|\beta|$, 其中 ω_j 是已知的权函数;

　　(3) L_2 惩罚函数 $p_\lambda(|\beta|) = \lambda|\beta|^2$ 就是岭回归 (Ridge Regression);

　　(4) L_q 惩罚函数 $p_\lambda(|\beta|) = \lambda|\beta|^q$ 就是桥回归 (Bridge Regression)(Fu, 1998);

　　(5) SCAD(Smoothly Clipped Absolute Deviation)(Atikin, 1973) 惩罚函数

$$p_\lambda(|\beta|) = \begin{cases} \lambda|\beta|, & 0 \leqslant |\beta| < \lambda, \\ -(|\beta|^2 - 2a\lambda|\beta| + \lambda^2)/\{2(a-1)\}, & \lambda \leqslant |\beta| < a\lambda, \\ (a+1)^2\lambda^2/2, & |\beta| \geqslant a\lambda; \end{cases}$$

　　(6) 硬门限惩罚函数 (Antoniadis,1997), 即 $p_\lambda(|\beta|) = \lambda^2 - (|\beta| - \lambda)^2 I(|\beta| < \lambda)$.

　　使用 LASSO 变量选择方法, 可以避免使用 β 的普通最小二乘估计, 但是 Fan 和 Li(2001) 指出一个好的惩罚函数应使所得到的惩罚估计具有三个性质.

　　(1) 稀疏性 (Sparsity): 该估计能够将小的估计值自动地设置为零, 从而达到选择变量、减少模型复杂度的效果.

　　(2) 无偏性 (Unbiasedness): 该估计几乎是无偏的, 特别是对于那些真值的绝对值较大的系数而言.

(3) 连续性 (Continuity): 该估计关于数据本身是连续的, 从而减少模型预测的不稳定性.

这些性质都是在正交设计协变量矩阵下讨论的. Fan 和 Li(2001) 讨论了硬门限惩罚函数、L_1 惩罚函数 (LASSO)、L_q 惩罚函数 (Bridge) 和 L_2 惩罚函数 (Ridge) 都不能同时满足上面的三条性质. 因为 LASSO 估计和岭回归估计 (Ridge Estimator) 是有偏的, 而硬门限惩罚估计和桥回归估计 (Bridge Estimator) 是不连续的. 为了克服上述方法的缺陷, 并且作为改进提出了 SCAD 变量选择方法, 即最小化如下目标函数:

$$\sum_{i=1}^{n}\left\{Y_i - \sum_{j=1}^{p}\beta_j X_{ji}\right\}^2 + n\sum_{j=1}^{p}p_\lambda(|\beta_j|), \tag{1-20}$$

其中 $p_\lambda(\cdot)$ 表示调整参数为 λ 的 SCAD 惩罚函数, 其导数定义为

$$p_\lambda'(\beta) = \lambda\left\{I(\beta \leqslant \lambda) + \frac{(a\lambda - \beta)_+}{(a-1)\lambda}I(\beta > \lambda)\right\},$$

其中 $a > 2, \beta > 0, p_\lambda(0) = 0$.

Fan 和 Li(2001) 证明了 SCAD 变量选择方法可以相合地识别出真实模型, 并且所得的惩罚估计是相合的. 另外, 在一定的条件下, 还证明了对非零系数的估计与基于真实子模型所得的估计具有相同的渐近分布. SCAD 估计具有的稀疏性和渐近正态性, 称为 Oracle 性质.

因为 LASSO 方法已被广泛地使用, 所以它是否具备 Oracle 性质受到人们的关注. Zou(2006) 证明了 L_1 惩罚所得估计不具备 Oracle 性质, 并提出来一个 LASSO 的新版本, 称为自适应 LASSO, 即最小化如下目标函数:

$$\sum_{i=1}^{n}\left\{Y_i - \sum_{j=1}^{p}\beta_j X_{ji}\right\}^2 + n\lambda\sum_{j=1}^{p}\omega_j|\beta_j|, \tag{1-21}$$

其中 ω_j 是已知的权函数. 通过选择合适的 ω_j, 所得估计具备 Oracle 性质.

针对高维数据的变量选择方法还有弹性网方法 (Elastic Net) (Zou and Hastie, 2005)、Dantizig 选择器 (Dantizig Selector, DS)(Candes and Tao,2007) 等. 另外, 当超高维数据存在, 即协变量个数 p 远远大于样本量 n 时, 以上变量选择方法就遇到了困难, 计算难度非常大, 有时甚至不能计算. 针对这样的问题, Fan(2007) 以及 Fan 和 Lv(2008) 提出了确定独立筛选 (Sure Independent Screening, SIS) 方法, 该方法可以将维数 p 降到 d, 使得 $d < n$. 基于 SIS 方法, Fan 和 Lv(2008) 给出一个非多项式的超高维 $(\log p = O(n^\xi), \xi > 0, p > n)$ 线性模型的变量选择方法, 即先运用 SIS 方法把指标维数 p 降到 $d(d < n)$, 然后再利用惩罚思想进行参数估计,

最后得到相应的变量选择方法. 不同的惩罚思想可以得到不同的变量选择方法, 如 SIS-SCAD、SIS-DS、SIS-LASSO、SIS-ALASSO 等. 有时候也可以将维数降低后综合运用惩罚思想, 如 SIS-DS-SCAD 或者 SIS-DS-ALASSO 等, 这些方法先采用降维然后再运用惩罚方法, 在计算速度等方面要比直接惩罚快很多. 同时针对高维问题 Fan 和 Lv(2008) 还提出了先降维然后再采用分组方法来进行变量选择的思想. 有关这方面的研究仍在迅速发展, 可参见相关文献 (Fan, 2007; Fan and Lv, 2008; Fan et al., 2009; Fan and Song, 2010; Li et al., 2012b).

上述方法的提出大部分都是针对线性回归模型, 后来被推广到其他复杂数据下复杂模型的变量选择, 参见文献 (Fan and Lv, 2010).

第2章 高维数据下双重广义线性模型的变量选择

2.1 引　言

早在 1972 年, Nelder 和 Wedderburn (1972) 引进了广义线性模型, 并且现在已经成为一种用来统计建模的最有用的方法 (McCullagh and Nelder,1989). 广义线性模型通过分布假设允许方差依赖于均值. 有些模型允许一个额外的散度参数, 传统的是把它当作一种常数来处理. 但是现在对它有很多新的认知, 并且用协变量的函数来对它进行建模. Smyth (1989) 引进了双重广义线性模型的极大似然估计, 其中考虑总体是正态分布、逆高斯分布或者 Gamma 分布. Rigby 和 Stasinopolous (1996) 考虑了对均值和散度的光滑样条建模; 并且 Nair 和 Pregibon (1986), Nair 和 Pregibon (1988) 以及 Bergman 和 Hynén (1997) 考虑了随机试验中的散度效应. Cao 等 (2010) 讨论了带有相关误差和对称误差的非线性模型的方差齐性和相关性的 score 检验, 并且证明了 score 统计量是渐近卡方分布. Gijbels 等 (2010) 引进了扩展广义线性模型中的均值和散度函数的非参数估计, 其中假设响应变量 Y 服从指数族分布. 另外, 通过用解释变量的函数来对 Y 的均值建模, Y 的方差依赖于散度参数, 通过方差函数依赖于均值. 进一步, 在最近几年随着收集数据的多样以及迫切需求多样的统计分析方法, 我们需要更加复杂和更加现实的模型. 在本章中, 我们考虑双重广义线性模型, 其中散度参数不再是常数和不假设总体分布.

本章主要考虑用广义线性模型对均值和散度同时建模. 令 $Y = (Y_1, Y_2, \cdots, Y_n)^T$ 是 n 个响应变量向量, n 是样本大小. 记 μ_i 和 $\mathrm{Var}(Y_i) = \phi_i V(\mu_i)$ 分别为第 i 个个体的均值和方差, 其中 ϕ_i 是散度, $V(\cdot)$ 是已知方差函数. 假设针对均值的广义线性联系函数为

$$g(\mu_i) = X_i^T \beta_n,$$

其中 $g(\cdot)$ 是一个单调可微的联系函数, X_i 是预测均值部分的协变量向量, $\beta_n = (\beta_{n1}, \cdots, \beta_{np_n})^T$ 是回归系数向量. 类似于均值部分, 另一个针对散度的广义线性联系函数为

$$h(\phi_i) = Z_i^T \gamma_n,$$

其中 $h(\cdot)$ 是另一个单调联系函数且 $h^{-1}(\cdot) > 0$, Z_i 是预测散度部分的协变量向量, $\gamma_n = (\gamma_{n1}, \cdots, \gamma_{nq_n})^T$ 是另一个回归系数向量. 在这里, p_n, q_n 等的下标 n 是为了表明协变量和参数的维数可能随着 n 变化.

　　众所周知, 拟似然 (Wedderburn,1974) 提供了一种简单的方法来推断存在过散度的情况, 其中不需要假设指数族分布, 而只假定响应变量的均值和方差存在即可. 尽管如此, 这种方法不允许过散度被建模成协变量的函数. 拟似然的一种扩展就是 Nelder 和 Pregibon (1987) 提出的扩展拟似然. 它允许散度建模成协变量的函数, 但是一般的扩展拟似然估计可能不是相合的 (Davidian and Carroll, 1988). 另外一种选择是伪似然, 具体可以见 Engel 和 Huele(1996) 的文献. 不管是伪似然还是拟似然都不是真正的似然方法. 然而伪似然是基于矩的方法, 因此估计方程是无偏的. 这样在一般的条件下甚至不需要正态性假设就能获得估计的相合性和渐近正态性.

　　变量选择对统计建模是非常重要的, 特别针对具有发散维参数的双重广义线性模型. 一种有效的变量选择方法可以给出更好的风险确定和模型解释. 在传统的线性模型环境下, 很多选择准则（如 AIC 和 BIC）及其扩展被广泛地应用于实际中. 然而那些选择方法需要承受昂贵的计算代价, 因此在很多情况下作为计算有效性的需求, 很多的压缩方法逐渐地发展起来. 例如, 非负 garrotte(Breiman, 1995)、LASSO(Tibshirani, 1996)、桥回归 (Fu, 1998)、SCAD(Fan and Li, 2001)、一步稀疏估计 (Zou and Li, 2008). 最近, 高维数据分析已经变成了一个很热门的研究课题. Fan 和 Peng (2004) 研究了广义线性模型的 SCAD 估计. 其中模型参数的维数是发散的. 但是参数的维数 p_n 发散的速度比 n 要慢. Huang 等 (2006) 研究了线性回归模型中发散维参数的桥回归估计. 他们证明了如果桥指针严格在 0 与 1 之间且在一定的条件下, 桥回归具有 Oracle 性质.

　　据我们所知, 目前存在的大多数变量选择方法仅局限选择与均值相关的解释变量. 例如, Zhou 等 (2010) 研究了固定效应部分线性模型的估计问题, 其中一些协变量带有测量误差. 他们通过考虑测量误差的情况构建针对参数部分、非参数部分、误差方差部分的新的估计, 并且他们证明了得到的估计具有相合性和渐近正态性. 另外, 他们也提出了一种变量选择方法来选择有意义的参数部分的解释变量. 这种选择方法是非凹惩罚似然 (Fan and Li, 2001) 的一种扩展, 它能同时选择重要的解释变量和估计未知参数. 然而, 选择影响方差或者散度的解释变量, 特别地, 在不存在真正似然的情况下还是很少有这方面的工作的. 在纵向数据中考虑均值和协方差矩阵联合建模并且假设响应变量向量服从正态分布族的情况下, Kou 和 Pan(2009) 发展了一种有效的惩罚似然方法来选择模型中重要的解释变量, 最后也证明了所提出的变量选择方法具有很好的估计性质和能正确地识别零回归系数. Wang 和 Zhang(2009) 基于扩展拟似然方法研究了联合均值与散度模型中仅均值模型的变量选择. Zhang 和 Wang(2011) 基于信息论的理论基础, 利用调整截面似然研究提出了一种新的 PICa 准则, 同时选择均值模型与方差模型中的解释变量.

　　本章的目的就是发展一种有效的惩罚伪似然方法来选择双重广义线性模型中

重要的解释变量. 提出来的变量选择方法能同时选择均值模型中参数部分有意义的解释变量和方差模型中参数部分中有意义的解释变量. 进一步地, 在选择合适的调整参数下, 我们证明了这种变量选择方法是相合的, 回归系数的估计具有 Oracle 性质. 这也就意味着惩罚估计就像真实零系数已经提前知道一样运行得很好. 最后通过随机模拟和实际例子分析来说明我们本章所提出的方法.

本章结构安排如下: 2.2 节基于惩罚伪似然方法列出了双重广义线性模型的变量选择方法, 其中包括展示了当 $n \to \infty$, $p_n \to \infty$ 和 $q_n \to \infty$ 时, 惩罚伪似然估计的渐近性质. 另外也给出了计算惩罚伪似然估计的具体算法, 以及调整参数的选择问题. 2.3 节做了模拟研究和实例分析来验证我们所提出的变量选择方法的有限样本性质. 2.4 节给出了 2.2 节中定理的证明. 2.5 节是小结.

2.2 变量选择过程

2.2.1 基于惩罚伪似然的变量选择

为了拟合双重广义线性模型, 我们需要对一般的似然进行扩展. Nelder 和 Pregibon(1987) 提出了所谓的扩展拟似然, 它也是作为拟似然的一种扩展, 有关拟似然和扩展拟似然的详细讨论可以参见文献 (McCullagh and Nelder, 1989). 然而, 一般情况下, 扩展拟似然估计可能是不相合的. 另一种选择就是伪似然, 具体可以参见文献 (Engel and Huele, 1996; Nelder, 2000). 伪似然可以解释为方差为 $\text{Var}(Y_i) = \phi_i V(\mu_i)$ 的正态分布的对数似然. 由此, 散度建模就基于 Pearson 残差

$$r_p(Y_i, \mu_i) = \frac{Y_i - \mu_i}{\sqrt{V(\mu_i)}},$$

在给定观测 $Y_i, i = 1, \cdots, n$ 的情况下, 伪似然定义如下

$$P(\beta_n, \gamma_n) = \sum_{i=1}^n P_i(\beta_n, \gamma_n) = -\frac{1}{2} \sum_{i=1}^n \log(2\pi\phi_i V(\mu_i)) - \frac{1}{2} \sum_{i=1}^n \frac{r_p^2(Y_i, \mu_i)}{\phi_i}.$$

许多经典的变量选择准则都可看作是基于惩罚极大似然估计的方差和偏差的折中 (Fan and Li,2001). 假设有独立同分布样本 $\{Y_i, X_i, Z_i\}, i = 1, \cdots, n$, 那么类似于文献 (Fan and Li, 2001), 我们提出了以下惩罚伪似然函数

$$\mathcal{L}(\beta_n, \gamma_n) = P(\beta_n, \gamma_n) - n \sum_{j=1}^{p_n} p_{\lambda_j^{(1)}}(|\beta_{nj}|) - n \sum_{k=1}^{q_n} p_{\lambda_k^{(2)}}(|\gamma_{nk}|), \tag{2-1}$$

其中 $p_{\lambda^{(l)}}(\cdot)(l = 1, 2)$ 是给定的惩罚函数; $\lambda^{(l)}(l = 1, 2)$ 是调整参数, 能通过数据驱动的方法选择. 例如, 交叉验证、广义交叉验证 (Tibshirani, 1996) 或者 BIC 选择方

法 (Wang et al., 2007). 注意在这里惩罚函数和调整参数没有必要对于每一个 j 都是相同的. 例如, 我们希望在最终的模型中保留某些特定的重要解释变量, 因此就不需要惩罚它们的系数了. 在本章我们使用 SCAD 惩罚函数, 它的一阶导数满足下式

$$p'_{\lambda}(t) = \lambda \left\{ I(t \leqslant \lambda) + \frac{(a\lambda - t)_+}{(a-1)\lambda} I(t > \lambda) \right\},$$

其中 $a > 2$ (Fan and Li, 2001). 按照 Fan 和 Li (2001) 的建议, 在我们的工作中令 $a = 3.7$. SCAD 惩罚函数是零附近一个区间上的样条函数, 而在该区间之外是常数, 这样能把估计出来的很小的值压缩成零, 对于大的估计值没有影响. 就像 Fan 和 Li(2001) 阐述的一样, 这个惩罚函数满足变量选择的三个要求, 即渐近无偏性、稀疏性和参数估计量的连续性.

为了叙述方便, 把 (2-1) 式重新写成下式:

$$\mathcal{L}(\theta_n) = P(\theta_n) - n \sum_{j=1}^{p_n} p_{\lambda_j^{(1)}}(|\beta_{nj}|) - n \sum_{k=1}^{q_n} p_{\lambda_k^{(2)}}(|\gamma_{nk}|), \tag{2-2}$$

其中 $P(\theta_n) = P(\beta_n, \gamma_n)$, $\theta_n = (\theta_{n1}, \cdots, \theta_{ns_n})^{\mathrm{T}} = (\beta_{n1}, \cdots, \beta_{np_n}; \gamma_{n1}, \cdots, \gamma_{nq_n})^{\mathrm{T}}$, $s_n = p_n + q_n$ 和 $p_{\lambda^{(l)}}(\cdot)$ 是给定的调整参数为 $\lambda^{(l)}(l = 1, 2)$ 的惩罚函数.

θ_n 的极大惩罚伪似然估计记为 $\hat{\theta}_n$. 它是通过极大化 (2-2) 式中的函数 $\mathcal{L}(\theta_n)$ 得到的. 在合适的惩罚函数下, 关于 θ_n 极大化 $\mathcal{L}(\theta_n)$ 将导致某些参数估计变为零, 这样也导致相应的解释变量自动地被移除. 这样, 通过极大化 $\mathcal{L}(\theta_n)$, 我们将同时达到选择重要变量和获得参数估计的目的. 在 2.4 节中我们将提供计算惩罚极大似然估计 $\hat{\theta}_n$ 的详细算法.

2.2.2　渐近性质

本节我们研究得到极大惩罚伪似然估计量的渐近性质. 首先我们引进一些符号, 令 θ_n 的真值为 θ_{n0}. 进一步, 令 $\theta_{n0} = (\theta_{n01}, \cdots, \theta_{n0s_n})^{\mathrm{T}} = (\theta_{n0}^{(1)\mathrm{T}}, \theta_{n0}^{(2)\mathrm{T}})^{\mathrm{T}}$. 为了陈述简便和不失一般性, 假设 $\theta_{n0}^{(1)}$ 是由 θ_{n0} 所有非零分量组成的, $\theta_{n0}^{(2)} = 0$. 另外, 令

$$a_n = \max_{1 \leqslant j \leqslant s_n} \{|p'_{\lambda_j}(|\theta_{n0j}|)|, \theta_{n0j} \neq 0\}$$

和

$$b_n = \max_{1 \leqslant j \leqslant s_n} \{p''_{\lambda_j}(|\theta_{n0j}|) : \theta_{n0j} \neq 0\}.$$

定理 2.2.1　假设当 $n \to \infty$, $a_n = O_p(n^{-\frac{1}{2}}), b_n \to 0, \lambda_n \to 0$ 和 $s_n^4/n \to 0$ 时, λ_n 等于 $\lambda_n^{(1)}$ 或者 $\lambda_n^{(2)}$, 依赖于 θ_{n0j} 到底是 $\beta_{n0}, \gamma_{n0}(1 \leqslant j \leqslant s_n)$ 的哪一部分. 在 2.4 节的条件 (C2.1) $\sim$ (C2.4) 下, 依趋于 1 的概率存在 (2-2) 式中惩罚

伪似然函数 $\mathcal{L}(\theta_n)$ 的局部极大值 $\hat{\theta}_n$ 使得 $\hat{\theta}_n$ 是 θ_{n0} 的一个 $\sqrt{n/s_n}$ 相合估计, 即 $\|\hat{\theta}_n - \theta_{n0}\| = O_p(\sqrt{s_n/n})$.

下面的定理给出了 $\hat{\theta}_n$ 的渐近正态性质. 记 θ_{n0} 非零部分的维数为 $s_{1n}(< s_n)$. 令

$$\nabla^2 p_{\lambda_n}(\theta_{n0}^{(1)}) = \mathrm{diag}\{p_{\lambda_n}''(|\theta_{n01}^{(1)}|), \cdots, p_{\lambda_n}''(|\theta_{n0s_{1n}}^{(1)}|)\},$$

$$\nabla p_{\lambda_n}(\theta_{n0}^{(1)}) = (p_{\lambda_n}'(|\theta_{n01}^{(1)}|)\mathrm{sgn}(\theta_{n01}^{(1)}), \cdots, p_{\lambda_n}'(|\theta_{n0s_{1n}}^{(1)}|)\mathrm{sgn}(\theta_{n0s_{1n}}^{(1)}))^{\mathrm{T}},$$

其中 λ_n 的定义和定理 2.2.1 中的定义相同. $\theta_{n0j}^{(1)}$ 是 $\theta_{n0}^{(1)}$ ($1 \leqslant j \leqslant s_{1n}$) 的第 j 个分量. 另外, 我们再令伪对数似然二阶导数的负数期望为 $\mathcal{I}_n(\theta_n)$ 且 $\bar{\mathcal{I}}_n = \mathcal{I}_n(\theta_{n0})/n$.

定理 2.2.2 假设惩罚函数 $p_{\lambda_n}(t)$ 满足

$$\liminf_{n \to \infty} \liminf_{t \to 0^+} \frac{p_{\lambda_n}'(t)}{\lambda_n} > 0$$

及在定理 2.2.1 中给定相同的条件下, 如果 $n \to \infty$, $\lambda_n \to 0$, $s_n^5/n \to 0$ 和 $\lambda_n\sqrt{n/s_n} \to \infty$, 那么定理 2.2.1 中定义的 $\sqrt{n/s_n}$ 的相合估计量 $\hat{\theta}_n = ((\hat{\theta}_n^{(1)})^{\mathrm{T}}, (\hat{\theta}_n^{(2)})^{\mathrm{T}})^{\mathrm{T}}$ 满足

(i) $\hat{\theta}_n^{(2)} = 0$, 依趋于 1 的概率成立.

(ii) $\sqrt{n}W_n(\bar{\mathcal{I}}_n^{(1)})^{(-1/2)}(\bar{\mathcal{I}}_n^{(1)} + \nabla^2 p_{\lambda_n}(\theta_{n0}^{(1)})) \times \{(\hat{\theta}_n^{(1)} - \theta_{n0}^{(1)}) + (\bar{\mathcal{I}}_n^{(1)} + \nabla^2 p_{\lambda_n}(\theta_{n0}^{(1)}))^{-1}$
$\times \nabla p_{\lambda_n}(\theta_{n0}^{(1)})\} \xrightarrow{D} \mathcal{N}_k(0, G)$,

其中 $\bar{\mathcal{I}}_n^{(1)}$ 是对应于 $\theta_{n0}^{(1)}$ 的 $\bar{\mathcal{I}}_n$ 的一个 $s_{1n} \times s_{1n}$ 子矩阵. W_n 是给定的 $k \times s_{1n}$ 矩阵且满足当 $n \to \infty$ 时, $W_n W_n^{\mathrm{T}} \to G$, 其中 G 是一个 $k \times k$ 正定矩阵; $k(\leqslant s_{1n})$ 是一个常数.

2.2.3 迭代计算

2.2.3.1 算法研究

因为 $\mathcal{L}(\theta_n)$ 在原点是不正则的, 普通的梯度方法就不能应用了. 现在, 我们基于文献 (Fan and Li, 2001) 中关于惩罚函数的局部二次逼近提出了以下的迭代算法.

首先, 注意到对数伪似然函数 $P(\theta_n)$ 的一阶导数和二阶导数是连续的. 因此在给定 θ_{n0} 下, 对数伪似然函数可以按照以下逼近:

$$P(\theta_n) \approx P(\theta_{n0}) + \left[\frac{\partial P(\theta_{n0})}{\partial \theta_n}\right]^{\mathrm{T}} (\theta_n - \theta_{n0}) + \frac{1}{2}(\theta_n - \theta_{n0})^{\mathrm{T}} \left[\frac{\partial^2 P(\theta_{n0})}{\partial \theta_n \partial \theta_n^{\mathrm{T}}}\right] (\theta_n - \theta_{n0}).$$

另外, 对于给定的初始值 t_0, 我们可以用 Fan 和 Li (2001) 提出的二次函数逼近惩罚函数 $p_{\lambda}(t)$, 具体为

$$p_{\lambda}(|t|) \approx p_{\lambda}(|t_0|) + \frac{1}{2}\frac{p_{\lambda}'(|t_0|)}{|t_0|}(t^2 - t_0^2), \quad t \approx t_0.$$

因此, 除了相差一个与参数无关的常数项外, 惩罚伪似然函数 (2-2) 可以局部逼近为

$$\mathcal{L}(\theta_n) \approx P(\theta_{n0}) + \left[\frac{\partial P(\theta_{n0})}{\partial \theta_n}\right]^{\mathrm{T}} (\theta_n - \theta_{n0})$$
$$+ \frac{1}{2}(\theta_n - \theta_{n0})^{\mathrm{T}} \left[\frac{\partial^2 P(\theta_{n0})}{\partial \theta_n \partial \theta_n^{\mathrm{T}}}\right] (\theta_n - \theta_{n0}) - \frac{n}{2}\theta_n^{\mathrm{T}}\Sigma_\lambda(\theta_{n0})\theta_n,$$

其中

$$\Sigma_\lambda(\theta_{n0}) = \mathrm{diag}\left\{\frac{p'_{\lambda_1^{(1)}}(|\beta_{n01}|)}{|\beta_{n01}|}, \cdots, \frac{p'_{\lambda_{p_n}^{(1)}}(|\beta_{n0p_n}|)}{|\beta_{n0p_n}|}, \frac{p'_{\lambda_1^{(2)}}(|\gamma_{n01}|)}{|\gamma_{n01}|}, \cdots, \frac{p'_{\lambda_{q_n}^{(2)}}(|\gamma_{n0q_n}|)}{|\gamma_{n0q_n}|}\right\},$$

$$\theta_n = (\theta_{n1}, \cdots, \theta_{ns_n})^{\mathrm{T}} = (\beta_{n1}, \cdots, \beta_{np_n}; \gamma_{n1}, \cdots, \gamma_{nq_n})^{\mathrm{T}}$$

和

$$\theta_{n0} = (\theta_{n01}, \cdots, \theta_{n0s_n})^{\mathrm{T}} = (\beta_{n01}, \cdots, \beta_{n0p_n}; \gamma_{n01}, \cdots, \gamma_{n0q_n})^{\mathrm{T}}.$$

因此, $\mathcal{L}(\theta_n)$ 二次最优化的解可通过下列迭代得到

$$\theta_{n1} \approx \theta_{n0} + \left\{\frac{\partial^2 P(\theta_{n0})}{\partial \theta_n \partial \theta_n^{\mathrm{T}}} - n\Sigma_\lambda(\theta_{n0})\right\}^{-1}\left\{n\Sigma_\lambda(\theta_{n0})\theta_{n0} - \frac{\partial P(\theta_{n0})}{\partial \theta_n}\right\}$$
$$\approx \theta_{n0} + \left\{\mathcal{I}_n(\theta_{n0}) + n\Sigma_\lambda(\theta_{n0})\right\}^{-1}\left\{\frac{\partial P(\theta_{n0})}{\partial \theta_n} - n\Sigma_\lambda(\theta_{n0})\theta_{n0}\right\}.$$

其次, 对数伪似然函数 $P(\theta_n)$ 可以写成

$$P(\theta_n) = -\frac{1}{2}\sum_{i=1}^n \log(2\pi\phi_i V(\mu_i)) - \frac{1}{2}\sum_{i=1}^n \frac{(Y_i - \mu_i)^2}{\phi_i V(\mu_i)}.$$

因此, 得分函数为

$$\nabla P(\theta_n) = \frac{\partial P(\theta_n)}{\partial \theta_n} = (U_1^{\mathrm{T}}(\beta_n), U_2^{\mathrm{T}}(\gamma_n))^{\mathrm{T}},$$

其中

$$U_1(\beta_n) = \frac{\partial P}{\partial \beta_n} = \sum_{i=1}^n \left\{\frac{Y_i - \mu_i}{\phi_i V(\mu_i)} - \frac{1}{2}\frac{V'(\mu_i)}{V(\mu_i)} + \frac{1}{2}\frac{(Y_i - \mu_i)^2 V'(\mu_i)}{\phi_i V^2(\mu_i)}\right\}\rho_1 X_i,$$

$$U_2(\gamma_n) = \frac{\partial P}{\partial \gamma_n} = \frac{1}{2}\sum_{i=1}^n \left\{\frac{(Y_i - \mu_i)^2}{\phi_i^2 V(\mu_i)} - \frac{1}{\phi_i}\right\}q_1 Z_i.$$

另外, $\rho_1 = \dfrac{dg^{-1}(t)}{dt}$, $q_1 = \dfrac{dh^{-1}(t)}{dt}$. 记

$$\nabla^2 P(\theta_n) = \frac{\partial^2 P(\theta_n)}{\partial \theta_n \partial \theta_n^{\mathrm{T}}} = \begin{pmatrix} \dfrac{\partial^2 P}{\partial \beta_n \partial \beta_n^{\mathrm{T}}} & \dfrac{\partial^2 P}{\partial \beta_n \partial \gamma_n^{\mathrm{T}}} \\ \dfrac{\partial^2 P}{\partial \gamma_n \partial \beta_n^{\mathrm{T}}} & \dfrac{\partial^2 P}{\partial \gamma_n \partial \gamma_n^{\mathrm{T}}} \end{pmatrix}$$

和

$$\mathcal{I}_n(\theta_n) = -E(\nabla^2 P(\theta_n)) = \begin{pmatrix} \mathcal{I}_{11} & \mathcal{I}_{12} \\ \mathcal{I}_{21} & \mathcal{I}_{22} \end{pmatrix},$$

其中

$$\mathcal{I}_{11} = \sum_{i=1}^n \left\{ \frac{V'(\mu_i)^2}{2V^2(\mu_i)} + \frac{1}{\phi_i V(\mu_i)} \right\} \rho_1^2 X_i X_i^{\mathrm{T}}, \quad \mathcal{I}_{22} = \frac{1}{2} \sum_{i=1}^n \frac{1}{\phi_i^2} q_1^2 Z_i Z_i^{\mathrm{T}},$$

$$\mathcal{I}_{12} = \frac{1}{2} \sum_{i=1}^n \frac{V'(\mu_i)}{\phi_i V(\mu_i)} \rho_1 q_1 X_i Z_i^{\mathrm{T}}, \quad \mathcal{I}_{21} = \frac{1}{2} \sum_{i=1}^n \frac{V'(\mu_i)}{\phi_i V(\mu_i)} \rho_1 q_1 Z_i X_i^{\mathrm{T}}.$$

最后, 以下的算法概括了双重广义线性模型中未知参数的极大惩罚伪似然估计量的迭代计算.

算法

Step 1 取未知参数的一般的没有惩罚的极大伪似然估计作为初始估计.

Step 2 给定目前值 $\{\beta_n^{(m)}, \gamma_n^{(m)}\}$ 下, 令 $\theta_n^{(m)} = \{\beta_n^{(m)\mathrm{T}}, \gamma_n^{(m)\mathrm{T}}\}^{\mathrm{T}}$, 且按照以下迭代更新

$$\theta_n^{(m+1)} = \theta_n^{(m)} + \left\{ \mathcal{I}_n(\theta_n^{(m)}) + n\Sigma_\lambda(\theta_n^{(m)}) \right\}^{-1} \left\{ \nabla P(\theta_n^{(m)}) - n\Sigma_\lambda(\theta_n^{(m)})\theta_n^{(m)} \right\}.$$

Step 3 重复 Step 2 直到满足收敛条件.

2.2.3.2 调整参数的选择

许多调整参数选择准则, 如交叉验证、广义交叉验证、AIC 和 BIC 可以用来选择调整参数. Wang 等 (2007) 建议在线性模型和部分线性模型中的 SCAD 估计利用 BIC 选择调整参数, 而且证明此准则具有相合性, 即利用 BIC 能依趋向于 1 的概率选择真实模型. 因此本章也采用 BIC, BIC 将被用来选择最优的 $\{\lambda_i, i = 1, \cdots, s_n\}$, 等价于选择 $\{\lambda_j^{(1)}, j = 1, \cdots, p_n\}$ 或者 $\{\lambda_k^{(2)}, k = 1, \cdots, q_n\}$. 然而在实际应用中, 如何同时选择总共 s_n 个调整参数 $\{\lambda_i, i = 1, \cdots, s_n\}$ 是一个挑战. 为了克服这个困难. 我们按照 Zou(2006), Wang 等 (2007), Zou 和 Li(2008), Wang 等 (2009) 的思想, 在接下来的数值模拟中把调整参数简化成

(i) $\lambda_{1j} = \dfrac{\lambda_1}{|\tilde{\beta}_j^{(0)}|}, j = 1, \cdots, p_n;$

(ii) $\lambda_{2k} = \dfrac{\lambda_2}{|\tilde{\gamma}_k^{(0)}|}, k = 1, \cdots, q_n.$

其中 $\tilde{\beta}_j^{(0)}$ 和 $\tilde{\gamma}_k^{(0)}$ 分别是无惩罚的估计 $\tilde{\beta}^{(0)}$ 和 $\tilde{\gamma}^{(0)}$ 之第 j 个元素和第 k 个元素. 结果, 原来关于 λ_i 的 s_n 维的问题就变成了二维的问题 $\lambda = (\lambda_1, \lambda_2)$. 这样, λ 就可以通过以下的 BIC 来选择

$$\mathrm{BIC}_\lambda = -\frac{2}{n} P(\hat{\beta}_n, \hat{\gamma}_n) + df_\lambda \times \frac{\log n}{n} \times C_n,$$

其中 $0 \leqslant df_\lambda \leqslant s_n$ 是 $\hat{\theta}_n$ 的非零系数的个数且当 $n \to \infty$ 时, $C_n \to \infty$. 例如, C_n 可以取 $\log \log s_n$.

调整参数可以通过下式获得

$$\hat{\lambda} = \arg\min_\lambda \mathrm{BIC}_\lambda.$$

从 2.3 节模拟研究结果可以看出, 上述调整参数的选择方法是可行的.

2.3 模 拟 研 究

本节计算 Extra-Poisson 模型中未知参数的极大惩罚伪似然估计的有限样本表现, 然后通过一个实际例子来说明所提出的变量选择方法的有效性.

例 2.3.1(Extra-Poisson 模型) 在实际中, 过散度和欠散度的情况是经常发生的. 换句话说, Y_i 的方差可能大于或者小于正常的方差. 在本模拟中, 我们利用 Extra-Poisson 模型说明问题. 在 m_i 已知的条件下, 响应变量 $Y_i|m_i$ 服从一个参数是 m_i 的 Poisson 分布, 且 m_i 本身服从 Gamma(ν_i, α_i), 因此有

$$E(Y_i) = \mu_i = \nu_i \alpha_i, \quad \mathrm{Var}(Y_i) = \nu_i \alpha_i + \nu_i \alpha_i^2 = \mu_i(1 + \alpha_i)$$

和散度参数为 $\phi_i = 1 + \alpha_i$.

在这个模拟中, 均值模型的结构为 $E(Y_i) = \mu_i = \nu_i \alpha_i = \exp(X_i^{\mathrm{T}} \beta_{n0})$, 其中 X_i 是一个 $p_n \times 1$ 维向量, 其元素独立产生于均匀分布 $U(0,1)$, 且 $\beta_{n0} = (1, 2, 3, 0, \cdots, 0)$. 散度参数的结构为 $\phi_i = 1 + \alpha_i = \exp(Z_i^{\mathrm{T}} \gamma_{n0})$, 其中 $\gamma_{n0} = (1, 1, 0, \cdots, 0)$, Z_i 是一个 $q_n \times 1$ 维向量, 其元素独立产生于均匀分布 $U(0,1)$. 样本大小分别为 $n = 100, 200, 400, 800$, 其中 $p_n = [4n^{1/4}] - 5$, $q_n = [4n^{1/5}] - 6$. 在这个模拟中取 $C_n = 1$, 因为 $\log \log s_n$ 在这些情况下是一个很小的数.

在这个模拟中, 我们使用之前陈述的数据生成过程来产生 1000 个随机样本. 对于每一个随机模拟数据, 所提出的变量选择分别采用 SCAD 和 ALASSO (Zou,2006)

两种惩罚函数方法来计算极大惩罚伪对数似然估计量. 惩罚函数中的未知调整参数 $\lambda^{(l)}(l=1,2)$ 采用 BIC 选择标准来选择. 在 1000 次随机模拟中, 参数部分被估计出来的零系数的平均数具体见表 2-1 和表 2-2. 注意表 2-1 和表 2-2 中 "Correct" 表示把真实零系数正确估计成零的平均个数, "Incorrect" 是表示把真实非零系数错误估计成零的平均个数. 例如, 当 $n=100$ 时, 用 SCAD 方法时均值模型中的未知参数 β_n 中有 4 个零系数. 估计出来的零系数中, 平均有 3.761 个或者 94% 个系数正确地估计成零; 对于非零系数, 平均有 0.012 个系数被错误地估计成零. 类似于文献 (Li and Liang, 2008) 中的一样, 利用广义均方误差 (GMSE) 评价 $\hat{\beta}_n$ 和 $\hat{\gamma}_n$ 的估计精度, 定义为

$$\mathrm{GMSE}(\hat{\beta}) = E[(\hat{\beta} - \beta_0)^{\mathrm{T}} E(XX^{\mathrm{T}})(\hat{\beta} - \beta_0)],$$

$$\mathrm{GMSE}(\hat{\gamma}) = E[(\hat{\gamma} - \gamma_0)^{\mathrm{T}} E(ZZ^{\mathrm{T}})(\hat{\gamma} - \gamma_0)].$$

表 2-1　基于 SCAD 惩罚函数的变量选择结果

参数	n	$p_n(q_n)$	GMSE	Correct	Incorrect
β_n	100	7	0.0431	3.7610[94.0%]	0.0120
	200	10	0.0109	6.9120[98.7%]	0.0030
	400	12	0.0006	8.9780[99.8%]	0
	800	16	0.0003	12.9930[99.9%]	0
γ_n	100	4	0.1610	1.5540[77.7%]	0.5720
	200	5	0.0949	2.6220[87.4%]	0.3240
	400	7	0.0412	4.7430[94.9%]	0.0800
	800	9	0.0161	6.8770[98.2%]	0.0140

表 2-2　基于 ALASSO 惩罚函数的变量选择结果

参数	n	$p_n(q_n)$	GMSE	Correct	Incorrect
β_n	100	7	0.0432	3.9940[99.9%]	0.0120
	200	10	0.0109	7.0000[100%]	0.0030
	400	12	0.0006	9.0000[100%]	0
	800	16	0.0003	13.000[100%]	0
γ_n	100	4	0.1666	1.7560[87.8%]	0.7160
	200	5	0.1030	2.7840[92.8%]	0.4490
	400	7	0.0487	4.8920[97.8%]	0.1420
	800	9	0.0253	6.9800[99.7%]	0.0340

　　从表 2-1 和表 2-2 中我们可以得到以下结论. 首先, 随着样本量 n 的增大, 采用不同惩罚函数的变量选择方法的表现结果越来越好. 例如, "Correct" 这一栏的值随着样本量 n 的增大而越来越接近模型中真实的零系数的个数. 其次, SCAD 和

ALASSO 惩罚方法在正确变量选择率方面表现得很相似, 这能很好地降低模型的不确定性和复杂性. 最后, 对于我们设计的模拟环境, 所有变量选择方法的总体表现是满意的.

例 2.3.2 (血浆糖尿病数据)　这个例子中我们把本章提出的方法运用到 Efron 等 (2004) 使用的糖尿病数据. 这个数据主要包括 $n = 442$ 个病人, 且由 10 个预测变量组成. 预测变量分别为: 年龄 (X_1)、性别 (X_2)、体重指数 (X_3)、血压 (X_4) 和其他六个血清测量, $S_1 \sim S_6$ $(X_5 \sim X_{10})$. 在这个例子中, 我们主要考虑响应变量 Y、疾病级数的定量测量和 10 个协变量之间的关系. 进一步, 我们假设方差函数 $V(\cdot) = 1$ 且应用提出的变量选择方法到以下模型:

$$
\begin{cases}
E(Y_i) = \mu_i, \quad \mathrm{Var}(Y_i) = \phi_i V(\mu_i), \\
\mu_i = \sum_{j=1}^{10} X_{ij}\beta_j, \\
\log(\phi_i) = \gamma_0 + \sum_{j=1}^{10} X_{ij}\gamma_j, \\
i = 1, \cdots, 442.
\end{cases}
$$

在这部分考虑了一般极大似然估计 (MLE), 并利用 SCAD 和 ALASSO 惩罚函数的惩罚伪似然方法. 惩罚函数中的未知调整参数通过 2.2 节中描述的 BIC 标准来估计. 应用不同的惩罚估计方法得到回归系数的估计, 以及相应的标准误 (在括号中). 具体情况见表 2-3 和表 2-4. 换句话说, 表中的第二列 "MLE" 是相应于没有把惩罚强加于伪似然所获得的估计. 最后三列相应于三种不同情况下的变量选择方法. 为了比较. 我们模拟了仅仅惩罚其中一个的变量选择, 包括仅仅只对均值模型进行变量选择(MPMLE) 和仅仅对方差模型进行变量选择(VPMLE). 最后一列为联合惩罚伪似然估计(JPMLE).

表 2-3　基于 SCAD 方法, 均值模型和方差模型中参数的惩罚估计结果

系数	MLE	MPMLE	VPMLE	JPMLE
β_1	0.0075(0.0329)	0(—)	0.0061(0.0333)	0(—)
β_2	−0.1507(0.0335)	−0.1348 (0.0320)	−0.1502(0.0338)	−0.1280(0.0318)
β_3	0.2918(0.0411)	0.3022(0.0406)	0.3036 (0.0403)	0.3366(0.0385)
β_4	0.2154(0.0377)	0.2196(0.0367)	0.2115(0.0383)	0.2169(0.0372)
β_5	−0.3346(0.2034)	−0.4217(0.0749)	−0.3303(0.1991)	−0.1771(0.0372)
β_6	0.1655(0.1643)	0.2831 (0.0700)	0.1728(0.1579)	0(—)
β_7	−0.0059(0.1006)	0(—)	−0.0105(0.1019)	0(—)
β_8	0.0893(0.0860)	0.0017(0.0013)	0.0812(0.0881)	0.1315(0.0345)
β_9	0.3977(0.0804)	0.4679 (0.0403)	0.3874(0.0796)	0.3495(0.0393)
β_{10}	0.0382(0.0362)	0(—)	0.0450(0.0370)	0(—)

系数	MLE	MPMLE	VPMLE	JPMLE
γ_0	$-0.8106(0.0673)$	$-0.8035(0.0673)$	$-0.7976(0.0673)$	$-0.7859(0.0673)$
γ_1	$-0.1313(0.0743)$	$-0.1203(0.0743)$	$0(-)$	$0(-)$
γ_2	$-0.2283(0.0761)$	$-0.2229(0.0761)$	$-0.2507(0.0748)$	$-0.2591(0.0748)$
γ_3	$0.0883(0.0827)$	$0.0926(0.0827)$	$0(-)$	$0(-)$
γ_4	$0.2156(0.0814)$	$0.2001(0.0814)$	$0.1780(0.0753)$	$0.1594(0.0753)$
γ_5	$-0.8274(0.5184)$	$-0.8567(0.5184)$	$-1.1680(0.2499)$	$-1.0670(0.2499)$
γ_6	$0.8637(0.4218)$	$0.8701(0.4218)$	$1.1238(0.2704)$	$0.9988(0.2704)$
γ_7	$-0.1438(0.2643)$	$-0.1149(0.2643)$	$0(-)$	$0(-)$
γ_8	$-0.3448(0.2008)$	$-0.3050(0.2008)$	$-0.2562(0.1501)$	$-0.1866(0.1501)$
γ_9	$0.4143(0.2138)$	$0.3935(0.2138)$	$0.5628(0.1433)$	$0.5262(0.1433)$
γ_{10}	$0.1132(0.0821)$	$0.1322(0.0821)$	$0(-)$	$0(-)$

表 2-4 基于 ALASSO 方法, 均值模型和方差模型中参数的惩罚估计结果

系数	MLE	MPMLE	VPMLE	JPMLE
β_1	$0.0075(0.0329)$	$0(-)$	$-0.0048(0.0347)$	$0(-)$
β_2	$-0.1507(0.0335)$	$-0.1306(0.0308)$	$-0.1481(0.0356)$	$-0.1258(0.0324)$
β_3	$0.2918(0.0411)$	$0.3078(0.0392)$	$0.3088(0.0409)$	$0.3242(0.0392)$
β_4	$0.2154(0.0377)$	$0.2164(0.0356)$	$0.2063(0.0393)$	$0.2030(0.0367)$
β_5	$-0.3346(0.2034)$	$-0.3113(0.0644)$	$-0.3193(0.2368)$	$-0.2983(0.0686)$
β_6	$0.1655(0.1643)$	$0.1511(0.0616)$	$0.1636(0.1931)$	$0.1473(0.0635)$
β_7	$-0.0059(0.1006)$	$0(-)$	$-0.0129(0.1175)$	$0(-)$
β_8	$0.0893(0.0860)$	$0.0776(0.0344)$	$0.0828(0.0957)$	$0.0737(0.0337)$
β_9	$0.3977(0.0804)$	$0.4093(0.0423)$	$0.4019(0.0934)$	$0.4135(0.0449)$
β_{10}	$0.0382(0.0362)$	$0(-)$	$0.0370(0.0386)$	$0(-)$
γ_0	$-0.8106(0.0673)$	$-0.8068(0.0673)$	$-0.7752(0.0666)$	$-0.7714(0.0666)$
γ_1	$-0.1313(0.0743)$	$-0.1300(0.0743)$	$0(-)$	$0(-)$
γ_2	$-0.2283(0.0761)$	$-0.2259(0.0761)$	$-0.1499(0.0522)$	$-0.1512(0.0523)$
γ_3	$0.0883(0.0827)$	$0.0895(0.0827)$	$0(-)$	$0(-)$
γ_4	$0.2156(0.0814)$	$0.2014(0.0814)$	$0.0980(0.0449)$	$0.0846(0.0423)$
γ_5	$-0.8274(0.5184)$	$-0.8213(0.5184)$	$-0.5820(0.1536)$	$-0.6008(0.1545)$
γ_6	$0.8637(0.4218)$	$0.8493(0.4218)$	$0.4977(0.1419)$	$0.5169(0.1427)$
γ_7	$-0.1438(0.2643)$	$-0.1399(0.2643)$	$0(-)$	$0(-)$
γ_8	$-0.3448(0.2008)$	$-0.3229(0.2008)$	$0(-)$	$0(-)$
γ_9	$0.4143(0.2138)$	$0.4019(0.2138)$	$0.2882(0.0756)$	$0.2927(0.0757)$
γ_{10}	$0.1132(0.0821)$	$0.1233(0.0821)$	$0(-)$	$0(-)$

从表 2-3 中可以清楚地看出以下事实. 首先, 我们的方法 (JPMLE) 能够识别出均值模型中 6 个非零回归系数 $\beta_2, \beta_3, \beta_4, \beta_5, \beta_8$ 和 β_9. 这也就意味着协变量 X_1, X_6, X_7 和 X_{10} 对响应变量 Y 没有显著影响. 其次, 也很明显地可以看出在方差模型中协变量 X_1, X_3, X_7 和 X_{10} 的回归系数的估计也是不显著的, 并且我们发现

协变量 X_2, X_4, X_5, X_8, X_9 同时影响着 Y 的均值和方差. 再次, 在四种方法下, 非零均值参数的估计是相似的. 然而, 当惩罚应用于均值参数时 (MPMLE 和 JPMLE), 它们的标准误就相应小一点, 这也意味着估计效率提高了. 类似地, 当我们把惩罚应用于方差模型 (VPMLE 和 JPMLE) 时也得到同样的结果. 最后, 我们注意到在这个数据分析中, 基于 SCAD 和 ALASSO 惩罚函数的方法在选择协变量方面上的表现是类似的. 从表 2-4 基于 ALASSO 惩罚函数的方法中也能得到相同的结论.

从以上的分析我们知道对联合模型的变量选择方法结果是满意的. 特别在提高估计量的精确度和有效性方面, 通过剔除没有意义的变量也有效地降低了模型的复杂度, 这对我们有效地识别可能影响糖尿病发生的预测因素提供一定的帮助.

2.4　定理的证明

为了证明定理. 我们需要以下正则条件.

(C2.1) 参数空间是紧的, 真值 θ_{n0} 是参数空间的内点.

(C2.2) $\bar{\mathcal{I}}_n$ 满足条件

$$0 < C_1 < \lambda_{\min}(\bar{\mathcal{I}}_n) < \lambda_{\max}(\bar{\mathcal{I}}_n) < C_2 < \infty,$$

对于 $j, k = 1, 2, \cdots, s_n$, 有

$$E \left\{ \frac{\partial P_i(\theta_n)}{\partial \theta_{nj}} \frac{\partial P_i(\theta_n)}{\partial \theta_{nk}} \right\}^2 < C_3 < \infty$$

和

$$E \left\{ \frac{\partial^2 P_i(\theta_n)}{\partial \theta_{nj} \partial \theta_{nk}} \right\}^2 < C_4 < \infty,$$

其中 $\lambda_{\min}(\bar{\mathcal{I}}_n)$ 和 $\lambda_{\max}(\bar{\mathcal{I}}_n)$ 分别表示矩阵 $\bar{\mathcal{I}}_n$ 的极小特征值和极大特征值.

(C2.3) 存在函数 $M_{jkl}(Y_i)$, 使得对于所有 θ_n, 有

$$\left| \frac{\partial^3 P_i(\theta_n)}{\partial \theta_{nj} \partial \theta_{nk} \partial \theta_{nl}} \right| \leqslant M_{jkl}(Y_i),$$

对于所有 i 和 j, k, l, 有

$$EM_{jkl}(Y_i)^2 < M < \infty.$$

(C2.4) 真值 $\theta_{n01}, \theta_{n02}, \cdots, \theta_{n0s_{1n}}$ 的非零部分满足

$$\min_{1 \leqslant j \leqslant s_{1n}} \left\{ \frac{|\theta_{n0j}|}{\lambda_n} \right\} \to \infty \quad (n \to \infty).$$

定理 2.2.1 的证明 令 $\alpha_n = \sqrt{p_n + q_n}(n^{-1/2} + a_n)$ 和 $||u|| = C$, 其中 C 是一个足够大的常数. 我们的目标是证明任意给定 ε, 存在一个大的常数 C, 使得对于充分大的 n 有

$$P\left\{ \sup_{||u||=C} \mathcal{L}(\theta_{n0} + \alpha_n u) < \mathcal{L}(\theta_{n0}) \right\} \geqslant 1 - \varepsilon.$$

注意 $p_{\lambda_n}(0) = 0$ 和 $p_{\lambda_n}(\cdot) > 0$. 很明显地, 有

$$\mathcal{L}(\theta_{n0} + \alpha_n u) - \mathcal{L}(\theta_{n0})$$

$$= \left[P(\theta_{n0} + \alpha_n u) - n \sum_{j=1}^{s_n} p_{\lambda_j}(|\theta_{n0j} + \alpha_n u_j|) \right] - \left[P(\theta_{n0}) - n \sum_{j=1}^{s_n} p_{\lambda_j}(|\theta_{n0j}|) \right]$$

$$\leqslant [P(\theta_{n0} + \alpha_n u) - P(\theta_{n0})] - n \sum_{j=1}^{s_{1n}} [p_{\lambda_j}(|\theta_{n0j} + \alpha_n u_j|) - p_{\lambda_j}(|\theta_{n0j}|)]$$

$$= (\mathrm{I}) + (\mathrm{II}).$$

利用 Taylor 展开, 我们知道有

$$(\mathrm{I}) = P(\theta_{n0} + \alpha_n u) - P(\theta_{n0})$$

$$= \alpha_n \nabla^{\mathrm{T}} P(\theta_{n0}) u + \frac{1}{2} u^{\mathrm{T}} \nabla^2 P(\theta_{n0}) u \alpha_n^2 + \frac{1}{6} \nabla^{\mathrm{T}} [u^{\mathrm{T}} \nabla^2 P(\theta_n^*)u] u \alpha_n^3$$

$$= I_1 + I_2 + I_3,$$

其中 θ_n^* 位于 θ_{n0} 和 $\theta_{n0} + \alpha_n u$ 之间;

$$(\mathrm{II}) = -\sum_{j=1}^{s_{1n}} \left\{ n\alpha_n p'_{\lambda_j}(|\theta_{n0j}|)\mathrm{sgn}(\theta_{n0j})u_j + \frac{n\alpha_n^2}{2} p''_{\lambda_j}(|\theta_{n0j}|)u_j^2[1 + o(1)] \right\}$$

$$= I_4 + I_5.$$

另外注意事实, $||\nabla P(\theta_{n0})|| = O_p(\sqrt{n(p_n + q_n)})$. 通过应用 Cauchy-Schwarz 不等式, 就有

$$|I_1| = |\alpha_n \nabla^{\mathrm{T}} P(\theta_{n0}) u| \leqslant \alpha_n ||\nabla^{\mathrm{T}} P(\theta_{n0})|| ||u||$$

$$= O_p(\alpha_n \sqrt{n(p_n + q_n)}) ||u|| = O_p(\alpha_n^2 n) ||u||.$$

根据 Chebyshev 不等式, 我们知道对于任意给定的 $\varepsilon > 0$, 有

$$P\left\{\frac{1}{n}||\nabla^2 P(\theta_{n0}) - E(\nabla^2 P(\theta_0))|| \geqslant \frac{\varepsilon}{s_n}\right\}$$

$$\leqslant \frac{s_n^2}{n^2 \varepsilon^2} E\left\{\sum_{j=1}^{s_n} \sum_{l=1}^{s_n} \left(\frac{\partial^2 P(\theta_{n0})}{\partial \theta_{nj} \partial \theta_{nl}} - E\left[\frac{\partial^2 P(\theta_{n0})}{\partial \theta_{nj} \partial \theta_{nl}}\right]\right)^2\right\}$$

$$\leqslant \frac{Cs_n^4}{n\varepsilon^2} = o(1).$$

这样就有 $\frac{s_n}{n}||\nabla^2 P(\theta_{n0}) - E(\nabla^2 P(\theta_{n0}))|| = o_p(1)$.

$$I_2 = \frac{1}{2} u^{\mathrm{T}} \left[\frac{1}{n}\{\nabla^2 P(\theta_{n0}) - E(\nabla^2 P(\theta_{n0}))\}\right] u \cdot n\alpha_n^2 - \frac{1}{2} u^{\mathrm{T}} \left[\frac{\mathcal{I}_n(\theta_{n0})}{n}\right] u \cdot n\alpha_n^2$$

$$= o_p(1) \cdot n\alpha_n^2 ||u||^2 - \frac{n\alpha_n^2}{2} u^{\mathrm{T}}[\mathcal{I}(\theta_{n0})\{1 + o(1)\}]u$$

$$= -\frac{n\alpha_n^2}{2} u^{\mathrm{T}} \mathcal{I}(\theta_{n0})u + o_p(n\alpha_n^2)||u||^2.$$

通过 Cauchy-Schwarz 不等式和条件 (C2.3), 有

$$|I_3| = \left|\frac{1}{6} \sum_{i=1}^{n} \sum_{j,k,l=1}^{p_n+q_n} \frac{\partial^3 P_i(\theta_i^*)}{\partial \theta_{nj} \partial \theta_{nk} \partial \theta_{nl}} u_j u_k u_l \alpha_n^3\right|$$

$$\leqslant \frac{1}{6} \sum_{i=1}^{n} \left\{\sum_{j,k,l=1}^{p_n+q_n} M_{jkl}^2(Y_i)\right\}^{\frac{1}{2}} ||u||^3 \alpha_n^3$$

$$= O_p\{n(p_n + q_n)^{\frac{3}{2}} \alpha_n^3\}||u||^2.$$

因为 $(p_n + q_n)^4/n \to 0$ 和 $(p_n + q_n)^2 a_n \to 0$, 有

$$I_3 = o_p(n\alpha_n^2)||u||^2.$$

对于 I_4 和 I_5 两项, 有

$$|I_4| \leqslant \sum_{j=1}^{s_{1n}} |n\alpha_n p_{\lambda_j}'(|\theta_{n0j}|)\mathrm{sgn}(\theta_{n0j})u_j| \leqslant \sqrt{s_{1n}} \cdot n\alpha_n a_n ||u|| \leqslant n\alpha_n^2 ||u||$$

和

$$I_5 = \sum_{j=1}^{s_{1n}} \frac{n\alpha_n^2}{2} p_{\lambda_j}''(|\theta_{n0j}|)u_j^2\{1 + o(1)\} \leqslant \max_{1 \leqslant j \leqslant s_{1n}} p_{\lambda_j}''(|\theta_{n0j}|) \cdot n\alpha_n^2 ||u||^2.$$

因此有: 如果选择一个足够大的 C, I_2 控制着 I_1, I_3, I_4, I_5. 定理 2.2.1 证毕.

定理 2.2.2 的证明 (i) 的证明. 首先, 我们证明在定理 2.2.2 的条件下, 对于给定的 $\theta_n^{(1)}$ 满足 $\theta_n^{(1)} - \theta_{n0}^{(1)} = O_p((n/s_n)^{-\frac{1}{2}})$ 和任意常数 $C > 0$, 下式成立

$$\mathcal{L}\{((\theta_n^{(1)})^{\mathrm{T}}, 0^{\mathrm{T}})^{\mathrm{T}}\} = \max_{||\theta_n^{(2)}|| \leqslant C(n/s_n)^{-\frac{1}{2}}} \mathcal{L}\{((\theta_n^{(1)})^{\mathrm{T}}, (\theta_n^{(2)})^{\mathrm{T}})^{\mathrm{T}}\}.$$

事实上, 对于任意的 $\theta_{nj}(j = s_{1n} + 1, \cdots, s_n)$, 利用 Taylor 展开有

$$\begin{aligned}
\frac{\partial \mathcal{L}(\theta_n)}{\partial \theta_{nj}} &= \frac{\partial P(\theta_n)}{\partial \theta_{nj}} - n p'_{\lambda_j}(|\theta_{nj}|)\mathrm{sgn}(\theta_{nj}) \\
&= \frac{\partial P(\theta_{n0})}{\partial \theta_{nj}} + \sum_{l=1}^{s_n} \frac{\partial^2 P(\theta_{n0})}{\partial \theta_{nj} \partial \theta_{nl}}(\theta_{nl} - \theta_{n0l}) \\
&\quad + \sum_{k,l=1}^{s_n} \frac{\partial^3 P(\theta_n^*)}{\partial \theta_{nj} \partial \theta_{nk} \partial \theta_{nl}}(\theta_{nk} - \theta_{n0k})(\theta_{nl} - \theta_{n0l}) - n p'_{\lambda_j}(|\theta_{nj}|)\mathrm{sgn}(\theta_{nj}) \\
&= R_1 + R_2 + R_3 + R_4,
\end{aligned}$$

其中 θ_n^* 位于 θ_n 和 θ_{n0} 之间. 根据标准的结果, 有

$$R_1 = O_p(\sqrt{n}) = O_p(\sqrt{n(p_n + q_n)}).$$

R_2 这一项可以写成

$$R_2 = \sum_{l=1}^{s_n} \left\{ \frac{\partial^2 P(\theta_{n0})}{\partial \theta_{nj} \partial \theta_{nl}} - E\left(\frac{\partial^2 P(\theta_{n0})}{\partial \theta_{nj} \partial \theta_{nl}}\right) \right\}(\theta_{nl} - \theta_{n0l}) + \sum_{l=1}^{s_n} E\left(\frac{\partial^2 P(\theta_{n0})}{\partial \theta_{nj} \partial \theta_{nl}}\right)(\theta_{nl} - \theta_{n0l})$$

$$= K_1 + K_2.$$

利用 Cauchy-Schwarz 不等式和 $\|\theta_n - \theta_{n0}\| = O_p(\sqrt{(p_n + q_n)/n})$, 有

$$K_1 = O_p(\sqrt{n(p_n + q_n)}), \quad K_2 = O_p(\sqrt{n(p_n + q_n)}).$$

这就有

$$R_2 = O_p(\sqrt{n(p_n + q_n)}).$$

接着我们考虑 R_3. 可以把 R_3 写成

$$R_3 = \sum_{k,l=1}^{s_n} \left\{ \frac{\partial^3 P(\theta_n^*)}{\partial \theta_{nj} \partial \theta_{nk} \partial \theta_{nl}} - E\left(\frac{\partial^3 P(\theta_n^*)}{\partial \theta_{nj} \partial \theta_{nk} \partial \theta_{nl}}\right) \right\}(\theta_{nk} - \theta_{n0k})(\theta_{nl} - \theta_{n0l})$$

$$+ \sum_{l=1}^{s_n} E\left(\frac{\partial^3 P(\theta_n^*)}{\partial \theta_{nj} \partial \theta_{nk} \partial \theta_{nl}}\right)(\theta_{nk} - \theta_{n0k})(\theta_{nl} - \theta_{n0l})$$

$$= K_3 + K_4.$$

根据条件 (C2.3), 有

$$|K_4| \leqslant M^{1/2} \cdot n(p_n + q_n) \cdot \|\theta_n - \theta_{n0}\|^2 = O_p((p_n + q_n)^2) = o_p(\sqrt{n(p_n + q_n)}).$$

然而根据 Cauchy-Schwarz 不等式, 有 $K_3 = o_p(\sqrt{n(p_n + q_n)})$. 因此也有

$$R_1 + R_2 + R_3 = O_p(\sqrt{n(p_n + q_n)}).$$

因为

$$\frac{\partial \mathcal{L}(\theta_n)}{\partial \theta_{nj}} = n\lambda_n \left\{ -\lambda_n^{-1} p'_{\lambda_n}(|\theta_{nj}|)\mathrm{sgn}(\theta_{nj}) + O_p\left(\sqrt{\frac{p_n + q_n}{n}}/\lambda_n\right) \right\}$$

和

$$\liminf_{n \to \infty} \liminf_{\theta_n \to 0^+} \frac{p'_{\lambda_n}(\theta_n)}{\lambda_n} > 0, \quad \sqrt{\frac{p_n + q_n}{n}}/\lambda_n \longrightarrow 0.$$

这样就很容易看出 θ_{nj} 的符号完全取决于 $\dfrac{\partial \mathcal{L}(\theta_n)}{\partial \theta_{nj}}$ 的符号. 这样有

$$\frac{\partial \mathcal{L}(\theta_n)}{\partial \theta_{nj}} \begin{cases} < 0, & 0 < \theta_{nj} < C(n/s_n)^{-\frac{1}{2}}, \\ > 0, & -C(n/s_n)^{-\frac{1}{2}} < \theta_{nj} < 0. \end{cases}$$

因此 $\mathcal{L}(\theta_n)$ 在 $\theta_n = \{((\theta_n^{(1)})^{\mathrm{T}}, 0^{\mathrm{T}})^{\mathrm{T}}\}$ 达到极大值. 这样定理 2.2.2 的第 (i) 部分就证毕.

第 (ii) 部分. 我们讨论 $\hat{\theta}_n^{(1)}$ 的渐近正态性. 从定理 2.2.1 和定理 2.2.2 的第 (i) 部分中可以看出, 存在一个极大惩罚伪似然估计量 $\hat{\theta}_n^{(1)}$ 是函数 $\mathcal{L}\{((\theta_n^{(1)})^{\mathrm{T}}, 0^{\mathrm{T}})^{\mathrm{T}}\}$ 的局部极大值点, 且为 $\sqrt{n/s_n}$ 相合估计.

如果我们能证明

$$[\bar{\mathcal{I}}_n^{(1)} + \nabla^2 p_{\lambda_n}(\theta_{n0}^{(1)})](\hat{\theta}_n^{(1)} - \theta_{n0}^{(1)}) + \nabla p_{\lambda_n}(\theta_{n0}^{(1)}) = \frac{1}{n}\nabla P(\theta_{n0}^{(1)}) + o_p\left(\frac{1}{\sqrt{n}}\right),$$

那么就有

$$\begin{aligned}
\sqrt{n}W_n(\bar{\mathcal{I}}_n^{(1)})^{-1/2}[\bar{\mathcal{I}}_n^{(1)} + \nabla^2 p_{\lambda_n}(\theta_{n0}^{(1)})] &\times \{(\hat{\theta}_n^{(1)} - \theta_{n0}^{(1)}) \\
&+ [\bar{\mathcal{I}}_n^{(1)} + \nabla^2 p_{\lambda_n}(\theta_{n0}^{(1)})]^{-1}\nabla p_{\lambda_n}(\theta_{n0}^{(1)})\} \\
&= \frac{1}{\sqrt{n}}W_n(\bar{\mathcal{I}}_n^{(1)})^{-1/2}\nabla P(\theta_{n0}^{(1)}) + o_p\{W_n(\bar{\mathcal{I}}_n^{(1)})^{-1/2}\}.
\end{aligned}$$

根据定理 2.2.2 的条件, 我们有最后一项是 $o_p(1)$. 令

$$Y_{ni} = \frac{1}{\sqrt{n}}W_n(\bar{\mathcal{I}}_n^{(1)})^{-1/2}\nabla P_i(\theta_{n0}^{(1)}), \quad i = 1, 2, \cdots, n.$$

对于任意的 ε, 有

$$
\sum_{i=1}^{n} E\|Y_{ni}\|^2 \mathbf{1}\{\|Y_{ni}\| > \varepsilon\} = nE\|Y_{n1}\|^2 \mathbf{1}\{\|Y_{n1}\| > \varepsilon\}
$$
$$
\leqslant n\{E\|Y_{n1}\|^4\}^{1/2} \{P(\|Y_{n1}\| > \varepsilon)\}^{1/2}.
$$

根据条件 (C2.2) 和 $W_n W_n^{\mathrm{T}} \to G$, 有

$$
P(\|Y_{n1}\| > \varepsilon)\} \leqslant \frac{E\|W_n(\bar{\mathcal{I}}_n^{(1)})^{-1/2} \nabla P_1(\theta_{n0}^{(1)})\|^2}{n\varepsilon} = O(n^{-1})
$$

和

$$
E\|Y_{n1}\|^4 = \frac{1}{n^2} E\|W_n(\bar{\mathcal{I}}_n^{(1)})^{-1/2} \nabla P_1(\theta_{n0}^{(1)})\|^4
$$
$$
\leqslant \frac{1}{n^2} \lambda_{\max}(W_n W_n^{\mathrm{T}}) \lambda_{\max}\{\bar{\mathcal{I}}_n^{(1)}\} E\|\nabla^{\mathrm{T}} P_1(\theta_{n0}^{(1)}) \nabla P_1(\theta_{n0}^{(1)})\|^2
$$
$$
= O\left\{\frac{(p_n + q_n)^2}{n^2}\right\}.
$$

这样就有

$$
\sum_{i=1}^{n} E\|Y_{ni}\|^2 \mathbf{1}\{\|Y_{ni}\| > \varepsilon\} = o(1).
$$

另外, 因为 $W_n W_n^{\mathrm{T}} \to G$, 就有

$$
\sum_{i=1}^{n} \mathrm{Cov}(Y_{ni}) = n\mathrm{Cov}(Y_{n1}) = \mathrm{Cov}\{W_n(\bar{\mathcal{I}}_n^{(1)})^{-1/2} \nabla P_1(\theta_{n0}^{(1)})\} \to G.
$$

这样, Y_{ni} 满足 Lindeberg-Feller 中心极限定理 (Van der Vaart, 1998) 的条件, 这也就意味着 $\frac{1}{\sqrt{n}} W_n(\bar{\mathcal{I}}_n^{(1)})^{-1/2} \nabla P(\theta_{n0}^{(1)})$ 服从渐近多元正态分布.

令 $\mathcal{L}(\theta_n^{(1)}) = \mathcal{L}(\theta_n^{(1)}, 0)$. 因为 $\hat{\theta}_n^{(1)}$ 满足惩罚伪似然方程 $\nabla \mathcal{L}(\hat{\theta}_n^{(1)}) = 0$, 在点 $\theta_{n0}^{(1)}$ 对 $\nabla \mathcal{L}(\hat{\theta}_n^{(1)})$ 进行 Taylor 展开, 有

$$
\nabla \mathcal{L}(\hat{\theta}_n^{(1)}) = \nabla P(\theta_{n0}^{(1)}) - n\nabla p_{\lambda_n}(\theta_{n0}^{(1)})
$$
$$
+ \nabla^2 P(\theta_{n0}^{(1)})(\hat{\theta}_n^{(1)} - \theta_{n0}^{(1)}) - n\nabla^2 p_{\lambda_n}(\theta_n^{**})(\hat{\theta}_n^{(1)} - \theta_{n0}^{(1)})
$$
$$
+ \frac{1}{2}(\hat{\theta}_n^{(1)} - \theta_{n0}^{(1)})^{\mathrm{T}} \nabla[\nabla^2 P(\theta_n^*)](\hat{\theta}_n^{(1)} - \theta_{n0}^{(1)})
$$
$$
= 0,
$$

其中 θ_n^* 和 θ_n^{**} 位于 $\hat{\theta}_n^{(1)}$ 和 $\theta_{n0}^{(1)}$ 之间. 现在定义

$$
\mathcal{Q} = \frac{1}{n} \nabla^2 P(\theta_{n0}^{(1)}) - \nabla^2 p_{\lambda_n}(\theta_n^{**})
$$

和

$$\mathcal{C} = \frac{1}{2}(\hat{\theta}_n^{(1)} - \theta_{n0}^{(1)})^{\mathrm{T}} \nabla[\nabla^2 P(\theta_n^*)](\hat{\theta}_n^{(1)} - \theta_{n0}^{(1)}).$$

在条件 (C2.3) 和 (C2.4) 下, 根据 Cauchy-Schwarz 不等式, 有

$$\left\| \frac{1}{n}\mathcal{C} \right\|^2 \leqslant \frac{1}{n^2} \sum_{i=1}^{n} n^2 \|\hat{\theta}_n^{(1)} - \theta_{n0}^{(1)}\|^4 \sum_{j,k,l=1}^{p_n+q_n} M_{jkl}^2(Y_i)$$

$$= O_p \left\{ \frac{(p_n + q_n)^2}{n^2} \right\} O_p \{(p_n + q_n)^3\} = o_p\left(\frac{1}{n}\right).$$

同时, 根据条件 (C2.4), 很容易证明

$$\Lambda_i \{\mathcal{Q} + \bar{\mathcal{I}}_n^{(1)} + \nabla^2 p_{\lambda_n}(\theta_{n0}^{(1)})\} = o_p\left(\frac{1}{\sqrt{p_n + q_n}}\right), \quad i = 1, 2, \cdots, p_n + q_n,$$

其中 $\Lambda_i(A)$ 是对称矩阵 A 的第 i 个特征值. 因为 $\hat{\theta}_n^{(1)} - \theta_{n0}^{(1)} = O_p\left(\sqrt{\dfrac{p_n + q_n}{n}}\right)$, 所以有

$$\{\mathcal{Q} + \bar{\mathcal{I}}_n^{(1)} + \nabla^2 p_{\lambda_n}(\theta_{n0}^{(1)})\}(\hat{\theta}_n^{(1)} - \theta_{n0}^{(1)}) = o_p\left(\frac{1}{\sqrt{n}}\right).$$

这样, 定理 2.2.2 证毕.

2.5 小   结

我们针对高维双重广义线性模型提出了一种极大惩罚伪似然方法, 它能对模型中的未知参数同时进行变量选择和参数估计. 像均值部分一样, 方差结构可能也依赖于感兴趣的解释变量. 因此, 同时对均值模型和方差模型进行变量选择是很有必要的, 这样能有效地减少建模偏差和模型复杂度.

在一定的条件下, 我们也展示了我们所提出的变量选择方法能同时选择均值模型和方差模型的参数部分的有意义的解释变量. 进一步地, 在选择合适的调整参数下, 我们这个变量选择过程是相合的且回归系数的估计量具有 Oracle 性质. 接下来我们可以考虑半参数高维双重广义线性模型的变量选择等统计推断问题.

第3章 纵向数据下均值–协方差模型

3.1 变量选择

3.1.1 引言

近年来, Pourahmadi(1999, 2000) 启发性地引进了多元正态误差下均值–协方差联合广义线性建模的研究方法. 这类模型的主要优点是便于统计解释以及参数估计中的计算, 这将在接下来的 3.2.1 节中详细描述. 再者, 在纵向数据研究中协方差矩阵的估计也是一个重要的方面, 如果得到一个很好的协方差矩阵估计将能提高回归系数的估计效率. 另外, 协方差矩阵估计本身也是很多研究者非常感兴趣的 (Diggle and Verbyla,1998). 很多作者已经研究了协方差矩阵的估计问题. Pourahmadi(1999, 2000) 对协方差矩阵进行改进的 Cholesky 分解且对分解后的部分进行广义线性建模, 然后考虑了模型中的参数估计问题. Fan 等 (2007) 以及 Fan 和 Wu(2008) 提出了利用半参数的办法来研究协方差函数. 然而, 当协方差结构的具体参数模型或者半参数模型离真实比较远的时候, 均值和协方差估计就存在一定的偏差 (Huang et al., 2007). 最近, Rothman 等 (2010) 提出了通过新的改进的 Cholesky 分解来参数化协方差矩阵自身, 给出了分解后因子的新回归解释, 并且也确保了估计得到的协方差矩阵的正定性. 进一步地, 基于这种新的改进的 Cholesky 分解 (Rothman et al.,2010), Zhang 和 Leng (2012) 针对均值–协方差建模, 提出了一种有效的极大似然估计方法.

众所周知, 作为统计建模策略的一部分, 变量选择已经是现代统计分析中的重要课题, 并且在过去三十多年来已经得到广泛的应用. 然而, 目前作为计算有效性的需求, 很多的压缩方法逐渐地发展起来并且也已有大量的研究成果. 例如, Zhao 和 Xue(2009a) 在纵向数据下考虑了半参数变系数部分线性模型的变量选择问题, 其中非参数部分采用 B 样条逼近.

因此, 本节的主要目的是基于新的改进的 Cholesky 分解来参数化协方差矩阵本身, 而不是协方差矩阵的逆, 从而也获得了一种新的统计解释, 并且这种分解也能确保所获得的协方差矩阵估计是正定的. 进一步地, 我们基于惩罚似然函数的思想, 针对纵向数据下均值–协方差结构联合建模提出一种有效的变量选择方法. 在选择合适的调整参数下, 我们证明了这种变量选择方法是相合的, 回归系数的估计具有 Oracle 性质. 这也就蕴涵着惩罚估计就像真实零系数已经提前知道一样运行得好. 最后通过随机模拟分析来说明本节所提出方法的有效性. 另外, 跟现有的方法相比较, 我们的方法提供了以下的不同点和改进. 第一, Zhang 和 Leng(2012) 讨论了纵向数据联合建模下的极大似然估计和基于 BIC 的模型选择. 众所周知, BIC 选择可能会付出很大的计算代价. 但是, 我们所提出的方法能减轻沉重的计算负担, 并且能很好地同时选择出模型中的重要解释变量和获得模型中的未知参数估计. 第二, 在 3.1 节模拟研究中, 我们假设协变量是高维的, 这在很多生命科学等领域是非常常见的现象, 模拟研究也显示即使在发散维协变量的时候我们的方法也是可行的. 第三, 我们是通过新的改进的 Cholesky 分解来参数化协方差矩阵本身, 它的统计意义解释更接近于时间序列分析中滑动平均模型的内容, 这也相当于提供了另外一种强有力的统计学意义上的解释.

　　3.1 节结构安排如下: 3.1.2 节中首先给出了协方差矩阵的改进的 Cholesky 分解的详细描述, 接着引进了纵向数据下均值–协方差模型, 然后给出了模型的变量选择过程. 3.1.3 节给出了惩罚极大似然估计的渐近性质. 3.1.4 节给出了计算惩罚极大似然估计的具体迭代算法, 以及调整参数的选择问题. 3.1.5 节通过随机模拟研究了变量选择的有限样本性质. 3.1.6 节给出了 3.1.3 节中定理的证明. 3.1.7 节是小结.

3.1.2　均值–协方差模型的变量选择

3.1.2.1　协方差矩阵的改进的 Cholesky 分解

　　假设有 n 个独立样本, 对第 i 个样本进行 m_i 次重复观测. 具体地, 记第 i 个个体在时间 $t_i = (t_{i1}, \cdots, t_{im_i})^{\mathrm{T}}$ 的响应变量向量为 $Y_i = (Y_{i1}, \cdots, Y_{im_i})^{\mathrm{T}}$, 其中 $i = 1, \cdots, n$. 我们假设响应变量服从正态分布 $Y_i \sim N(\mu_i, \Sigma_i)$, 其中 $\mu_i = (\mu_{i1}, \cdots, \mu_{im_i})^{\mathrm{T}}$ 是一个 $m_i \times 1$ 维向量, Σ_i 是一个 $m_i \times m_i$ $(i = 1, \cdots, n)$ 正定矩阵. 作为正则化协方差矩阵的逆的工具, Pourahmadi(1999) 建议对 Σ_i^{-1} 进行改进的 Cholesky 分解. 为了分解 Σ_i, Pourahmadi (1999) 首先提出分解 Σ_i 为 $T_i \Sigma_i T_i^{\mathrm{T}} = D_i$, 其中 T_i 是下三角矩阵, 对角线元素为 1, 下三角元素是自回归模型

$$Y_{ij} - \mu_{ij} = \sum_{k=1}^{j-1} \phi_{ijk}(Y_{ik} - \mu_{ik}) + \varepsilon_{ij}$$

中的自回归参数 ϕ_{ijk} 的负数. D_i 的对角元素是新息方差 $\sigma_{ij}^2 = \mathrm{Var}(\varepsilon_{ij})$.

　　根据 Rothman 等 (2010) 提出的分解思想, 令 $L_i = T_i^{-1}$, 它是对角线元素为 1 的下三角矩阵, 因此可以写成 $\Sigma_i = L_i D_i L_i^{\mathrm{T}}$. 实际上也就是利用 Rothman 等 (2010) 提出的改进的 Cholesky 分解来表示协方差矩阵, 这样我们就可以用新的统计意义解释. L_i 中的元素 l_{ijk} 可以解释为以下滑动平均模型的滑动平均系数

$$Y_{ij} - \mu_{ij} = \sum_{k=1}^{j-1} l_{ijk}\varepsilon_{ik} + \varepsilon_{ij}, \quad j = 2, \cdots, m_i,$$

其中 $\varepsilon_{i1} = Y_{i1} - \mu_{i1}$, $\varepsilon_i \sim N(0, D_i)$, 且 $\varepsilon_i = (\varepsilon_{i1}, \cdots, \varepsilon_{im_i})^{\mathrm{T}}$. 注意到这里的 l_{ijk} 和 $\log(\sigma_{ij}^2)$ 是没有限制的.

基于改进的 Cholesky 分解和受到 Pourahmadi(1999, 2000) 以及 Ye 和 Pan (2006) 的启发, 无限制的参数 μ_{ij}, l_{ijk} 和 $\log(\sigma_{ij}^2)$ 可以用广义线性模型来建模 (以下简称该模型为 JMVGLRM)

$$g(\mu_{ij}) = X_{ij}^{\mathrm{T}}\beta, \quad l_{ijk} = Z_{ijk}^{\mathrm{T}}\gamma, \quad \log(\sigma_{ij}^2) = H_{ij}^{\mathrm{T}}\lambda. \tag{3-1}$$

这里 $g(\cdot)$ 是单调可微的已知联系函数, 且 X_{ij}, Z_{ijk} 和 H_{ij} 分别是 $p \times 1$ 维, $q \times 1$ 维和 $d \times 1$ 维协变量向量. 协变量 X_{ij} 和 H_{ij} 是回归分析中的一般协变量, 其中 Z_{ijk} 一般可以取成时间差 $t_{ik} - t_{ij}$ 的多项式. 另外, 记 $X_i = (X_{i1}, \cdots, X_{im_i})^{\mathrm{T}}$ 和 $H_i = (H_{i1}, \cdots, H_{im_i})^{\mathrm{T}}$. 我们进一步记 γ 为滑动平均系数, λ 为新息系数. 在本节中我们也假设协变量 X_{ij}, Z_{ijk} 和 H_{ij} 可能是高维的, 且我们能同时选择协变量 X_{ij}, Z_{ijk} 和 H_{ij} 的重要子集. 另外, 我们首先假设所有感兴趣的变量包括截距项, 全部包括到最原始的模型中, 那么我们的目的就是从模型中移除不重要的解释变量, 这样就能达到变量选择的目的了.

3.1.2.2 JMVGLRM 的惩罚极大似然估计

许多经典的变量选择准则都可看作是基于惩罚极大似然估计的方差和偏差的折中 (Fan and Li, 2001). 令 $\ell(\theta)$ 是对数似然函数. 对于 JMVGLRM, 提出了惩罚似然函数

$$\mathcal{L}(\theta) = \ell(\theta) - \sum_{i=1}^{p} p_{\tau^{(1)}}(|\beta_i|) - \sum_{j=1}^{q} p_{\tau^{(2)}}(|\gamma_j|) - \sum_{k=1}^{d} p_{\tau^{(3)}}(|\lambda_k|), \tag{3-2}$$

其中 $\theta = (\theta_1, \cdots, \theta_s)^{\mathrm{T}} = (\beta_1, \cdots, \beta_p; \gamma_1, \cdots, \gamma_q; \lambda_1, \cdots, \lambda_d)^{\mathrm{T}}$, $s = p + q + d$, $p_{\tau^{(l)}}(\cdot)$ 是调整参数为 $\tau^{(l)}(l = 1, 2, 3)$ 的给定的惩罚函数. 调整参数可以通过数据驱动的准则来挑选, 例如, 交叉验证、广义交叉验证 (Tibshirani,1996) 或者 BIC(Wang et al.,2007). 在这里, 对所有的回归系数, 我们使用相同的惩罚函数 $p(\cdot)$, 但是用不同的调整参数 $\tau^{(1)}$, $\tau^{(2)}$ 和 $\tau^{(3)}$ 分别对应于均值参数, 滑动平均参数和对数新息参数. 注意到对于所有的参数, 惩罚函数和调整参数没有必要全部相同. 例如, 我们如果希望在最终的模型中保留某些重要的变量, 那么就没有必要惩罚它们的系数. 在这里, 我们使用 SCAD 惩罚函数, 它的一阶导数满足

$$p_{\lambda}'(t) = \lambda \left\{ I(t \leqslant \lambda) + \frac{(a\lambda - t)_+}{(a-1)\lambda} I(t > \lambda) \right\},$$

其中 $a > 2$(Fan and Li,2001). 按照 Fan 和 Li(2001) 的建议, 在我们的工作中令 $a = 3.7$. SCAD 惩罚函数表示在一个零附近区间是样条函数, 在该区间之外是常数, 这样能把估计的很小的值压缩成零, 对于大的估计值没有影响.

我们把 θ 的惩罚极大似然估计记作 $\hat{\theta}$, 也是极大化函数 $\mathcal{L}(\theta)$ 得到的. 在合适的惩罚函数下, 关于 θ 极大化 $\mathcal{L}(\theta)$ 将导致相应的解释变量自动地被移除. 这样, 通过极大化 $\mathcal{L}(\theta)$ 将同时达到选择重要变量和获得参数估计的目的. 在 3.1.4 节, 我们将提供计算惩罚极大似然估计 $\hat{\theta}$ 的详细迭代算法.

3.1.3   渐近性质

在这节中, 我们考虑惩罚极大似然估计的相合性和渐近正态性. 首先介绍一些记号. 假定 θ_0 是 θ 的真值, $\theta_0 = (\theta_{01}, \cdots, \theta_{0s})^{\mathrm{T}} = ((\theta_0^{(1)})^{\mathrm{T}}, (\theta_0^{(2)})^{\mathrm{T}})^{\mathrm{T}}$. 为了下面讨论的方便, 不失一般性, 假定 $\theta_0^{(1)}$ 由 θ_0 的所有非零分量构成, $\theta_0^{(2)} = 0$. 除此之外, 假定调整参数关于 θ_0 的分量重新排列, $\theta_0^{(1)}$ 的维数为 s_1,

$$a_n = \max_{1 \leqslant j \leqslant s} \{ p'_{\tau_n}(|\theta_{0j}|) : \theta_{0j} \neq 0 \}$$

和

$$b_n = \max_{1 \leqslant j \leqslant s} \{ |p''_{\tau_n}(|\theta_{0j}|)| : \theta_{0j} \neq 0 \},$$

其中为了强调调整参数 τ 依赖于样本量 n, 记 $\tau = \tau_n$. τ_n 等于 $\tau^{(1)}$, $\tau^{(2)}$ 或者 $\tau^{(3)}$, 依赖于 θ_{0j} 是 β_0, γ_0 或者 $\lambda_0 (1 \leqslant j \leqslant s)$.

为了得到惩罚极大似然估计的相合性和渐近正态性, 需要下列正则条件:

(C3.1) 协变量 X_{ij}, Z_{ijk} 和 H_{ij} 是固定的. 并且对于每个个体重复观测的次数 m_i 是固定的 $(i = 1, \cdots, n; \ j = 1, \cdots, m_i; \ k = 1, \cdots, j - 1)$;

(C3.2) 参数空间是紧的, 真实参数 θ_0 为参数空间的内点;

(C3.3) 联合模型中的设计矩阵 X_i 和 H_i 是有界的, 也就是矩阵中的所有元素是有界的.

定理 3.1.1   假设 $a_n = O_p(n^{-\frac{1}{2}})$, 当 $n \to \infty$ 时, $b_n \to 0$ 和 $\tau_n \to 0$. 在条件 (C3.1)∼(C3.3) 下, (3-2) 式中惩罚似然函数 $\mathcal{L}(\theta)$ 依趋向于 1 的概率存在一个局部极大似然估计 $\hat{\theta}_n$ 满足: $\|\hat{\theta}_n - \theta_0\| = O_p(n^{-1/2})$.

下面考虑 $\hat{\theta}_n$ 的渐近正态性. 假设

$$A_n = \mathrm{diag}\{ p''_{\tau_n}(|\theta_{01}^{(1)}|), \cdots, p''_{\tau_n}(|\theta_{0s_1}^{(1)}|) \},$$

$$c_n = (p'_{\tau_n}(|\theta_{01}^{(1)}|)\mathrm{sgn}(\theta_{01}^{(1)}), \cdots, p'_{\tau_n}(|\theta_{0s_1}^{(1)}|)\mathrm{sgn}(\theta_{0s_1}^{(1)}))^{\mathrm{T}},$$

其中 $\theta_{0j}^{(1)}$ 是 $\theta_0^{(1)}$ $(1 \leqslant j \leqslant s_1)$ 的第 j 个分量. $\mathcal{I}_n(\theta)$ 是 θ 的 Fisher 信息阵.

定理 3.1.2 (Oracle 性质) 假设惩罚函数 $p_{\tau_n}(t)$ 满足

$$\liminf_{n\to\infty} \liminf_{t\to 0^+} \frac{p'_{\tau_n}(t)}{\tau_n} > 0,$$

而且当 $n \to \infty$ 时, $\bar{\mathcal{I}}_n = \mathcal{I}_n(\theta_0)/n$ 收敛于一个有限的正定阵 $\mathcal{I}(\theta_0)$. 在定理 3.1.1 的条件下, 当 $n \to \infty$ 时, 如果 $\tau_n \to 0$ 和 $\sqrt{n}\tau_n \to \infty$, 则在定理 3.1.1 中的 $\sqrt{n}$ 相合估计 $\hat{\theta}_n = ((\hat{\theta}_n^{(1)})^{\mathrm{T}}, (\hat{\theta}_n^{(2)})^{\mathrm{T}})^{\mathrm{T}}$ 一定满足:

(i) (稀疏性) $\hat{\theta}_n^{(2)} = 0$, 依趋于 1 的概率成立;

(ii) (渐近正态性)

$$\sqrt{n}(\bar{\mathcal{I}}_n^{(1)})^{-1/2}(\bar{\mathcal{I}}_n^{(1)} + A_n)\{(\hat{\theta}_n^{(1)} - \theta_0^{(1)}) + (\bar{\mathcal{I}}_n^{(1)} + A_n)^{-1}c_n\} \xrightarrow{\mathcal{L}} \mathcal{N}_{s_1}(0, I_{s_1}),$$

其中 $\bar{\mathcal{I}}_n^{(1)}$ 是对应于 $\theta_0^{(1)}$ 的 $\bar{\mathcal{I}}_n$ 的 $s_1 \times s_1$ 的子矩阵, 而且 I_{s_1} 是 $s_1 \times s_1$ 的单位阵.

3.1.4 迭代计算

3.1.4.1 算法研究

我们基于 Fan 和 Li(2001) 中关于惩罚函数的局部二次逼近提出了迭代算法.

首先, 注意到对数似然函数 $\ell(\theta)$ 的一阶、二阶导数是连续的. 对给定的 θ_0, 对数似然函数 $\ell(\theta)$ 近似为

$$\ell(\theta) \approx \ell(\theta_0) + \left[\frac{\partial \ell(\theta_0)}{\partial \theta}\right]^{\mathrm{T}}(\theta - \theta_0) + \frac{1}{2}(\theta - \theta_0)^{\mathrm{T}}\left[\frac{\partial^2 \ell(\theta_0)}{\partial\theta\partial\theta^{\mathrm{T}}}\right](\theta - \theta_0).$$

而且, 对于给定的初始值 t_0, 可以用 Fan 和 Li(2001) 提出的二次函数逼近惩罚函数 $p_\tau(t)$, 具体为

$$p_\tau(|t|) \approx p_\tau(|t_0|) + \frac{1}{2}\frac{p'_\tau(|t_0|)}{|t_0|}(t^2 - t_0^2), \quad t \approx t_0.$$

因此, 除了相差一个与参数无关的常数项外, 惩罚似然函数 (3-2) 可二次逼近为

$$\mathcal{L}(\theta) \approx \ell(\theta_0) + \left[\frac{\partial \ell(\theta_0)}{\partial \theta}\right]^{\mathrm{T}}(\theta - \theta_0) + \frac{1}{2}(\theta - \theta_0)^{\mathrm{T}}\left[\frac{\partial^2 \ell(\theta_0)}{\partial\theta\partial\theta^{\mathrm{T}}}\right](\theta - \theta_0) - \frac{n}{2}\theta^{\mathrm{T}}\Sigma_\tau(\theta_0)\theta,$$

其中

$$\Sigma_\tau(\theta_0) = \mathrm{diag}\left\{\frac{p'_{\tau_1^{(1)}}(|\beta_{01}|)}{|\beta_{01}|}, \cdots, \frac{p'_{\tau_p^{(1)}}(|\beta_{0p}|)}{|\beta_{0p}|}, \frac{p'_{\tau_1^{(2)}}(|\gamma_{01}|)}{|\gamma_{01}|}, \cdots, \right.$$
$$\left. \frac{p'_{\tau_q^{(2)}}(|\gamma_{0q}|)}{|\gamma_{0q}|}, \frac{p'_{\tau_1^{(3)}}(|\lambda_{01}|)}{|\lambda_{01}|}, \cdots, \frac{p'_{\tau_d^{(3)}}(|\lambda_{0d}|)}{|\lambda_{0d}|}\right\},$$

$\theta = (\theta_1, \cdots, \theta_s)^{\mathrm{T}} = (\beta_1, \cdots, \beta_p; \gamma_1, \cdots, \gamma_q; \lambda_1, \cdots, \lambda_d)^{\mathrm{T}}$ 和 $\theta_0 = (\theta_{01}, \cdots, \theta_{0s})^{\mathrm{T}} = (\beta_{01}, \cdots, \beta_{0p}; \gamma_{01}, \cdots, \gamma_{0q}; \lambda_{01}, \cdots, \lambda_{0d})^{\mathrm{T}}$. 因此, $\mathcal{L}(\theta)$ 二次最优化的解可通过下式迭代得到

$$\theta_1 \approx \theta_0 + \left\{ \frac{\partial^2 \ell(\theta_0)}{\partial \theta \partial \theta^{\mathrm{T}}} - n\Sigma_\lambda(\theta_0) \right\}^{-1} \left\{ n\Sigma_\lambda(\theta_0)\theta_0 - \frac{\partial \ell(\theta_0)}{\partial \theta} \right\}.$$

其次, 因为数据服从正态分布, 对数似然函数 $\ell(\theta)$ 可以被写成

$$\ell(\theta) = -\frac{1}{2}\sum_{i=1}^n \log(|\Sigma_i|) - \frac{1}{2}\sum_{i=1}^n (Y_i - \mu_i)^{\mathrm{T}}\Sigma_i^{-1}(Y_i - \mu_i)$$

$$= -\frac{1}{2}\sum_{i=1}^n \log(|D_i|) - \frac{1}{2}\sum_{i=1}^n \varepsilon_i^{\mathrm{T}} D_i^{-1}\varepsilon_i.$$

因此, 得分函数就可以写成

$$U(\theta) = \frac{\partial \ell(\theta)}{\partial \theta} = (U_1^{\mathrm{T}}(\beta), U_2^{\mathrm{T}}(\gamma), U_3^{\mathrm{T}}(\lambda))^{\mathrm{T}},$$

其中

$$U_1(\beta) = \frac{\partial \ell(\theta)}{\partial \beta} = \sum_{i=1}^n X_i^{\mathrm{T}}\Delta_i\Sigma_i^{-1}(Y_i - \mu_i(X_i\beta)),$$

$$U_2(\gamma) = \frac{\partial \ell(\theta)}{\partial \gamma} = -\sum_{i=1}^n \frac{\partial \varepsilon_i^{\mathrm{T}}}{\partial \gamma} D_i^{-1}\varepsilon_i,$$

$$U_3(\lambda) = \frac{\partial \ell(\theta)}{\partial \lambda} = \frac{1}{2}\sum_{i=1}^n H_i^{\mathrm{T}}(D_i^{-1}f_i - \mathbf{1}_{m_i}),$$

其中 $\Delta_i = \Delta_i(X_i\beta) = \mathrm{diag}\{\dot{g}^{-1}(X_{i1}^{\mathrm{T}}\beta), \cdots, \dot{g}^{-1}(X_{im_i}^{\mathrm{T}}\beta)\}$, $\dot{g}^{-1}(\cdot)$ 是联系函数的逆 $g^{-1}(\cdot)$ 的一阶导数, 且 $\varepsilon_i = (\varepsilon_{i1}, \cdots, \varepsilon_{m_i})^{\mathrm{T}}$, $\varepsilon_{ij} = r_{ij} - \sum_{k=1}^{j-1} l_{ijk}\varepsilon_{ik}$; $f_i = (f_{i1}, \cdots, f_{im_i})^{\mathrm{T}}$, 其中 $f_{ij} = \varepsilon_{ij}^2$, $\mathbf{1}_{m_i}$ 表示维数为 $m_i \times 1$、元素都是 1 的向量. 记

$$\mathcal{I}_n(\theta) = -E\left(\frac{\partial^2 \ell(\theta)}{\partial \theta \partial \theta^{\mathrm{T}}}\right) = \begin{pmatrix} -E\left(\dfrac{\partial^2 \ell(\theta)}{\partial \beta \partial \beta^{\mathrm{T}}}\right) & -E\left(\dfrac{\partial^2 \ell(\theta)}{\partial \beta \partial \gamma^{\mathrm{T}}}\right) & -E\left(\dfrac{\partial^2 \ell(\theta)}{\partial \beta \partial \lambda^{\mathrm{T}}}\right) \\ -E\left(\dfrac{\partial^2 \ell(\theta)}{\partial \gamma \partial \beta^{\mathrm{T}}}\right) & -E\left(\dfrac{\partial^2 \ell(\theta)}{\partial \gamma \partial \gamma^{\mathrm{T}}}\right) & -E\left(\dfrac{\partial^2 \ell(\theta)}{\partial \gamma \partial \lambda^{\mathrm{T}}}\right) \\ -E\left(\dfrac{\partial^2 \ell(\theta)}{\partial \lambda \partial \beta^{\mathrm{T}}}\right) & -E\left(\dfrac{\partial^2 \ell(\theta)}{\partial \lambda \partial \gamma^{\mathrm{T}}}\right) & -E\left(\dfrac{\partial^2 \ell(\theta)}{\partial \lambda \partial \lambda^{\mathrm{T}}}\right) \end{pmatrix}$$

$$= \begin{pmatrix} \mathcal{I}_{11} & \mathcal{I}_{12} & \mathcal{I}_{13} \\ \mathcal{I}_{21} & \mathcal{I}_{22} & \mathcal{I}_{23} \\ \mathcal{I}_{31} & \mathcal{I}_{32} & \mathcal{I}_{33} \end{pmatrix},$$

其中

$$\mathcal{I}_{11} = \sum_{i=1}^{n} X_i^{\mathrm{T}} \Delta_i \Sigma_i^{-1} \Delta_i X_i; \quad \mathcal{I}_{22} = \sum_{i=1}^{n} E \frac{\partial \varepsilon_i^{\mathrm{T}}}{\partial \gamma} D_i^{-1} \frac{\partial \varepsilon_i}{\partial \gamma}; \quad \mathcal{I}_{33} = \frac{1}{2} \sum_{i=1}^{n} H_i^{\mathrm{T}} H_i$$

和 $\mathcal{I}_{12} = \mathcal{I}_{21} = \mathcal{I}_{13} = \mathcal{I}_{31} = \mathcal{I}_{23} = \mathcal{I}_{32} = 0$.

最后, 我们用 Fisher 信息矩阵来逼近观测信息矩阵, 以下算法概括了 JMVG-LRM 中参数的惩罚极大似然估计的迭代计算.

算法

Step 1 取没有惩罚的极大似然估计 $\beta^{(0)}, \gamma^{(0)}, \lambda^{(0)}$ 作为 β, γ, λ 的初始估计.

Step 2 给定当前值 $\theta^{(m)} = \{\beta^{(m)\mathrm{T}}, \gamma^{(m)\mathrm{T}}, \lambda^{(m)\mathrm{T}}\}^{\mathrm{T}}$, 通过以下迭代

$$\theta^{(m+1)} = \theta^{(m)} + \left\{ \mathcal{I}_n(\theta^{(m)}) + n\Sigma_\tau(\theta^{(m)}) \right\}^{-1} \left\{ U(\theta^{(m)}) - n\Sigma_\tau(\theta^{(m)})\theta^{(m)} \right\}.$$

Step 3 重复 Step 2 直到满足收敛条件.

3.1.4.2 调整参数的选择

本节仍采用 BIC, 并把调整参数简化成:

(i) $\tau_{1i} = \dfrac{\tau_1}{|\tilde{\beta}_i^{(0)}|}, i = 1, \cdots, p$;

(ii) $\tau_{2j} = \dfrac{\tau_2}{|\tilde{\gamma}_j^{(0)}|}, j = 1, \cdots, q$;

(iii) $\tau_{3k} = \dfrac{\tau_3}{|\tilde{\lambda}_k^{(0)}|}, k = 1, \cdots, d$.

其中 $\tilde{\beta}_i^{(0)}$, $\tilde{\gamma}_j^{(0)}$ 和 $\tilde{\lambda}_k^{(0)}$ 分别是全模型极大似然估计 $\tilde{\beta}^{(0)}$, $\tilde{\gamma}^{(0)}$ 和 $\tilde{\lambda}^{(0)}$ 的第 i 个元素, 第 j 个元素和第 k 个元素. 结果, 原来关于 τ_i 的 s 维的问题就变成了三维的问题 $\boldsymbol{\tau} = (\tau_1, \tau_2, \tau_3)$. 这样 $\boldsymbol{\tau}$ 就可以通过以下的 BIC 来选择

$$\mathrm{BIC}_{\boldsymbol{\tau}} = -\frac{2}{n}\ell(\hat{\beta}, \hat{\gamma}, \hat{\lambda}) + df_{\boldsymbol{\tau}} \times \frac{\log(n)}{n},$$

其中 $0 \leqslant df_{\boldsymbol{\tau}} \leqslant s$ 是 $\hat{\theta}$ 的非零系数的个数.

通过调整参数可以获得

$$\hat{\boldsymbol{\tau}} = \arg\min_{\boldsymbol{\tau}} \mathrm{BIC}_{\boldsymbol{\tau}}.$$

从 3.1.5 节的模拟研究结果可以看出, 我们所提出的调整参数的选择方法是可行的.

3.1.5 模拟研究

在这节我们通过模拟研究来确定所提出的变量选择方法的有限样本性质. 我们分别考虑样本量 $n = 100, 200$ 和 400. 每个个体假设被观测 m_i 次, 并且 $m_i - 1 \sim$

Binomial$(11, 0.8)$. 在模拟研究中, 按照前面的数据产生方法重复产生 1000 个随机样本. 对于每一个随机数据集, 考虑基于 SCAD 和 ALASSO 惩罚函数所提出的变量选择方法来找到惩罚极大似然估计. 惩罚函数中的未知调整参数 $\tau^{(l)}(l = 1, 2, 3)$ 通过 BIC 来挑选. 我们利用均方误差 (MSE) 评价 $\hat{\beta}, \hat{\gamma}$ 和 $\hat{\lambda}$ 的估计精度, 定义为

$$\mathrm{MSE}(\hat{\beta}) = E(\hat{\beta} - \beta_0)^{\mathrm{T}}(\hat{\beta} - \beta_0), \quad \mathrm{MSE}(\hat{\gamma}) = E(\hat{\gamma} - \gamma_0)^{\mathrm{T}}(\hat{\gamma} - \gamma_0),$$

$$\mathrm{MSE}(\hat{\lambda}) = E(\hat{\lambda} - \lambda_0)^{\mathrm{T}}(\hat{\lambda} - \lambda_0).$$

例 3.1.1　JMVGLRM 中选取线性均值模型.

在这个例子中, 我们首先考虑 JMVGLRM 的特殊情况, 即对均值参数进行线性建模. 我们选择均值参数, 滑动平均参数和对数新息参数的真实值分别为 $\beta = (\beta_1, \beta_2, \cdots, \beta_{10})^{\mathrm{T}}$ $(\beta_1 = 1, \beta_2 = -0.5, \beta_4 = 0.5)$, $\lambda = (\lambda_1, \lambda_2, \cdots, \lambda_7)^{\mathrm{T}}$ $(\lambda_2 = 0.5, \lambda_3 = 0.4)$ 和 $\gamma = (\gamma_1, \gamma_2, \cdots, \gamma_7)^{\mathrm{T}}$ $(\gamma_1 = -0.3, \gamma_2 = 0.3)$, 其余的系数为 0, 对应于不相关变量. 在模型中 $X_{ij} = (1, X_{1ij}^{\mathrm{T}})^{\mathrm{T}}$, 其中 X_{1ij} 产生于均值为 0 的多元正态分布, 边际方差为 1, 相关系数为 0.5. 我们选取 $H_{ij} = (X_{ijt})_{t=1}^7$ 和 $Z_{ijk} = (1, t_{ij} - t_{ik}, (t_{ij} - t_{ik})^2, \cdots, (t_{ij} - t_{ik})^6)^{\mathrm{T}}$, 其中测量时间 t_{ij} 产生于均匀分布 $U[0, 2]$. 利用这些值, 均值 μ_i 和协方差矩阵 Σ_i 可以通过 3.1.2 节中描述的改进的 Cholesky 分解来构建. 响应变量 Y_i 就可以从多元正态分布 $N(\mu_i, \Sigma_i)(i = 1, \cdots, n)$ 中产生.

随机模拟 1000 次, 参数被估计出来是零系数的平均个数列在表 3-1 中. 注意表 3-1 中 "Correct" 一栏表示把真实零系数估计成零的平均个数, "Incorrect" 一栏是表示把真实非零系数估计成零的平均个数.

表 3-1　基于不同样本量和不同惩罚函数, 对 JMVGLRM (线性均值模型) 进行变量选择结果

模型	n	SCAD			ALASSO		
		MSE	Correct	Incorrect	MSE	Correct	Incorrect
β	100	0.0012	6.9340	0	0.0012	7.0000	0
	200	7.8107e−004	6.9870	0	8.3486e−004	7.0000	0
	400	0.0005	6.9990	0	0.0006	7.0000	0
γ	100	1.3369e−004	4.9080	0	1.2259e−004	4.9880	0
	200	6.5800e−005	4.9850	0	7.4626e−005	5.0000	0
	400	4.6587e−005	4.9980	0	5.3295e−005	5.0000	0
λ	100	0.0417	4.8700	0.0010	0.0356	4.9750	0.0010
	200	0.0254	4.9380	0	0.0246	4.9970	0
	400	0.0218	4.9940	0	0.0190	5.0000	0

从表 3-1 中可以得到以下结论:

(1) 在不同的惩罚函数下变量选择方法随着样本量 n 的增大而变得越来越好. 例如, "Correct" 这一栏的值随着样本量 n 的增大而越来越接近模型中真实的零系数的个数.

(2) 基于 SCAD 和 ALASSO 惩罚函数的变量选择方法在正确变量选择率方面是相似的. 这样可以有效地减少模型不确定性和复杂性.

(3) 对于我们设计的模拟环境, 所提出的变量选择方法总体上表现是满意的.

然后, 我们比较基于两种协方差矩阵分解的方法, 即自回归 (AR) 分解 (Pourahmadi, 1999) 和滑动平均 (MA) 分解 (Rothman et al., 2010). 其中可以用拟合的均值 $\hat{\mu}_i$ 与真实的均值 μ_i、拟合的协方差矩阵 $\hat{\Sigma}_i$ 与真实的协方差矩阵 Σ_i 之间的偏差来测量评价这两种方法. 特别地, 定义两种相对误差如下

$$\text{RERR}(\hat{\mu}) = \frac{1}{n} \sum_{i=1}^{n} \frac{\|\hat{\mu}_i - \mu_i\|}{\|\mu_i\|}, \quad \text{RERR}(\hat{\Sigma}) = \frac{1}{n} \sum_{i=1}^{n} \frac{\|\hat{\Sigma}_i - \Sigma_i\|}{\|\Sigma_i\|},$$

这里 $\|A\|$ 代表矩阵 A 的最大奇异值. 当 $n = 100$ 和 200 时, 重复 1000 次我们计算这两种相对误差的平均值. 表 3-2 给出了我们模型基于 MA 分解和 AR 分解所计算得到的两个相对误差的平均值. 在表 3-2 中 "MA.data" ("AR.data") 表示真实协方差结构服从滑动平均结构 (自回归结构). "MA.fit" ("AR.fit") 表示我们通过 MA 分解 (AR 分解) 协方差矩阵来拟合数据. 我们可以发现, 当真实协方差矩阵服从滑动平均结构时, 并且错误地通过自回归结构分解协方差矩阵时, 估计 μ 和 Σ 的误差都会增加; 相反地, 假若真实协方差矩阵服从自回归结构时, 可以得到类似的结果. 然而, 从我们的模拟研究可以发现, 模型误判看起来影响 MA 分解比 AR 分解要小一点.

表 3-2 基于不同样本量和不同方法, 平均相对误差的表现结果

真实协方差结构	方法	n	MA.fit		AR.fit	
			$\text{RERR}(\hat{\mu})$	$\text{RERR}(\hat{\Sigma})$	$\text{RERR}(\hat{\mu})$	$\text{RERR}(\hat{\Sigma})$
MA.data	SCAD	100	0.0159	0.1999	0.0609	0.8528
		200	0.0127	0.1719	0.0554	0.8245
	ALASSO	100	0.0161	0.1548	0.0696	0.8158
		200	0.0131	0.1442	0.0646	0.8047
AR.data	SCAD	100	0.0495	0.6636	0.0404	0.3061
		200	0.0427	0.6527	0.0356	0.2639
	ALASSO	100	0.0541	0.6960	0.0400	0.2370
		200	0.0436	0.6473	0.0362	0.2253

例 3.1.2 JMVGLRM 中选取广义线性均值模型.

在 JMVGLRM 中考虑用以下的 Logistic 联系函数来对均值部分进行建模, 那

么就有

$$\text{logit}(\mu_{ij}) = X_{ij}^{\mathrm{T}}\beta.$$

我们使用例 3.1.1 中的真实参数环境来确定提出的变量选择方法的表现, 模拟结果见表 3-3. 从表 3-3 的结果可以看出, 在不同的样本量下, 所得到的变量选择方法达到了我们所预期的结果, 结果和例 3.1.1 的结果非常类似.

表 3-3　基于不同样本量和不同惩罚函数, 对 JMVGLRM (广义线性均值模型)进行变量选择结果

模型	n	SCAD			ALASSO		
		MSE	Correct	Incorrect	MSE	Correct	Incorrect
β	100	0.1346	6.8820	0.0300	0.1591	6.9580	0.0700
	200	0.1028	6.9920	0	0.0886	6.9980	0.0010
	400	0.0838	7.0000	0	0.0727	7.0000	0
γ	100	1.2997e−004	4.8480	0	1.4948e−004	4.9900	0
	200	7.2503e−005	4.9720	0	8.3386e−005	5.0000	0
	400	2.5737e−005	4.9820	0	5.9863e−005	5.0000	0
λ	100	0.0149	4.9270	0	0.0297	4.9980	0.0030
	200	0.0086	4.9940	0	0.0178	5.0000	0
	400	0.0059	5.0000	0	0.0135	5.0000	0

例 3.1.3　考虑 JMVGLRM 的高维情况.

在这个例子里, 考虑把我们所提出来的变量选择方法应用到 JMVGLRM 的 "大 n, 发散 s" 的情况. 以下考虑 JMVGLRM 中的高维 Logistic 均值模型:

$$\text{logit}(\mu_{ij}) = X_{ij}^{\mathrm{T}}\beta_0, \quad l_{ijk} = Z_{ijk}^{\mathrm{T}}\gamma_0, \quad \log(\sigma_{ij}^2) = H_{ij}^{\mathrm{T}}\lambda_0,$$

其中 β_0 是一个 p 维参数向量, $p = \lfloor 4n^{1/3} \rfloor - 4$ 且 $n = 100, 200$ 和 400, $\lfloor u \rfloor$ 表示不比 u 大的最大整数. 另外, γ_0 是一个 q 维参数向量, $q = \lfloor 2n^{1/3} \rfloor - 2$ 和 λ_0 是一个 d 维参数向量, $d = \lfloor 3n^{1/3} \rfloor - 3$. $X_{ij} = (1, X_{1ij}^{\mathrm{T}})^{\mathrm{T}}$, 其中 X_{1ij} 产生于均值为 0 的多元正态分布, 边际方差为 1, 相关系数为 0.5. 我们取 $H_{ij} = (X_{ijt})_{t=1}^{d}$ 和 $Z_{ijk} = (1, t_{ij} - t_{ik}, (t_{ij} - t_{ik})^2, \cdots, (t_{ij} - t_{ik})^{q-1})^{\mathrm{T}}$, 其中 t_{ij} 产生于均匀分布 $U[0, 2]$. 真实系数向量为 $\beta_0 = (1, -0.5, 0.5, \mathbf{0}_{p-3})^{\mathrm{T}}$, $\lambda_0 = (-0.4, -0.4, \mathbf{0}_{d-2})^{\mathrm{T}}$ 和 $\gamma_0 = (-0.6, 0.6, \mathbf{0}_{q-2})^{\mathrm{T}}$, 其中 $\mathbf{0}_m$ 代表一个元素全部是 0 的 m 维向量. 利用这些值, 通过在 3.1.2 节描述的改进的 Cholesky 分解来产生均值 μ_i 和协方差矩阵 Σ_i. 那么, 响应变量 Y_i 产生于多元正态分布 $N(\mu_i, \Sigma_i)(i = 1, \cdots, n)$. 模拟结果主要概括在表 3-4.

从表 3-4 中很容易看出, 我们所提出的变量选择方法有能力识别出真实的子模型, 并且即使是 JMVGLRM 的 "大 n, 发散 s" 的情况模拟结果也表现得非常好.

表 3-4　基于不同样本量和不同惩罚函数, 对高维 JMVGLRM (广义线性均值模型) 进行变量选择结果

模型	$(n, p/q/d)$	SCAD			ALASSO		
		MSE	Correct	Incorrect	MSE	Correct	Incorrect
	(100,14)	0.0053	10.7840	0.0090	0.0063	11.0000	0.0090
β	(200,18)	0.0004	14.9900	0	0.0011	15.0000	0
	(400,24)	0.0002	20.9980	0	0.0005	21.0000	0
	(100,7)	0.0022	4.8690	0.0060	0.0022	4.9990	0.0060
γ	(200,9)	6.2065e−006	6.8200	0	5.4613e−006	6.9820	0
	(400,12)	1.8671e−005	9.7170	0	3.1547e−006	9.8960	0
	(100,10)	0.0151	7.8060	0.0060	0.0276	7.9910	0.0060
λ	(200,14)	0.0117	11.9260	0	0.0225	12.0000	0
	(400,18)	0.0071	15.9880	0	0.0105	16.0000	0

3.1.6　定理的证明

定理 3.1.1 的证明　对任给的 $\varepsilon > 0$, 我们将证明存在较大的常数 C 满足

$$P\left\{ \sup_{||v||=C} \mathcal{L}(\theta_0 + n^{-\frac{1}{2}}v) < \mathcal{L}(\theta_0) \right\} \geqslant 1 - \varepsilon.$$

注意 $p_{\tau_n}(0) = 0$ 和 $p_{\tau_n}(\cdot) > 0$. 明显地, 有

$$\mathcal{L}\left(\theta_0 + n^{-\frac{1}{2}}v\right) - \mathcal{L}(\theta_0)$$

$$= \left[\ell(\theta_0 + n^{-\frac{1}{2}}v) - n\sum_{j=1}^{s} p_{\tau_n}(|\theta_{0j} + n^{-\frac{1}{2}}v_j|)\right] - \left[\ell(\theta_0) - n\sum_{j=1}^{s} p_{\tau_n}(|\theta_{0j}|)\right]$$

$$\leqslant \left[\ell(\theta_0 + n^{-\frac{1}{2}}v) - \ell(\theta_0)\right] - n\sum_{j=1}^{s_1}\left[p_{\tau_n}(|\theta_{0j} + n^{-\frac{1}{2}}v_j|) - p_{\tau_n}(|\theta_{0j}|)\right]$$

$$= I_1 + I_2,$$

其中

$$I_1 = \ell(\theta_0 + n^{-\frac{1}{2}}v) - \ell(\theta_0), \quad I_2 = -n\sum_{j=1}^{s_1}\left[p_{\tau_n}(|\theta_{0j} + n^{-\frac{1}{2}}v_j|) - p_{\tau_n}(|\theta_{0j}|)\right].$$

首先考虑 I_1. 通过 Taylor 展开, 有

$$I_1 = \left[\ell(\theta_0 + n^{-\frac{1}{2}}v) - \ell(\theta_0)\right]$$

$$= n^{-\frac{1}{2}}v^{\mathrm{T}}\ell'(\theta_0) + \frac{1}{2}n^{-1}v^{\mathrm{T}}\ell''(\theta^*)v$$

$$= I_{11} + I_{12},$$

其中 θ^* 位于 θ_0 和 $\theta_0 + n^{-\frac{1}{2}}v$ 之间. 注意到 $n^{-\frac{1}{2}}||\ell'(\theta_0)|| = O_p(1)$. 利用 Cauchy-Schwarz 不等式, 可以得到

$$I_{11} = n^{-\frac{1}{2}}v^{\mathrm{T}}\ell'(\theta_0) \leqslant n^{-\frac{1}{2}}||\ell'(\theta_0)||\,||v|| = O_p(1).$$

根据 Chebyshev 不等式, 对任给的 $\varepsilon > 0$, 有

$$P\left\{\frac{1}{n}||\ell''(\theta_0) - E\ell''(\theta_0)|| \geqslant \varepsilon\right\} \leqslant \frac{1}{n^2\varepsilon^2}E\left\{\sum_{j=1}^{s}\sum_{l=1}^{s}\left(\frac{\partial^2\ell(\theta_0)}{\partial\theta_j\partial\theta_l} - E\left(\frac{\partial^2\ell(\theta_0)}{\partial\theta_j\partial\theta_l}\right)\right)^2\right\}$$

$$\leqslant \frac{Cs^2}{n\varepsilon^2} = o(1).$$

因此, 有 $\dfrac{1}{n}||\ell''(\theta_0) - E\ell''(\theta_0)|| = o_p(1)$.

$$I_{12} = \frac{1}{2}n^{-1}v^{\mathrm{T}}\ell''(\theta^*)v = \frac{1}{2}v^{\mathrm{T}}[n^{-1}\ell''(\theta_0)]v[1 + o_p(1)]$$

$$= \frac{1}{2}v^{\mathrm{T}}\left\{n^{-1}[\ell''(\theta_0) - E\ell''(\theta_0) - \mathcal{I}_n(\theta_0)]\right\}v[1 + o_p(1)]$$

$$= -\frac{1}{2}v^{\mathrm{T}}\mathcal{I}(\theta_0)v[1 + o_p(1)].$$

因此我们可得存在较大的常数 C, 在 $||v|| = C$ 下, I_{11} 被 I_{12} 一致控制.

下面研究 I_2. 利用 Taylor 展开和 Cauchy-Schwarz 不等式

$$I_2 = -n\sum_{j=1}^{s_1}[p_{\tau_n}(|\theta_{0j} + n^{-\frac{1}{2}}v_j|) - p_{\tau_n}(|\theta_{0j}|)]$$

$$= -n\sum_{j=1}^{s_1}\left\{n^{\frac{1}{2}}p'_{\tau_n}(|\theta_{0j}|)\mathrm{sgn}(\theta_{0j})v_j + \frac{1}{2}p''_{\tau_n}(|\theta_{0j}|)v_j^2[1 + O_p(1)]\right\}$$

$$\leqslant \sqrt{s_1}n^{\frac{1}{2}}||v||\max_{1\leqslant j\leqslant s_1}\{|p'_{\tau_n}(|\theta_{0j}|)|, \theta_{0j} \neq 0\} + \frac{1}{2}||v||^2\max_{1\leqslant j\leqslant s_1}\{p''_{\tau_n}(|\theta_{0j}|) : \theta_{0j} \neq 0\}$$

$$= \sqrt{s_1}n^{\frac{1}{2}}||v||a_n + \frac{1}{2}||v||^2b_n.$$

因为假定 $a_n = O_p(n^{-\frac{1}{2}})$ 和 $b_n \to 0$, 存在较大的常数 C, I_2 被 I_{12} 一致控制. 因此, 对任给的 $\varepsilon > 0$, 存在较大的常数 C 满足

$$P\left\{\sup_{||v||=C}\mathcal{L}(\theta_0 + n^{-\frac{1}{2}}v) < \mathcal{L}(\theta_0)\right\} \geqslant 1 - \varepsilon,$$

所以, 存在一个局部极大的 $\hat{\theta}_n$ 满足 $\hat{\theta}_n$ 是一个 θ_0 的 $\sqrt{n}$ 相合估计. 定理 3.1.1 证毕.

定理 3.1.2 的证明　我们首先证明 (i). 下面我们证明对任给的 $\theta^{(1)}$ 满足 $\theta^{(1)} - \theta_0^{(1)} = O_p(n^{-1/2})$. 对任意常数 $C > 0$, 有

$$\mathcal{L}\{((\theta^{(1)})^{\mathrm{T}}, 0^{\mathrm{T}})^{\mathrm{T}}\} = \max_{\|\theta^{(2)}\| \leqslant Cn^{-\frac{1}{2}}} \mathcal{L}\{((\theta^{(1)})^{\mathrm{T}}, (\theta^{(2)})^{\mathrm{T}})^{\mathrm{T}}\}.$$

事实上, 对任意 $\theta_j(j = s_1 + 1, \cdots, s)$, 利用 Taylor 展开有

$$\frac{\partial \mathcal{L}(\theta)}{\partial \theta_j} = \frac{\partial \ell(\theta)}{\partial \theta_j} - np'_{\lambda_j}(|\theta_j|)\mathrm{sgn}(\theta_j)$$

$$= \frac{\partial \ell(\theta_0)}{\partial \theta_j} + \sum_{l=1}^{s} \frac{\partial^2 \ell(\theta^*)}{\partial \theta_j \partial \theta_l}(\theta_l - \theta_{0l}) - np'_{\tau_n}(|\theta_j|)\mathrm{sgn}(\theta_j),$$

其中 θ^* 在 θ 和 θ_0 之间. 而

$$\frac{1}{n}\frac{\partial \ell(\theta_0)}{\partial \theta_j} = O_p(n^{-\frac{1}{2}}), \quad \frac{1}{n}\left\{\frac{\partial^2 \ell(\theta_0)}{\partial \theta_j \partial \theta_l} - E\left(\frac{\partial^2 \ell(\theta_0)}{\partial \theta_j \partial \theta_l}\right)\right\} = o_p(1).$$

注意到 $\|\hat{\theta} - \theta_0\| = O_p(n^{-1/2})$. 有

$$\frac{\partial \mathcal{L}(\theta)}{\partial \theta_j} = O_p(n^{-\frac{1}{2}}) - np'_{\tau_n}(|\theta_j|)\mathrm{sgn}(\theta_j)$$

$$= n\tau_n\{-\tau_n^{-1}p'_{\tau_n}(|\theta_j|)\mathrm{sgn}(\theta_j) + O_p(n^{-\frac{1}{2}}\tau_n^{-1})\}.$$

根据定理 3.1.2 的假定, 有

$$\liminf_{n \to \infty} \liminf_{t \to 0^+} \frac{p'_{\tau_n}(t)}{\tau_n} > 0, \quad n^{-\frac{1}{2}}\tau_n^{-1} = (\sqrt{n}\tau_n)^{-1} \to 0,$$

所以有

$$\frac{\partial \mathcal{L}(\theta)}{\partial \theta_j} \begin{cases} < 0, & 0 < \theta_j < Cn^{-\frac{1}{2}}, \\ > 0, & -Cn^{-\frac{1}{2}} < \theta_j < 0. \end{cases}$$

所以, $\mathcal{L}(\theta)$ 在 $\theta = \{((\theta^{(1)})^{\mathrm{T}}, 0^{\mathrm{T}})^{\mathrm{T}}\}$ 达到最大. 定理 3.1.2 的 (i) 证毕.

下面证明 (ii). $\hat{\theta}_n^{(1)}$ 的渐近正态性. 根据定理 3.1.1 和定理 3.1.2 的 (i), 局部极大化函数 $\mathcal{L}\{((\theta^{(1)})^{\mathrm{T}}, 0^{\mathrm{T}})^{\mathrm{T}}\}$ 存在一个惩罚极大似然估计 $\hat{\theta}_n^{(1)}$ 是 $\sqrt{n}$-相合的. 而且估计 $\hat{\theta}_n^{(1)}$ 一定满足

$$0 = \frac{\partial \mathcal{L}(\theta)}{\partial \theta_j}\bigg|_{\theta = \begin{pmatrix} \hat{\theta}_n^{(1)} \\ 0 \end{pmatrix}} = \frac{\partial \ell(\theta)}{\partial \theta_j}\bigg|_{\theta = \begin{pmatrix} \hat{\theta}_n^{(1)} \\ 0 \end{pmatrix}} - np'_{\tau_n}(|\hat{\theta}_{nj}^{(1)}|)\mathrm{sgn}(\theta_{nj})$$

$$= \frac{\partial \ell(\theta_0)}{\partial \theta_j} + \sum_{l=1}^{s_1}\left\{\frac{\partial^2 \ell(\theta_0)}{\partial \theta_j \partial \theta_l} + o_p(1)\right\}(\hat{\theta}_{nl}^{(1)} - \theta_{0l}^{(1)})$$

$$- np'_{\tau_n}(|\theta_{0j}^{(1)}|)\mathrm{sgn}(\theta_{0j}^{(1)}) - n\{p''_{\tau_n}(|\theta_{0j}^{(1)}|) + o_p(1)\}(\hat{\theta}_{nj}^{(1)} - \theta_{0j}^{(1)}).$$

换句话说, 有

$$\left\{-\frac{\partial^2 \ell(\theta_0)}{\partial \theta^{(1)} \partial (\theta^{(1)})^{\mathrm{T}}} + nA_n + o_p(1)\right\}(\hat{\theta}_n^{(1)} - \theta_0^{(1)}) + nc_n = \frac{\partial \ell(\theta_0)}{\partial \theta^{(1)}}.$$

利用 Lyapounov 中心极限定理, 可得

$$\frac{1}{\sqrt{n}}\frac{\partial \ell(\theta_0)}{\partial \theta^{(1)}} \to \mathcal{N}_{s_1}(0, \mathcal{I}^{(1)}).$$

注意

$$\frac{1}{n}\left\{\frac{\partial^2 \ell(\theta_0)}{\partial \theta^{(1)} \partial (\theta^{(1)})^{\mathrm{T}}} - E\left(\frac{\partial^2 \ell(\theta_0)}{\partial \theta^{(1)} \partial (\theta^{(1)})^{\mathrm{T}}}\right)\right\} = o_p(1),$$

利用 Slustsky 定理可得

$$\sqrt{n}(\bar{\mathcal{I}}_n^{(1)})^{(-1/2)}(\bar{\mathcal{I}}_n^{(1)} + A_n)\{(\hat{\theta}_n^{(1)} - \theta_0^{(1)}) + (\bar{\mathcal{I}}_n^{(1)} + A_n)^{-1}c_n\} \to \mathcal{N}_{s_1}(0, I_{s_1}).$$

定理 3.1.2 的 (ii) 证毕.

3.1.7　小结

在纵向数据下, 我们联合对均值和协方差矩阵进行建模, 然后基于惩罚似然的方法提出了一种变量选择方法. 与 Pourahmadi 对协方差矩阵的自回归分解相反, 我们使用了一种新的分解方法, 它具有滑动平均模型的解释. 像均值部分一样, 协方差结构可能也依赖于各种不同的感兴趣的解释变量, 因此我们对均值和协方差结构进行同时变量选择变得十分重要, 因为这样可以减少模型偏差和降低模型复杂度. 我们也证明了在一些条件下, 所提出的均值和协方差结构中的参数的惩罚极大似然估计具有渐近相合性和渐近正态性.

进一步, 我们可以把本章所考虑的方法扩展到研究半参数均值–协方差模型, 另外也可以考虑在不假设正态分布情况下, 均值–协方差模型的变量选择问题.

3.2　贝叶斯分析

3.2.1　引言

纵向数据常常出现在经济学、生物学、环境科学、医学和临床试验等领域. 此类数据是指同一组受试个体在不同时间点上的重复观测数据, 它具有组间独立, 组内相关的特性. 结合组内相关性分析纵向数据的文献详见 (Diggle et al., 2005); 在广义线性模型框架下, Liang 和 Zeger (1986) 提出 GEE 的方法处理纵向数据, GEE 方法通过工作相关矩阵建模, 得到均值参数的估计. 尽管使用 GEE 方法, 在工作矩阵错误指定下, 均值参数的估计是相合的, 但是错判的工作相关矩阵仍然会导致估

计效率的降低. 另外, 在纵向数据分析中, 协方差矩阵的估计是很重要的, 并且对协方差矩阵的估计也是统计学家感兴趣的 (Diggle and Verbyla, 1998). 一个好的协方差矩阵估计是提高回归系数估计效率的常用方法, 协方差矩阵的估计方法一般是基于 Cholesky 分解建模. 近年来, Pourahmadi (1999, 2000) 启发性地研究了多元正态误差下均值-协方差联合广义线性建模的研究方法. 这种模型的主要优点包括统计解释的方便和参数估计中的计算方便, 这将在接下来的 3.2.2 节详细描述. 很多学者已经研究了协方差矩阵的估计问题. Pourahmadi(1999, 2000) 对协方差矩阵进行改进的 Cholesky 分解且对分解后的部分进行广义线性建模, 然后考虑了模型中的参数估计问题. 类似的研究还可以参见文献 (Pan and MacKenzie, 2003, 2006; Miao and Zhu, 2011a, 2011b). 最近, Rothman 等 (2010) 提出了通过新的改进的 Cholesky 分解来参数化协方差矩阵自身, 给出了分解后因子的新的回归解释, 并且也确保了估计得到的协方差矩阵的正定性. 进一步地, 基于这种新的改进的 Cholesky 分解, Zhang 和 Leng(2012) 针对均值-协方差模型提出了一种有效的极大似然估计方法. Xu 等 (2013) 基于惩罚极大似然方法提出了一种有效的变量选择方法.

近几年来, 随着 MCMC 算法的快速发展, 各类统计模型的贝叶斯推断受到了广泛关注 (Chen, 2009; Chen and Tang, 2010; Tang and Duan, 2012; Tang and Zhao, 2013). 此外, 关于均值-方差模型的贝叶斯推断的研究工作也有很多. 例如, Cepeda 和 Gamerman(2001) 概述了正态回归异方差模型的贝叶斯方法. Lin 和 Wang (2011) 研究了纵向数据下均值-协方差模型的贝叶斯分析. Xu 和 Zhang (2013) 研究了半参数均值-方差模型的贝叶斯推断, 其中非参数分量使用 B 样条方法逼近. 然而, 据我们所知, 很少有文献基于改进的 Cholesky 分解, 研究均值-方差模型的贝叶斯分析. 因此, 本章基于 Gibbs 抽样和 Metropolis-Hastings 算法的混合算法以及改进的 Cholesky 分解, 针对均值-方差模型提出了一种贝叶斯方法.

3.2 节结构安排如下: 3.2.2 节首先描述了基于改进 Cholesky 的分解的协方差矩阵和纵向数据均值-方差模型. 3.2.3 节描述了基于 Gibbs 抽样和 Metropolis-Hastings 算法的混合算法的贝叶斯估计方法和基于条件分布的抽样方法. 3.2.4 节通过两个模拟说明了提出方法的有限样本性质. 3.2.5 节通过一个实际数据分析验证所提出的方法. 3.2.6 节是小结.

3.2.2 均值-协方差模型

假设有 n 个独立样本, 对第 i 个样本进行 m_i 次重复观测. 具体地, 记第 i 个个体在时间 $t_i = (t_{i1}, \cdots, t_{im_i})^T$ 的响应变量向量为 $Y_i = (Y_{i1}, \cdots, Y_{im_i})^T$, 其中 $i = 1, \cdots, n$. 假设响应变量服从正态分布 $Y_i \sim N(\mu_i, \Sigma_i)$, 其中 $\mu_i = (\mu_{i1}, \cdots, \mu_{im_i})^T$ 是一个 $m_i \times 1$ 维向量, Σ_i 是一个 $m_i \times m_i$ 正定矩阵 $(i = 1, \cdots, n)$.

为正则化协方差矩阵的逆的工具, Pourahmadi(1999) 建议对 Σ_i^{-1} 进行改进的

Cholesky 分解. 为了分解 Σ_i, Pourahmadi (1999) 首先提出分解 Σ_i 为 $T_i\Sigma_i T_i^{\mathrm{T}} = D_i$, 其中 T_i 是下三角矩阵, 对角线元素为 1, 下三角元素是自回归模型

$$Y_{ij} - \mu_{ij} = \sum_{k=1}^{j-1} \phi_{ijk}(Y_{ik} - \mu_{ik}) + \varepsilon_{ij}$$

中的自回归参数 ϕ_{ijk} 的负数. D_i 的对角元素是新息方差 $\sigma_{ij}^2 = \mathrm{Var}(\varepsilon_{ij})$.

根据 Rothman 等 (2010) 提出的分解思想, 我们令 $L_i = T_i^{-1}$, 它是对角线元素为 1 的下三角矩阵, 因此可以写成 $\Sigma_i = L_i D_i L_i^{\mathrm{T}}$. 实际上也就是利用 Rothman 等 (2010) 提出的改进的 Cholesky 分解来表示协方差矩阵, 这样可以用新的统计意义解释. L_i 中的元素 l_{ijk} 可以解释为以下滑动平均模型的滑动平均系数

$$Y_{ij} - \mu_{ij} = \sum_{k=1}^{j-1} l_{ijk}\varepsilon_{ik} + \varepsilon_{ij}, \quad j = 2, \cdots, m_i,$$

其中 $\varepsilon_{i1} = Y_{i1} - \mu_{i1}$, $\varepsilon_i \sim N(0, D_i)$, 且 $\varepsilon_i = (\varepsilon_{i1}, \cdots, \varepsilon_{im_i})^{\mathrm{T}}$. 注意到这里的 l_{ijk} 和 $\log(\sigma_{ij}^2)$ 是没有限制的.

基于改进的 Cholesky 分解和受到 Pourahmadi(1999,2000), Ye 和 Pan (2006) 的启发, 无限制的参数 μ_{ij}, l_{ijk} 和 $\log(\sigma_{ij}^2)$ 可以用广义线性模型来建模 (以下简称该模型为 JMVMs)

$$g(\mu_{ij}) = X_{ij}^{\mathrm{T}}\beta, \quad l_{ijk} = Z_{ijk}^{\mathrm{T}}\gamma, \quad \log(\sigma_{ij}^2) = H_{ij}^{\mathrm{T}}\lambda. \tag{3-3}$$

这里 $g(\cdot)$ 是单调可微的已知联系函数, 且 X_{ij}, Z_{ijk} 和 H_{ij} 分别是 $p\times 1$ 维, $q\times 1$ 维和 $d\times 1$ 维协变量向量. 协变量 X_{ij} 和 H_{ij} 是回归分析中的一般协变量, 其中 Z_{ijk} 一般可以取成时间差 $t_{ik} - t_{ij}$ 的多项式, 即 $Z_{ijk} = (1, (t_{ij} - t_{ik}), \cdots, (t_{ij} - t_{ik})^{q-1})^{\mathrm{T}}$. 另外, 记 $X_i = (X_{i1}, \cdots, X_{im_i})^{\mathrm{T}}$ 和 $H_i = (H_{i1}, \cdots, H_{im_i})^{\mathrm{T}}$. 进一步记 γ 为滑动平均系数, λ 为新息系数.

由模型 (3-3) 可以获得如下似然函数:

$$\begin{aligned}\ell(\theta|Y, X, Z, H) &= -\frac{1}{2}\sum_{i=1}^n \log(|\Sigma_i|) - \frac{1}{2}\sum_{i=1}^n (Y_i - \mu_i)^{\mathrm{T}}\Sigma_i^{-1}(Y_i - \mu_i)\\ &= -\frac{1}{2}\sum_{i=1}^n \log(|D_i|) - \frac{1}{2}\sum_{i=1}^n \varepsilon_i^{\mathrm{T}} D_i^{-1}\varepsilon_i,\end{aligned} \tag{3-4}$$

其中 $\theta = (\beta^{\mathrm{T}}, \gamma^{\mathrm{T}}, \lambda^{\mathrm{T}})^{\mathrm{T}}$, $Y = (Y_1^{\mathrm{T}}, \cdots, Y_n^{\mathrm{T}})^{\mathrm{T}}, X = (X_1^{\mathrm{T}}, \cdots, X_n^{\mathrm{T}})^{\mathrm{T}}, H = (H_1^{\mathrm{T}}, \cdots, H_n^{\mathrm{T}})^{\mathrm{T}}, Z = \{Z_{ijk} : i = 1, \cdots, n, j = 1, \cdots, m_i, k = 1, \cdots, j-1\}$.

3.2.3 JMVMs 的贝叶斯分析

3.2.3.1 参数的先验分布

为了应用贝叶斯方法来估计模型 (3-3) 中的未知参数, 我们需要具体化未知参数的先验分布. 为了简便, 我们假设 β, γ 和 λ 相互独立且服从正态先验分布, 分别为 $\beta \sim N(\beta_0, \Sigma_\beta)$, $\gamma \sim N(\gamma_0, \Sigma_\gamma)$ 和 $\lambda \sim N(\lambda_0, \Sigma_\lambda)$, 其中假设超参数 $\beta_0, \gamma_0, \lambda_0, \Sigma_\beta$, Σ_γ 和 Σ_λ 是已知的.

3.2.3.2 Gibbs 抽样和条件分布

基于 (3-4) 式, 我们可以按照以下过程用 Gibbs 抽样从后验分布 $p(\theta|Y, X, Z, H)$ 中进行抽样.

Step 1 令参数的初值为 $\theta^{(0)} = (\beta^{(0)\mathrm{T}}, \gamma^{(0)\mathrm{T}}, \lambda^{(0)\mathrm{T}})^{\mathrm{T}}$.

Step 2 基于 $\theta^{(l)} = (\beta^{(l)\mathrm{T}}, \gamma^{(l)\mathrm{T}}, \lambda^{(l)\mathrm{T}})^{\mathrm{T}}$, 计算 $D_i^{(l)} = \mathrm{diag}\{\sigma_{i1}^{2(l)}, \cdots, \sigma_{im_i}^{2(l)}\}$ 和 $\Sigma_i^{(l)} = L_i^{(l)} D_i^{(l)} L_i^{(l)\mathrm{T}}$. 此外, 通过 $\gamma^{(l)}$ 获得 $\varepsilon_i^{(l)}$ 的更新值.

Step 3 基于 $\theta^{(l)} = (\beta^{(l)\mathrm{T}}, \gamma^{(l)\mathrm{T}}, \lambda^{(l)\mathrm{T}})^{\mathrm{T}}$, 按照以下抽取 $\theta^{(l+1)} = (\beta^{(l+1)\mathrm{T}}, \gamma^{(l+1)\mathrm{T}}, \lambda^{(l+1)\mathrm{T}})^{\mathrm{T}}$.

(1) 抽取 $\beta^{(l+1)}$:

$$
\begin{aligned}
p(\beta|Y, X, Z, H, \gamma^{(l)}, \lambda^{(l)}) \propto \exp\bigg\{ &-\frac{1}{2}\sum_{i=1}^{n}(Y_i - \mu_i)^{\mathrm{T}}\Sigma_i^{(l)^{-1}}(Y_i - \mu_i) \\
&-\frac{1}{2}(\beta - \mu_\beta)^{\mathrm{T}}\Sigma_\beta^{-1}(\beta - \mu_\beta)\bigg\}.
\end{aligned}
\tag{3-5}
$$

如果 JMVMs 具有线性均值模型, 即 $\mu_{ij} = X_{ij}^{\mathrm{T}}\beta$, 可得

$$
\beta|Y, X, Z, H, \gamma^{(l)}, \lambda^{(l)} \sim N(b^*, B^*),
$$

其中 $b^* = B^*\left(\sum_{i=1}^{n}X_i^{\mathrm{T}}\Sigma_i^{(l)^{-1}}Y_i + \Sigma_\beta^{-1}\mu_\beta\right)$, $B^* = \left(\Sigma_\beta^{-1} + \sum_{i=1}^{n}X_i^{\mathrm{T}}\Sigma_i^{(l)^{-1}}X_i\right)^{-1}$.

(2) 抽取 $\gamma^{(l+1)}$:

$$
\begin{aligned}
&p(\gamma|Y, X, Z, H, \beta^{(l+1)}, \lambda^{(l)}) \\
&\propto \exp\bigg\{-\frac{1}{2}\sum_{i=1}^{n}\varepsilon_i^{\mathrm{T}}D_i^{(l)^{-1}}\varepsilon_i - \frac{1}{2}(\gamma - \mu_\gamma)^{\mathrm{T}}\Sigma_\gamma^{-1}(\gamma - \mu_\gamma)\bigg\}.
\end{aligned}
\tag{3-6}
$$

(3) 抽取 $\lambda^{(l+1)}$:

$$
\begin{aligned}
p(\lambda|Y, X, Z, H, \beta^{(l+1)}, \gamma^{(l+1)}) \propto \exp\bigg\{ &-\frac{1}{2}\sum_{i=1}^{n}\sum_{j=1}^{m_i}H_{ij}^{\mathrm{T}}\lambda - \frac{1}{2}\sum_{i=1}^{n}\varepsilon_i^{(l+1)\mathrm{T}}D_i^{-1}\varepsilon_i^{(l+1)} \\
&-\frac{1}{2}(\lambda - \mu_\lambda)^{\mathrm{T}}\Sigma_\lambda^{-1}(\lambda - \mu_\lambda)\bigg\}.
\end{aligned}
\tag{3-7}
$$

Step 4　重复 Step 2 和 Step 3.

这样我们就通过以上算法产生了样本序列 $(\beta^{(t)}, \gamma^{(t)}, \lambda^{(t)}), t = 1, 2, \cdots$. 从 (3-5) 式中很容易发现, 条件分布 $p(\beta|Y, X, Z, H, \gamma^{(l)}, \lambda^{(l)})$(线性均值模型)是一些非常熟悉的分布 (如正态分布). 从这些标准分布中抽取随机数是比较容易的. 但是条件分布 $p(\beta|Y, X, Z, H, \gamma^{(l)}, \lambda^{(l)})$ (广义线性模型), $p(\gamma|Y, X, Z, H, \beta^{(l+1)}, \lambda^{(l)})$ 和 $p(\lambda|Y, X, Z, H, \beta^{(l+1)}, \gamma^{(l+1)})$ 是一些不熟悉且相当复杂的分布, 如此从这个分布中抽取随机数也变得相当困难. 这样, Metropolis-Hastings 算法就被应用来从这个分布中抽取随机数. 我们选择正态分布 $N(\beta^{(l)}, \sigma_\beta^2 \Omega_\beta^{-1})$, $N(\gamma^{(l)}, \sigma_\gamma^2 \Omega_\gamma^{-1})$ 以及 $N(\lambda^{(l)}, \sigma_\lambda^2 \Omega_\lambda^{-1})$ 作为建议分布 (Roberts,1996), 其中通过选择 $\sigma_\beta^2, \sigma_\gamma^2$ 和 σ_λ^2 来使得接受概率在 0.25 与 0.45 之间 (Gelman et al., 1995), 且取

$$\Omega_\beta = \Sigma_\beta^{-1} + \sum_{i=1}^n X_i^{\mathrm{T}} \Delta_i \Sigma_i^{-1} \Delta_i X_i,$$

$$\Omega_\gamma = \Sigma_\gamma^{-1} + \sum_{i=1}^n \frac{\partial \varepsilon_i^{\mathrm{T}}}{\partial \gamma} D_i^{-1} \frac{\partial \varepsilon_i}{\partial \gamma},$$

$$\Omega_\lambda = \Sigma_\lambda^{-1} + \frac{1}{2} \sum_{i=1}^n H_i H_i^{\mathrm{T}},$$

其中 $\Delta_i = \Delta_i(X_i\beta) = \mathrm{diag}\{\dot{g}^{-1}(X_{i1}^{\mathrm{T}}\beta), \cdots, \dot{g}^{-1}(X_{im_i}^{\mathrm{T}}\beta)\}$, $\dot{g}^{-1}(\cdot)$ 是联系函数的逆函数 $g^{-1}(\cdot)$ 的导函数. Metropolis-Hastings 算法按照以下应用: 在目前值 $\beta^{(l)}$, $\gamma^{(l)}$, $\lambda^{(l)}$ 和第 $(l+1)$ 次迭代时, 从 $N(\beta^{(l)}, \sigma_\beta^2 \Omega_\beta^{-1})$, $N(\gamma^{(l)}, \sigma_\gamma^2 \Omega_\gamma^{-1})$, $N(\lambda^{(l)}, \sigma_\lambda^2 \Omega_\lambda^{-1})$ 中产生一个新的备选 β^*, γ^* 和 λ^*, 且按照以下概率决定是否接受,

$$\min\left\{1, \frac{p(\beta^*|Y, X, Z, H, \gamma^{(l)}, \lambda^{(l)})}{p(\beta^{(l)}|Y, X, Z, H, \gamma^{(l)}, \lambda^{(l)})}\right\},$$

$$\min\left\{1, \frac{p(\gamma^*|Y, X, Z, H, \beta^{(l+1)}, \lambda^{(l)})}{p(\gamma^{(l)}|Y, X, Z, H, \beta^{(l+1)}, \lambda^{(l)})}\right\},$$

$$\min\left\{1, \frac{p(\lambda^*|Y, X, Z, H, \beta^{(l+1)}, \gamma^{(l+1)})}{p(\lambda^{(l)}|Y, X, Z, H, \beta^{(l+1)}, \gamma^{(l+1)})}\right\}.$$

3.2.3.3　贝叶斯推断

利用以上提出的计算过程产生观测值来获得参数 β, γ 和 λ 的贝叶斯估计和它们的标准误.

令 $\{\theta^{(j)} = (\beta^{(j)}, \gamma^{(j)}, \lambda^{(j)}) : j = 1, 2, \cdots, J\}$ 是通过混合算法从联合条件分布 $p(\beta, \gamma, \lambda|Y, X, Z, H)$ 中产生的观测值, 那么 β, γ 和 λ 的贝叶斯估计为

$$\hat{\beta} = \frac{1}{J} \sum_{j=1}^J \beta^{(j)}, \quad \hat{\gamma} = \frac{1}{J} \sum_{j=1}^J \gamma^{(j)}, \quad \hat{\lambda} = \frac{1}{J} \sum_{j=1}^J \lambda^{(j)}.$$

类似于 Geyer(1992) 中展示的一样, 当 J 趋于无穷时, $\hat{\theta} = (\hat{\beta}, \hat{\gamma}, \hat{\lambda})$ 是对应后验均值向量的相合估计. 类似地, 后验协方差矩阵 $\mathrm{Var}(\theta|Y, X, Z, H)$ 的相合估计可以通过观测 $\{\theta^{(j)} : j = 1, 2, \cdots, J\}$ 的样本协方差矩阵来获得, 即

$$\widehat{\mathrm{Var}}(\theta|Y, X, Z, H) = (J-1)^{-1} \sum_{j=1}^{J} (\theta^{(j)} - \hat{\theta})(\theta^{(j)} - \hat{\theta})^{\mathrm{T}}.$$

这样, 后验标准误可以通过该矩阵的对角元素来获得.

3.2.4 模拟研究

例 3.2.1 JMVMs 中选取线性均值模型.

在这个例子中, 我们首先考虑 JMVMs 的特殊情况, 即对均值参数进行线性建模. 我们选择均值参数, 滑动平均参数和新息参数的真实值分别为 $\beta = (1, -0.5, 1)^{\mathrm{T}}$, $\gamma = (-0.3, 0.3)^{\mathrm{T}}$ 和 $\lambda = (0, 0.5, -0.4)^{\mathrm{T}}$. 在联合模型中 $X_{ij}, H_{ij}(i = 1, \cdots, n; j = 1, \cdots, 10)$ 分别是 $p \times 1$ 维和 $d \times 1$ 维的协变量向量, 其中的元素独立地产生于标准正态分布 $N(0, 1)$. 我们选取 $Z_{ijk} = (1, t_{ij} - t_{ik})^{\mathrm{T}}$, 其中测量时间 t_{ij} 产生于均匀分布 $U[0, 2]$. 利用这些值, 均值 μ_i 和协方差矩阵 Σ_i 可以通过 3.2.2 节中描述的改进的 Cholesky 分解来构建. 响应变量 Y_i 就可以从多元正态分布 $N(\mu_i, \Sigma_i)(i = 1, \cdots, n)$ 中产生.

为了调查贝叶斯估计对先验分布的敏感程度, 我们考虑以下有关未知参数 β, γ, λ 的先验分布中超参数值设置的三种情形.

情形 I: $\beta_0 = (1, -0.5, 1)^{\mathrm{T}}, \Sigma_\beta = 1000 \times I_3, \gamma_0 = (-0.3, 0.3)^{\mathrm{T}}, \Sigma_\gamma = 1000 \times I_2$, $\lambda_0 = (0, 0.5, -0.4)^{\mathrm{T}}, \Sigma_\lambda = 1000 \times I_3$. 这种设置具有很好的先验信息.

情形 II: $\beta_0 = 1.5 \times (1, -0.5, 1)^{\mathrm{T}}, \Sigma_\beta = 1000 \times I_3, \gamma_0 = 1.5 \times (-0.3, 0.3)^{\mathrm{T}}, \Sigma_\gamma = 1000 \times I_2$, $\lambda_0 = 1.5 \times (0, 0.5, -0.4)^{\mathrm{T}}, \Sigma_\lambda = 1000 \times I_3$. 这种设置具有不精确的先验信息.

情形 III: $\beta_0 = (0, 0, 0)^{\mathrm{T}}, \Sigma_\beta = 1000 \times I_3, \gamma_0 = (0, 0)^{\mathrm{T}}, \Sigma_\gamma = 1000 \times I_2$, $\lambda_0 = (0, 0, 0)^{\mathrm{T}}, \Sigma_\lambda = 1000 \times I_3$. 这些超参数值的设置代表的是没有先验信息的情况.

在上面的各种设置下, 联合 Gibbs 抽样和 Metropolis-Hastings 算法的混合算法被用来计算未知参数的贝叶斯估计. 由于考虑到算法的计算量, 在模拟中我们分别令样本量 $n = 30$ 和 $n = 60$. 对于每一种情形, 我们重复计算 50 次. 对于每次重复产生的每一次数据集, MCMC 算法的收敛性可以通过 EPSR(Estimated Potential Scale Reduction) 值 (Gelman,1996) 来检验, 并且在每次运行中观测得到在 3000 次迭代以后的 EPSR 值都小于 1.2. 因此在每次重复计算中丢掉前 2000 次迭代以后再收集 $J = 2000$ 个样本来产生贝叶斯估计. 参数贝叶斯估计的模拟结果概括在表 3-5 中.

表 3-5　在不同的先验下 JMVMs(线性均值模型) 中未知参数的贝叶斯估计结果

情形	参数	n = 30			n = 60		
		%BIAS	RMS	SD	%BIAS	RMS	SD
I	β_1	0.46	0.0278	0.0283	0.20	0.0208	0.0185
	β_2	0.28	0.0247	0.0273	0.30	0.0177	0.0186
	β_3	0.37	0.0280	0.0273	0.20	0.0206	0.0187
	γ_1	0.29	0.0083	0.0096	0.08	0.0068	0.0065
	γ_2	0.22	0.0137	0.0139	0.03	0.0077	0.0091
	λ_1	0.10	0.0788	0.0837	0.67	0.0545	0.0581
	λ_2	0.44	0.0922	0.0848	0.70	0.0652	0.0589
	λ_3	0.08	0.0900	0.0852	0.59	0.0665	0.0586
II	β_1	0.38	0.0268	0.0277	0.05	0.0160	0.0189
	β_2	0.15	0.0326	0.0275	0.13	0.0198	0.0187
	β_3	0.93	0.0275	0.0278	0.10	0.0158	0.0184
	γ_1	0.06	0.0110	0.0100	0.15	0.0065	0.0064
	γ_2	0.33	0.0126	0.0138	0.05	0.0084	0.0090
	λ_1	0.83	0.0725	0.0833	0.01	0.0602	0.0589
	λ_2	1.34	0.0889	0.0839	1.01	0.0605	0.0575
	λ_3	1.79	0.0917	0.0844	1.53	0.0520	0.0585
III	β_1	0.01	0.0287	0.0283	0.28	0.0177	0.0184
	β_2	0.21	0.0258	0.0283	0.31	0.0192	0.0193
	β_3	0.35	0.0277	0.0278	0.16	0.0214	0.0193
	γ_1	0.09	0.0102	0.0097	0.00	0.0044	0.0062
	γ_2	0.14	0.0101	0.0134	0.15	0.0083	0.0089
	λ_1	0.36	0.0749	0.0850	0.47	0.0541	0.0572
	λ_2	1.93	0.0898	0.0855	0.84	0.0559	0.0581
	λ_3	1.06	0.0798	0.0850	0.02	0.0666	0.0588

在表 3-5 中, "%BIAS" 表示偏差值乘以 100, 其中偏差值是基于 50 次重复计算未知参数的贝叶斯估计和真值之间的偏差, "SD" 表示 3.2.3.3 节中给出的后验标准误的平均估计, "RMS" 表示基于 50 次重复计算的贝叶斯估计的均方误差的算术平方根. 从表 3-5 中我们可以获得: ① 在估计的偏差、RMS 和 SD 值方面, 不管何种先验信息贝叶斯估计都相当精确; ②在样本量比较小的时候, 贝叶斯估计对先验信息不是特别的敏感, 但是当样本量变得很大时, 先验信息对贝叶斯估计的结果就变得一点也不敏感; ③当样本量逐渐变大时, 估计也变得越来越好. 总之, 所有以上的结果可以看出 3.2 节所提出的估计方法能很好地恢复 JMVMs 中的真实信息.

例 3.2.2　JMVMs 中选取广义线性均值模型.

在 JMVMs 中考虑用以下的 Logistic 联系函数来对均值部分进行建模, 那么就有

$$\text{logit}(\mu_{ij}) = X_{ij}^{\mathrm{T}}\beta.$$

我们使用例 3.2.1 中的真实参数环境来确定提出的贝叶斯方法的表现, 模拟结果见表 3-6. 从表 3-6 的结果中我们可以看出, 在不同的样本量下, 所提出的贝叶斯方法达到了我们所预期的结果, 结果和例 3.2.1 的结果非常类似.

表 3-6 在不同的先验下 JMVMs(广义线性均值模型) 中未知参数的贝叶斯估计结果

情形	参数	$n = 30$			$n = 60$		
		%BIAS	RMS	SD	%BIAS	RMS	SD
I	β_1	4.91	0.2570	0.2300	5.11	0.1558	0.1477
	β_2	2.49	0.1732	0.1694	1.72	0.1315	0.1149
	β_3	8.60	0.2614	0.2391	2.93	0.1226	0.1429
	γ_1	0.25	0.0109	0.0098	0.13	0.0056	0.0062
	γ_2	0.65	0.0169	0.0141	0.19	0.0087	0.0090
	λ_1	0.82	0.1025	0.0820	0.09	0.0603	0.0595
	λ_2	0.17	0.0870	0.0841	1.13	0.0628	0.0581
	λ_3	0.72	0.0995	0.0838	1.63	0.0530	0.0587
II	β_1	4.53	0.2883	0.2323	5.72	0.1710	0.1415
	β_2	8.62	0.2193	0.1823	3.21	0.1227	0.1164
	β_3	10.66	0.3169	0.2322	3.32	0.1451	0.1381
	γ_1	0.23	0.0108	0.0101	0.07	0.0079	0.0065
	γ_2	0.16	0.0166	0.0144	0.12	0.0085	0.0094
	λ_1	0.67	0.0820	0.0836	0.05	0.0509	0.0588
	λ_2	0.82	0.0941	0.0833	0.67	0.0623	0.0583
	λ_3	0.08	0.0876	0.0852	1.80	0.0668	0.0582
III	β_1	6.45	0.2647	0.2268	1.22	0.1402	0.1372
	β_2	0.65	0.2033	0.1740	1.98	0.1020	0.1132
	β_3	5.06	0.2496	0.2244	2.87	0.1885	0.1479
	γ_1	0.25	0.0111	0.0099	0.01	0.0069	0.0066
	γ_2	0.13	0.0144	0.0144	0.11	0.0095	0.0092
	λ_1	0.28	0.0858	0.0868	0.07	0.0586	0.0587
	λ_2	1.51	0.0853	0.0857	1.22	0.0623	0.0594
	λ_3	1.16	0.0812	0.0856	0.71	0.0602	0.0582

3.2.5 实际数据分析

在这节中, 我们把本章所提出的方法应用到牛生长数据. Kenward (1987) 将牛随机地分为 A、B 两组, 并分别记录它们的体重. A 组中的 30 只牛接受 A 治疗, B 组的 30 只牛接受 B 治疗. 在 133 天的实验过程中, 记录了 11 次牛的体重[①]. 我们采用 Pourahmadi(1999,2000) 中提出的联合模型, 运用本节提出的贝叶斯方法分析 A 组的数据. 图 3-1 显示了 A 组牛数据曲线和多项式拟合曲线图. 从图 3-1 中可观测到在整个实验过程中, 相应变量的均值 (体重) 都在增加, 特别是在研究最初的

---

① 每次间隔两个星, 最后一次是间隔一个星期, 所以取 10.5, 不是 11, 总共 133 天.

几个星期, 增长速度更快. 从图 3-1 进一步可以看出, 均值变量与时间变量不是线性的, 因此牛群均值生长模型使用关于时间变量的二次或者三次模型更加合理. 基于上述分析以及 Pourahmadi (1999,2000) 的研究, 我们提出采用关于时间变量的三次模型建模均值 μ_{ij}, 移动平均参数 l_{ijk} 和对数新息方差 $\log(\sigma_{ij}^2)$. 具体如下

$$
\begin{cases}
\mu_{ij} = \beta_0 + \beta_1 t_{ij} + \beta_2 t_{ij}^2 + \beta_3 t_{ij}^3, \\
\log(\sigma_{ij}^2) = \lambda_0 + \lambda_1 t_{ij} + \lambda_2 t_{ij}^2 + \lambda_3 t_{ij}^3, \\
l_{ijk} = \gamma_0 + \gamma_1(t_{ij} - t_{ik}) + \gamma_2(t_{ij} - t_{ik})^2 + \gamma_3(t_{ij} - t_{ik})^3, \\
i = 1, 2, \cdots, 30, \\
j = 1, 2, \cdots, 11,
\end{cases}
$$

其中 $(t_{i1}, t_{i2}, t_{i3}, t_{i4}, t_{i5}, t_{i6}, t_{i7}, t_{i8}, t_{i9}, t_{i10}, t_{i11}) = (1, 2, 3, 4, 5, 6, 7, 8, 9, 10, 10.5)$.

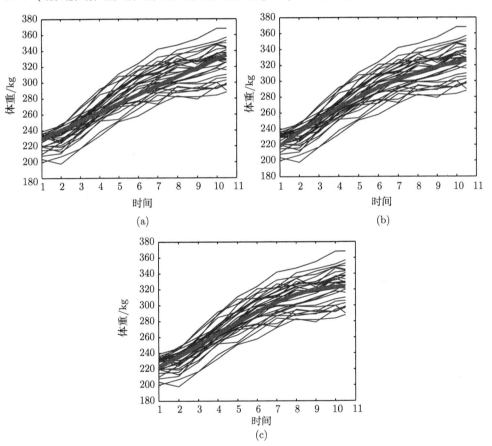

图 3-1　牛数据曲线和多项式拟合曲线

(a) 线性多项式拟合曲线; (b) 二次多项式拟合曲线; (c) 三次多项式拟合曲线

我们用提出的混合算法来获得未知参数 β, γ 和 λ 的贝叶斯估计, 并且对所有的未知参数用无信息先验信息分布. 在 Metropolis-Hastings 算法中, 我们建议令分布中的 $\sigma_\gamma^2 = 1.5$, $\sigma_\lambda^2 = 1.5$, 并且使得接受概率在 $29.52\% \sim 30.34\%$ 之间. 为了测试算法的收敛性, 我们画出了所有参数的 EPSR 值的图, 具体在图 3-2 中展示, 从图中也能看出 2000 次迭代以后所有参数的 EPSR 值都小于 1.2, 这也表示 2000 次迭代以后算法都收敛了. 我们分别计算 β, γ 和 λ 的贝叶斯估计 (EST) 和标准误估计 (SD). 结果列在表 3-7 中. 这个结果也说明关于时间变量的三次多项式对均值–协方差模型是较显著的, 并且与图 3-1 显示的结果是相符合的. 所有的结果与 Pourahmadi(1999, 2000) 的研究结果类似.

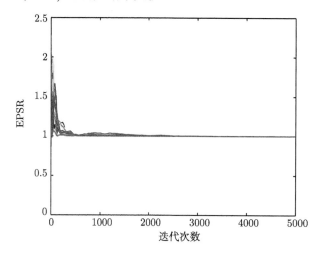

图 3-2　实际数据分析中所有参数的 EPSR 值 (彩图请扫书后二维码)

表 3-7　实际例子中的贝叶斯估计结果

参数	EST	SD
β_0	208.9624	4.8598
β_1	11.8038	2.3069
β_2	0.8979	0.4349
β_3	-0.0898	0.0236
γ_0	0.8660	0.1147
γ_1	-0.0336	0.1109
γ_2	0.0128	0.0267
γ_3	-0.0009	0.0018
λ_0	6.6859	0.6937
λ_1	-1.6525	0.4920
λ_2	0.2782	0.0963
λ_3	-0.0144	0.0055

3.2.6   小结

3.2 节基于改进的 Cholesky 分解, 我们考虑了均值-协方差模型的贝叶斯估计. 通过联合 Gibbs 抽样和 Metropolis-Hastings 算法的混合算法来获得模型中未知参数的贝叶斯估计. 通过两个模拟研究和实际数据分析来说明所提出的贝叶斯分析方法是有效的. 结果分析也展示了所提出的贝叶斯方法是有效的和计算是快速的. 进一步, 我们可以把 3.2 节所考虑的方法扩展到研究半参数均值-协方差模型.

第4章　半参数异方差模型

4.1　变量选择过程

4.1.1　引言

在回归模型中, 对误差项进行等方差假设是一个标准的假设. 违反这个假设, 估计量的有效性就可能得不到保证. 因此很重要也很有必要去处理回归分析中的异方差情况. 很多学者已经讨论了异方差情况下不同模型的估计和检验等统计推断问题. 例如, Park (1966) 在高斯模型中提出了方差参数的对数线性模型, 采用两阶段过程来估计参数. Harvey(1976) 在一般条件下讨论了均值和方差效应的极大似然估计和子序列似然比检验. Aitkin(1987) 提供了均值-方差模型的极大似然估计, 并且把它应用到了 Minitab Tree 数据中. Verbyla(1993) 利用限制极大似然 (REML) 估计参数, 在极大似然估计和 REML 下考虑了模型的影响诊断分析. Lee 和 Nelder (1998) 分析了广义线性模型中的均值和散度联合建模, 这也为分析质量改进试验中的数据提供了有利的工具. 最近, Lin 等 (2004) 讨论了逆高斯线性回归模型中的变散度检验. 特别当考虑的数据是重尾分布和不对称时, Lin 等 (2009b) 研究了 t 分布下线性回归模型的异方差诊断问题. Xie 等 (2010) 讨论了零膨胀广义 Poisson 回归模型中的零膨胀参数和变散度检验.

另一个我们感兴趣的问题就是各种不同模型下的变量选择, 特别是异方差回归模型, 这在最近三十年得到了广泛的研究, 很多学者已经讨论了不同模型下的变量选择 (Tibshirani, 1996; Fan and Li, 2001; Li and Liang, 2008; Zhao and Xue, 2010). 同时, 也已经有很多变量选择方法被用来同时选择均值-方差模型中的有意义的变量. 例如, Wu 和 Li(2012) 提出了逆高斯分布的均值-方差模型的变量选择问题, Wu 等 (2013) 调查了偏态分布的均值-方差模型的变量选择问题. 然而, 据我们所知, 目前很少有工作是考虑半参数均值-方差模型的变量选择问题. 但是这个问题也是我们在实际中所感兴趣的问题. 这就将导致我们来考虑半参数异方差模型的变量选择问题, 其中非参数函数用 B 样条基函数逼近.

本节的目的就是针对半参数均值-方差模型, 基于一种有效的正则限制似然方法来选择有意义的变量. 我们提出的变量选择方法能同时选择半参数异方差模型中均值模型的有意义变量和方差模型中的重要变量. 进一步地, 在选择合适的调整参数下, 这个变量选择过程是相合的并且得到的回归系数估计量具有 Oracle 性质,这也就意味着正则估计量就像真实零系数已知的条件下运行得一样好.

本节结构安排如下: 4.1.2 节首先描述了半参数异方差模型. 然后我们基于正则限制似然方法提出一种变量选择方法. 4.1.3 节给出了正则限制似然估计量的相合性和 Oracle 性质. 4.1.4 节给出了计算正则限制似然估计量的迭代算法. 4.1.5 节通过随机模拟研究了该变量选择的有限样本性质. 4.1.6 节通过实例分析说明了变量选择方法的应用. 4.1.7 节给出了 4.1.3 节中定理的证明. 4.1.8 节是小结.

4.1.2 半参数异方差模型的变量选择

4.1.2.1 半参数异方差模型

令 $Y = (Y_1, Y_2, \cdots, Y_n)^{\mathrm{T}}$ 为 n 个独立响应变量向量, 其中 n 是样本量. $X = (X_1, X_2, \cdots, X_n)^{\mathrm{T}}$ 是一个 $n \times p$ 矩阵, 它的第 i 行 $X_i^{\mathrm{T}} = (X_{i1}, \cdots, X_{ip})$ 是与 Y_i 的均值相关的解释变量的观测值; $Z = (Z_1, Z_2, \cdots, Z_n)^{\mathrm{T}}$ 是一个 $n \times q$ 矩阵, 它的第 i 行 $Z_i^{\mathrm{T}} = (Z_{i1}, \cdots, Z_{iq})$ 是与 Y_i 的方差相关的解释变量的观测值, 其中某些 Z 可能与某些 X 重合. 那么, 所考虑的半参数异方差模型就为

$$\begin{cases} Y_i \sim (\mu_i, \sigma_i^2), \\ \mu_i = X_i^{\mathrm{T}}\beta + g(u_i), \\ \sigma_i^2 = h^2(Z_i^{\mathrm{T}}\gamma), \\ i = 1, 2, \cdots, n, \end{cases} \tag{4-1}$$

其中 u_i 是一个一元的观测协变量, $\beta = (\beta_1, \cdots, \beta_p)^{\mathrm{T}}$ 是均值模型中 $p \times 1$ 维未知回归系数向量, $\gamma = (\gamma_1, \cdots, \gamma_q)^{\mathrm{T}}$ 是方差模型中 $q \times 1$ 维未知回归系数向量, $g(\cdot)$ 是非参数函数. 在本节中, 我们仅仅考虑一元观测协变量 u_i, 不失一般性, 就假设其在区间 $[0, 1]$ 上. 所提出的方法对多元的 u_i 也是可以应用的. 但是对多元的 u_i 可能会遭遇 "维数灾难" 的困难. 为了模型的可识别性, 假设 $h(\cdot)$ 是一个已知的单调函数. 我们首先假设所有感兴趣的解释变量 (包括截距项) 都包括在最原始的模型中. 我们的目标就是从模型中剔除没有必要的解释变量, 以达到变量选择的目的.

4.1.2.2 正则 REML 估计

在模型 (4-1) 中非参数函数 $g(\cdot)$ 通过回归样条来参数化, 因为样条只需要少数的节点数就能在部分线性模型 (PLM) 中使参数部分和非参数部分达到最优的收敛速度 (He and Shi,1996;He et al.,2002). 另外, 因为可以把非参数函数看成基函数的线性组合, 这样任何广义线性模型的计算算法都可以用来拟合广义半参数线性回归模型. 为了简单, 令 $0 = s_0 < s_1 < \cdots < s_{k_n} < s_{k_n+1} = 1$ 是 $[0, 1]$ 区间上的一个剖分. 用 $\{s_i\}$ 作为内节点, 那么我们就有阶为 l 和维数为 $K = k_n + l$ 的正则化 B 样

条基函数, 这也形成了线性样条空间的一个基. 我们使用 B 样条基函数是因为它有有界支撑和数值上的平稳性 (Schumaker,1981). 节点选择一般是样条光滑估计中的一个重要方面. 在本节中, 我们的目的主要集中在均值模型和方差模型中参数的推断问题. 因此, 类似于文献 (He and Shi, 1996), 内节点的数目选取为 $n^{1/5}$ 的整数部分. 这样, 由 $\pi^{\mathrm{T}}(u)\alpha$ 逼近 $g(u)$, 其中 $\pi(u) = (B_1(u), \cdots, B_K(u))^{\mathrm{T}}$ 是基函数向量, $\alpha \in R^K$. 利用这些符号, (4-1) 式中的均值模型可以写成以下形式:

$$\mu_i = X_i^{\mathrm{T}}\beta + \pi^{\mathrm{T}}(u_i)\alpha = V_i^{\mathrm{T}}\rho,$$

其中 $V_i = (X_i^{\mathrm{T}}, \pi^{\mathrm{T}}(u_i))^{\mathrm{T}}, \rho = (\beta^{\mathrm{T}}, \alpha^{\mathrm{T}})^{\mathrm{T}}$.

在模型 (4-1) 下, 我们暂时假设 Y 服从正态分布, 那么除去与参数无关的常数之外, 完全对数似然函数可以写成

$$\ell_F(\rho,\gamma) = -\frac{1}{2}\log|\Sigma| - \frac{1}{2}(Y - V^{\mathrm{T}}\rho)^{\mathrm{T}}\Sigma^{-1}(Y - V^{\mathrm{T}}\rho), \tag{4-2}$$

其中 $\Sigma = \mathrm{diag}\{h^2(Z_1^{\mathrm{T}}\gamma), \cdots, h^2(Z_n^{\mathrm{T}}\gamma)\}, V = (V_1, \cdots, V_n)$. 这样参数 ρ, γ 的极大似然估计可以通过极大化对数似然 (4-2) 得到. 注意到当 γ 已知时, ρ 的极大似然估计可以通过下式给出

$$\hat{\rho}(\gamma) = \arg\min_{\rho} \frac{1}{2}(Y - V^{\mathrm{T}}\rho)^{\mathrm{T}}\Sigma^{-1}(Y - V^{\mathrm{T}}\rho). \tag{4-3}$$

众所周知, 极大似然估计有一个缺点: 极大似然估计方法没有考虑对 ρ 估计时引起的自由度的损失, 因此在考虑方差部分 (即 γ) 估计时, 会产生一定的偏差. 然而, 限制极大似然估计就修正了这个偏差, 它是通过极大化基于 $n - p - K$ 个线性独立误差对比的对数似然来定义方差部分的估计. 根据文献 (Harville, 1974; Jiang, 1996), 对数限制似然可以写成

$$\ell_R(\gamma) = -\frac{1}{2}\log|\Sigma| - \frac{1}{2}\log|V\Sigma^{-1}V^{\mathrm{T}}| - \frac{1}{2}(Y - V^{\mathrm{T}}\hat{\rho}(\gamma))^{\mathrm{T}}\Sigma^{-1}(Y - V^{\mathrm{T}}\hat{\rho}(\gamma)), \tag{4-4}$$

其中 $\hat{\rho}(\gamma)$ 定义在 (4-3) 式中. 因此获得 (ρ, γ) 估计的一种方法就是迭代求解 (4-3) 式和 (4-4) 式, 直到收敛为止.

联合 (4-3) 式的估计量和 (4-4) 式的 REML, 可以写出一个改进的对数似然

$$\ell_n(\beta,\gamma,\alpha) = -\frac{1}{2}\log|\Sigma| - \frac{1}{2}\log|V\Sigma^{-1}V^{\mathrm{T}}| - \frac{1}{2}(Y - V^{\mathrm{T}}\rho)^{\mathrm{T}}\Sigma^{-1}(Y - V^{\mathrm{T}}\rho). \tag{4-5}$$

后面我们没有正态性假设, 还是极大化 (4-5) 式中的 $\ell_n(\beta,\gamma,\alpha)$ 来获得模型 (4-1) 中的参数 β 和 γ 的估计量. 然后, 再用 $\pi^{\mathrm{T}}\hat{\alpha}$ 作为均值模型中的非参数函数的估计.

很明显地, β 的极大似然估计和 γ 的 REML 可以通过极大化 (4-5) 式联合获得. 为了获得最终估计量的稀疏估计, 提出了正则似然函数

$$\mathcal{L}(\beta,\gamma,\alpha) = \ell_n(\beta,\gamma,\alpha) - \sum_{j=1}^{p} p_{\lambda_j^{(1)}}(|\beta_j|) - \sum_{k=1}^{q} p_{\lambda_k^{(2)}}(|\gamma_k|). \tag{4-6}$$

为了符号简便, 把 (4-6) 式重新写成

$$\mathcal{L}(\theta,\alpha) = \ell_n(\theta,\alpha) - \sum_{j=1}^{p} p_{\lambda_j^{(1)}}(|\beta_j|) - \sum_{k=1}^{q} p_{\lambda_k^{(2)}}(|\gamma_k|), \tag{4-7}$$

其中 $\theta = (\theta_1,\cdots,\theta_s)^{\mathrm{T}} = (\beta_1,\cdots,\beta_p;\gamma_1,\cdots,\gamma_q)^{\mathrm{T}}$, $s = p + q$, $p_{\lambda^{(l)}}(\cdot)$ 是调整参数为 $\lambda^{(l)}(l=1,2)$ 的惩罚函数. 调整参数可以通过数据驱动的准则来挑选, 例如, 交叉验证、广义交叉验证 (Tibshirani, 1996) 或者 BIC(Wang et al., 2007). 在这里, 对所有的回归系数, 我们使用相同的惩罚函数 $p(\cdot)$, 但是用不同的调整参数 $\lambda^{(1)}$ 和 $\lambda^{(2)}$ 分别对应于均值参数和方差参数. 注意对于所有的参数, 惩罚函数和调整参数没有必要全部相同. 例如, 我们如果希望在最终的模型中保留某些重要的变量, 那么就没有必要惩罚它们的系数. 在这里, 我们使用 SCAD 惩罚函数, 它的一阶导数满足

$$p_\lambda'(t) = \lambda\left\{I(t \leqslant \lambda) + \frac{(a\lambda - t)_+}{(a-1)\lambda}I(t > \lambda)\right\},$$

对于某个 $a > 2$(Fan and Li,2001). 按照 Fan 和 Li (2001) 的建议, 在我们的工作中令 $a = 3.7$. SCAD 惩罚函数在零附近区间是样条函数, 在零附近区间之外是常数, 这样能把估计出来的很小的值压缩成零, 对于大的估计值没有影响.

　　θ 的正则 REML 估计是通过极大化 (4-7) 式中的函数 $\mathcal{L}(\theta,\alpha)$ 得到, 并且把它记为 $\hat\theta$. 在合适的惩罚函数下, 关于 θ 极大化 $\mathcal{L}(\theta,\alpha)$ 将导致有一部分参数会从最原始模型中消失以致相应的解释变量就这样自动地被剔除. 这样, 通过极大化 $\mathcal{L}(\theta,\alpha)$ 我们就能同时达到了变量选择和参数估计的目的. 在 4.1.4 节, 我们将提供计算正则 REML 估计 $\hat\theta$ 的详细迭代算法.

4.1.3　渐近性质

　　在这节中, 我们考虑正则 REML 估计的渐近性质. 首先介绍一些记号. 假定 θ_0 和 $g_0(\cdot)$ 分别是 θ 和 $g(\cdot)$ 的真值. 进一步地, 令 $\theta_0 = (\theta_{01},\cdots,\theta_{0s})^{\mathrm{T}} = ((\theta_0^{(1)})^{\mathrm{T}},(\theta_0^{(2)})^{\mathrm{T}})^{\mathrm{T}}$. 为了下面讨论的方便, 不失一般性, 假定 $\theta_0^{(1)}$ 是 θ_0 的所有非零部分, $\theta_0^{(2)} = 0$. 除此之外, 我们假定调整参数关于 θ_0 的分量重新排列,

$$a_n = \max_{1 \leqslant j \leqslant s}\{|p_{\lambda_n}'(|\theta_{0j}|)| : \theta_{0j} \neq 0\}$$

和

$$b_n = \max_{1 \leqslant j \leqslant s} \{p''_{\lambda_n}(|\theta_{0j}|) : \theta_{0j} \neq 0\},$$

其中 λ_n 等于 $\lambda_n^{(1)}$ 或者 $\lambda_n^{(2)}$, 依赖于 θ_{0j} 是 β_0 或者 $\gamma_0 (1 \leqslant j \leqslant s)$.

定理 4.1.1 假设 $a_n = O_p(n^{-\frac{1}{2}})$, 当 $n \to \infty$ 时, $b_n \to 0$ 和 $\lambda_n \to 0$, 且在 4.1.7 节中的条件 (C4.1)~(C4.6) 成立下, (4-7) 式中正则似然函数 $\mathcal{L}(\theta, \alpha)$ 依趋向于 1 的概率存在一个局部极大似然估计 $\hat{\theta}_n$ 是 θ_0 的一个 $\sqrt{n}$ 相合估计.

下面考虑 $\hat{\theta}_n$ 的渐近正态性. 假设

$$A_n = \mathrm{diag}\{p''_{\lambda_n}(|\theta_{01}^{(1)}|), \cdots, p''_{\lambda_n}(|\theta_{0s_1}^{(1)}|)\},$$

$$c_n = (p'_{\lambda_n}(|\theta_{01}^{(1)}|)\mathrm{sgn}(\theta_{01}^{(1)}), \cdots, p'_{\lambda_n}(|\theta_{0s_1}^{(1)}|)\mathrm{sgn}(\theta_{0s_1}^{(1)}))^{\mathrm{T}},$$

其中 $\theta_{0j}^{(1)}$ 是 $\theta_0^{(1)}$ $(1 \leqslant j \leqslant s_1)$ 第 j 个分量. 记 $\mathcal{I}_n(\theta)$ 是 θ 的 Fisher 信息阵, 即是对数似然 (4-5) 式的二阶导数的负数期望.

定理 4.1.2 (Oracle 性质) 假设惩罚函数 $p_{\lambda_n}(t)$ 满足

$$\liminf_{n \to \infty} \liminf_{t \to 0^+} \frac{p'_{\lambda_n}(t)}{\lambda_n} > 0,$$

而且当 $n \to \infty$ 时, $\bar{\mathcal{I}}_n = \mathcal{I}_n(\theta_0)/n$ 收敛于一个有限的正定阵 $\mathcal{I}_\theta(\theta_0)$. 在定理 4.1.1 的条件下, 当 $n \to \infty$ 时, 如果 $\lambda_n \to 0$ 且 $\sqrt{n}\lambda_n \to \infty$, 则在定理 4.1.1 中的 $\sqrt{n}$ 相合估计 $\hat{\theta}_n = ((\hat{\theta}_n^{(1)})^{\mathrm{T}}, (\hat{\theta}_n^{(2)})^{\mathrm{T}})^{\mathrm{T}}$ 一定满足

(i) (稀疏性) $\hat{\theta}_n^{(2)} = 0$, 依趋于 1 的概率成立;

(ii) (渐近正态性)

$$\sqrt{n}(\bar{\mathcal{I}}_n^{(1)})^{-\frac{1}{2}}(\bar{\mathcal{I}}_n^{(1)} + A_n)\{(\hat{\theta}_n^{(1)} - \theta_0^{(1)}) + (\bar{\mathcal{I}}_n^{(1)} + A_n)^{-1}c_n\} \xrightarrow{\mathcal{L}} \mathcal{N}_{s_1}(0, I_{s_1}),$$

其中 $\bar{\mathcal{I}}_n^{(1)}$ 是对应于 $\theta_0^{(1)}$ 的 $\bar{\mathcal{I}}_n$ 的 $s_1 \times s_1$ 的子矩阵, 且 $\mathcal{I}_\theta(\theta_0)$ 定义在 4.1.7 节中.

定理 4.1.3 假设条件 (C4.1)~(C4.6) 成立且节点数 $k_n = O(n^{\frac{1}{2r+1}})$, 那么就有

$$\frac{1}{n}\sum_{i=1}^{n}(\hat{g}(u_i) - g_0(u_i))^2 = O_p(n^{\frac{-2r}{2r+1}}).$$

在相当一般的条件下, 定理 4.1.3 蕴涵着 $\int_0^1 (\hat{g}(u) - g_0(u))^2 du = O_p(n^{\frac{-2r}{2r+1}})$. 在光滑条件 (C4.2) 下, 表示估计 $g_0(u)$ 达到了最优的非参数收敛速度, 具体的定理证明见 4.1.7 节.

4.1.4 迭代计算

4.1.4.1 算法研究

与前面类似, $\mathcal{L}(\theta, \alpha)$ 二次最优化的解可通过下列迭代得到

$$\theta_1 \approx \theta_0 + \left\{ \frac{\partial^2 \ell_n(\beta_0, \gamma_0, \alpha_0)}{\partial \theta \partial \theta^T} - n\Sigma_\lambda(\theta_0) \right\}^{-1} \left\{ n\Sigma_\lambda(\theta_0)\theta_0 - \frac{\partial \ell_n(\beta_0, \gamma_0, \alpha_0)}{\partial \theta} \right\};$$

$$\alpha_1 \approx \alpha_0 - \left\{ \frac{\partial^2 \ell_n(\beta_0, \gamma_0, \alpha_0)}{\partial \alpha \partial \alpha^{\mathrm{T}}} \right\}^{-1} \left\{ \frac{\partial \ell_n(\beta_0, \gamma_0, \alpha_0)}{\partial \alpha} \right\}.$$

其次, 基于对数似然 (4-5) 式, 可以获得得分函数

$$U(\theta) = \frac{\partial \ell_n(\beta, \gamma, \alpha)}{\partial \theta} = (U_1^{\mathrm{T}}(\beta), U_2^{\mathrm{T}}(\gamma))^{\mathrm{T}}, \quad U(\alpha) = \frac{\partial \ell_n(\beta, \gamma, \alpha)}{\partial \alpha},$$

其中

$$U_1(\beta) = \frac{\partial \ell_n(\beta, \gamma, \alpha)}{\partial \beta} = X \Sigma^{-1} (Y - X^{\mathrm{T}}\beta - \pi(u)^{\mathrm{T}}\alpha),$$

$$U(\alpha) = \frac{\partial \ell_n(\beta, \gamma, \alpha)}{\partial \alpha} = \pi(u) \Sigma^{-1} (Y - X^{\mathrm{T}}\beta - \pi(u)^{\mathrm{T}}\alpha),$$

$$U_2(\gamma) = \frac{\partial \ell_n(\beta, \gamma, \alpha)}{\partial \gamma},$$

其中

$$\frac{\partial \ell_n(\beta, \gamma, \alpha)}{\partial \gamma_\ell}$$
$$= -\frac{1}{2}\left[\mathrm{tr}\left(\frac{\partial \Sigma}{\partial \gamma_\ell} Q \right) - (Y - V^{\mathrm{T}}\rho)^{\mathrm{T}} \Sigma^{-1} \frac{\partial \Sigma}{\partial \gamma_\ell} \Sigma^{-1} (Y - V^{\mathrm{T}}\rho) \right], \quad \ell = 1, 2, \cdots, q$$

和 $Q = \Sigma^{-1} - \Sigma^{-1} V (V^{\mathrm{T}} \Sigma^{-1} V)^{-1} V^{\mathrm{T}} \Sigma^{-1}$. 记

$$H(\theta) = \frac{\partial^2 \ell_n(\beta, \gamma, \alpha)}{\partial \theta \partial \theta^{\mathrm{T}}} = \begin{pmatrix} \dfrac{\partial^2 \ell_n(\beta, \gamma, \alpha)}{\partial \beta \partial \beta^{\mathrm{T}}} & \dfrac{\partial^2 \ell_n(\beta, \gamma, \alpha)}{\partial \beta \partial \gamma^{\mathrm{T}}} \\ \dfrac{\partial^2 \ell_n(\beta, \gamma, \alpha)}{\partial \gamma \partial \beta^{\mathrm{T}}} & \dfrac{\partial^2 \ell_n(\beta, \gamma, \alpha)}{\partial \gamma \partial \gamma^{\mathrm{T}}} \end{pmatrix},$$

其中

$$\frac{\partial^2 \ell_n(\beta, \gamma, \alpha)}{\partial \beta \partial \beta^{\mathrm{T}}} = -X \Sigma^{-1} X^{\mathrm{T}},$$

$$\frac{\partial^2 \ell_n(\beta, \gamma, \alpha)}{\partial \beta \partial \gamma_\ell} = -X \Sigma^{-1} \frac{\partial \Sigma}{\partial \gamma_\ell} \Sigma^{-1} (Y - X^{\mathrm{T}}\beta - \pi(u)^{\mathrm{T}}\alpha),$$

$$\frac{\partial^2 \ell_n(\beta, \gamma, \alpha)}{\partial \gamma_\ell \partial \gamma_t}$$
$$= -\frac{1}{2}\left\{ \mathrm{tr}\left(\frac{\partial^2 \Sigma}{\partial \gamma_\ell \partial \gamma_t} Q - \frac{\partial \Sigma}{\partial \gamma_\ell} Q \frac{\partial \Sigma}{\partial \gamma_t} Q \right) + 2(Y - V^{\mathrm{T}}\rho)^{\mathrm{T}} \Sigma^{-1} \right.$$
$$\left. \cdot \frac{\partial \Sigma}{\partial \gamma_\ell} \Sigma^{-1} \frac{\partial \Sigma}{\partial \gamma_t} \Sigma^{-1} (Y - V^{\mathrm{T}}\rho) - (Y - V^{\mathrm{T}}\rho)^{\mathrm{T}} \Sigma^{-1} \frac{\partial^2 \Sigma}{\partial \gamma_\ell \partial \gamma_t} \Sigma^{-1} (Y - V^{\mathrm{T}}\rho) \right\},$$

其中 $\ell = 1, 2, \cdots, q;\ t = 1, 2, \cdots, q$. 另外

$$\frac{\partial^2 \ell_n(\beta, \gamma, \alpha)}{\partial \alpha \partial \alpha^{\mathrm{T}}} = -\pi(u) \Sigma^{-1} \pi(u)^{\mathrm{T}}.$$

最后, 以下算法概括了半参数异方差模型中的参数的正则 REML 估计的迭代计算.

算法

Step 1 取没有惩罚的极大似然估计 $\beta^{(0)}, \gamma^{(0)}, \alpha^{(0)}$ 作为 β, γ, α 的初始估计.

Step 2 给定当前值 $\theta^{(m)} = \{\beta^{(m)T}, \gamma^{(m)T}\}^T$ 和 $\alpha^{(m)}$, 通过以下迭代

$$\theta^{(m+1)} = \theta^{(m)} + \left\{ H(\theta^{(m)}) - n\Sigma_\lambda(\theta^{(m)}) \right\}^{-1} \left\{ n\Sigma_\lambda(\theta^{(m)})\theta^{(m)} - U(\theta^{(m)}) \right\},$$

$$\alpha^{(m+1)} = \alpha^{(m)} - \left\{ \frac{\partial^2 \ell_n(\beta^{(m)}, \gamma^{(m)}, \alpha^{(m)})}{\partial \alpha \partial \alpha^T} \right\}^{-1} U(\alpha^{(m)}).$$

Step 3 重复 Step 2 直到满足收敛条件.

4.1.4.2 调整参数的选择

本节仍采用 BIC(Wang et al., 2007). 并取

(i) $\lambda_{1j} = \dfrac{\lambda_1}{|\tilde{\beta}_j^{(0)}|}, j = 1, \cdots, p;$

(ii) $\lambda_{2k} = \dfrac{\lambda_2}{|\tilde{\gamma}_k^{(0)}|}, k = 1, \cdots, q.$

其中 $\tilde{\beta}_j^{(0)}$ 和 $\tilde{\gamma}_k^{(0)}$ 分别是无惩罚的估计 $\tilde{\beta}^{(0)}$ 和 $\tilde{\gamma}^{(0)}$ 的第 j 个元素和第 k 个元素. 结果发现, 原来关于 λ_i 的 s 维的问题就变成了二元的问题 $\lambda = (\lambda_1, \lambda_2)$. 这样, λ 就可以通过以下的 BIC 来选择

$$\mathrm{BIC}_\lambda = -\frac{2}{n}\ell_n(\hat{\beta}, \hat{\gamma}, \hat{\alpha}) + df_\tau \times \frac{\log n}{n},$$

其中 $0 \leqslant df_\tau \leqslant s$ 是 $\hat{\theta}$ 的非零系数的个数.

调整参数可以通过以下获得

$$\hat{\lambda} = \arg\min_\lambda \mathrm{BIC}_\lambda.$$

从 4.1.4 节模拟研究结果可以看出我们所提出的调整参数的选择方法是可行的.

4.1.5 模拟研究

在这节中我们通过模拟研究来确定所提出的变量选择方法的有限样本性质. 在模拟中, 均值模型的结构为 $\mu_i = X_i^T\beta_0 + 0.8u_i(1 - u_i)^2$, 其中 X_i 是 8×1 维向量, 其元素独立产生于正态分布 $N(0,1)$, $\beta_0 = (1, 1, 1, 0, 0, 0, 0, 0)^T$. u_i 随机产生于均匀分布 $U(0,1)$. 方差模型的结构为 $\log \sigma_i^2 = Z_i^T\gamma_0$, 其中 $\gamma_0 = (1, 1, 1, 0, 0, 0, 0, 0)^T$

和 Z_i 是一个 8×1 维向量, 且其元素随机产生于正态分布 $N(0, 0.7)$. 可以把模型 (4-1) 重新写成

$$Y_i = X_i^{\mathrm{T}} \beta_0 + 0.8 u_i (1 - u_i)^2 + \exp\left(\frac{Z_i^{\mathrm{T}} \gamma_0}{2}\right) e_i.$$

为了比较在不同误差分布下所提出的方法的模拟效果, 我们从以下两种分布产生误差 $\{e_1, \cdots, e_n\}$.

(1) 正态分布: 每个变量独立随机产生于正态分布 $N(0, 1)$.

(2) t 分布: 每个变量独立随机产生于自由度为 3、标准差为 $\sqrt{3}$ 的 t 分布.

我们分别按照 n=60, 80 和 100 随机产生 $M = 1000$ 个随机样本. 对于每一个随机样本, 我们考虑惩罚函数为 SCAD 和 LASSO 的变量选择方法来获得正则 REML 估计. 未知调整参数 $\lambda^{(l)} (l = 1, 2)$ 在模拟中我们采用 BIC 来挑选. 随机模拟 1000 次, 参数被估计出来零系数的平均个数列在表 4-1 中. 注意表 4-1 中 "Correct" 是把真实零系数正确估计成零的平均个数, "Incorrect" 是把真实非零系数错误估计成零的平均个数. 像文献 (Li and Liang, 2008) 一样, 利用广义均方误差 (GMSE) 评

表 4-1   在不同的误差分布下参数部分的变量选择结果

正态分布								
β 方法	$n = 60$			$n = 80$			$n = 100$		
	GMSE	Correct	Incorrect	GMSE	Correct	Incorrect	GMSE	Correct	Incorrect
LASSO-REML	0.0655	4.2210	0	0.0394	4.4440	0	0.0283	4.5550	0
SCAD-REML	0.0444	4.4740	0	0.0252	4.6430	0	0.0172	4.7330	0
SCAD-ML	0.0550	4.3870	0	0.0294	4.5770	0	0.0218	4.7040	0
γ 方法	GMSE	Correct	Incorrect	GMSE	Correct	Incorrect	GMSE	Correct	Incorrect
LASSO-REML	0.5036	4.1230	0.1330	0.3653	4.2180	0.0300	0.2746	4.2970	0.0080
SCAD-REML	0.3886	4.3950	0.2000	0.2029	4.5490	0.0590	0.1199	4.6020	0.0130
SCAD-ML	0.6995	4.0080	0.2840	0.5020	4.2960	0.1110	0.3866	4.4790	0.0400
t 分布									
β 方法	$n = 60$			$n = 80$			$n = 100$		
	GMSE	Correct	Incorrect	GMSE	Correct	Incorrect	GMSE	Correct	Incorrect
LASSO-REML	0.0508	4.4280	0	0.0329	4.6140	0	0.0244	4.7290	0
SCAD-REML	0.0366	4.6040	0	0.0215	4.7220	0	0.0149	4.8280	0
SCAD-ML	0.0420	4.5150	0	0.0263	4.6850	0	0.0188	4.7200	0
γ 方法	GMSE	Correct	Incorrect	GMSE	Correct	Incorrect	GMSE	Correct	Incorrect
LASSO-REML	1.0445	3.7310	0.5390	0.8561	3.8210	0.3080	0.7226	3.9960	0.1660
SCAD-REML	1.0499	4.0300	0.6730	0.7808	4.1770	0.4060	0.5755	4.3020	0.2310
SCAD-ML	1.0884	3.6870	0.6790	0.8639	3.8670	0.4150	0.6981	4.0650	0.2400

价 $\hat{\beta}$ 和 $\hat{\gamma}$ 的估计精度, 定义为

$$\text{GMSE}(\hat{\beta}) = E(\hat{\beta} - \beta_0)^{\mathrm{T}} E(XX^{\mathrm{T}})(\hat{\beta} - \beta_0),$$
$$\text{GMSE}(\hat{\gamma}) = E(\hat{\gamma} - \gamma_0)^{\mathrm{T}} E(ZZ^{\mathrm{T}})(\hat{\gamma} - \gamma_0).$$

另外, 我们用均方误差平方根 (RASE) 来评价 $\hat{g}(u)$ 的估计精度, 定义为

$$\text{RASE}(\hat{g}) = \left\{ \frac{1}{n} \sum_{i=1}^{n} [\hat{g}(u_i) - g_0(u_i)]^2 \right\}^{\frac{1}{2}}.$$

估计结果记录在表 4-2 中. 进一步, $g_0(u)$ 的估计曲线展示在图 4-1~ 图 4-6 中.

表 4-2   在不同误差分布下非参数部分的估计结果

正态分布			
	$n = 60$	$n = 80$	$n = 100$
RASE(LASSO-REML)	0.2854	0.2222	0.1846
RASE(SCAD-REML)	0.2693	0.2069	0.1736
RASE(SCAD-ML)	0.7802	0.6852	0.6135
t 分布			
	$n = 60$	$n = 80$	$n = 100$
RASE(LASSO-REML)	0.2627	0.2070	0.1786
RASE(SCAD-REML)	0.2461	0.1913	0.1636
RASE(SCAD-ML)	0.7463	0.6674	0.5981

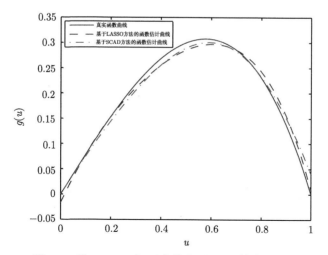

图 4-1　当 $n = 60$ 时, 正态分布下 $g(u)$ 的估计曲线

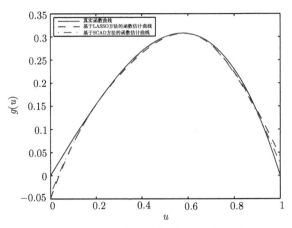

图 4-2　当 $n=60$ 时, t 分布下 $g(u)$ 的估计曲线

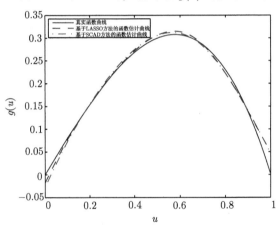

图 4-3　当 $n=80$ 时, 正态分布下 $g(u)$ 的估计曲线

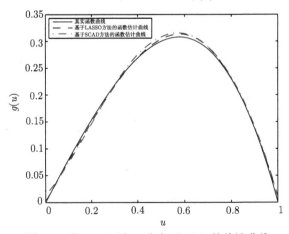

图 4-4　当 $n=80$ 时, t 分布下 $g(u)$ 的估计曲线

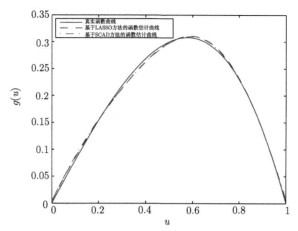

图 4-5　当 $n=100$ 时, 正态分布下 $g(u)$ 的估计曲线

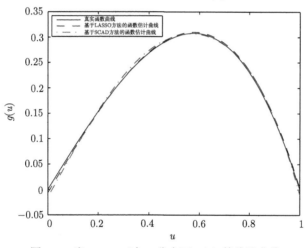

图 4-6　当 $n=100$ 时, t 分布下 $g(u)$ 的估计曲线

接着, 我们基于 SCAD 惩罚函数, 把本节提出的基于对数似然函数 (4-5) 的变量选择方法记为 SCAD-REML, 然后与基于对数似然函数 (4-2) 的变量选择方法 (记为 SCAD-ML) 相比较. 得到的结果报告在表 4-1 和表 4-2 中.

从表 4-1 和表 4-2 可以得到以下观测.

(1) 对于参数部分, 随着样本量 n 的增大, 变量选择方法的表现变得越来越好. 例如, 随着样本量 n 的增大, "Correct" 栏的值越来越接近模型中真实的零系数的个数; 估计出来的非参数函数的 RASE 也变得越来越小; 估计的曲线和对应于真实曲线拟合得越来越好, 这也跟图 4-1~ 图 4-6 表现出来的现象是一致的.

(2) 基于 SCAD 惩罚函数的变量选择方法在正确变量选择率方面比基于 LASSO 惩罚函数的变量选择方法要好, 这样可以有效地减少模型不确定性和复杂性.

(3) 模型误差服从不同的分布时, 非参数函数的估计是相似的. 同时, 对于我们设计的模拟环境, 变量选择方法的总体表现是满意的.

(4) 在不同惩罚函数下基于惩罚似然估计的非参数函数估计的表现是相似的.

进一步, 我们也可以获得以下结论: 第一, SCAD-REML 的表现明显地优于 SCAD-ML 的表现. SCAD-ML 不能消除某些重要变量, 因此给出的模型误差就比较大; 第二, 非参数函数估计的 RASE(SCAD-REML) 值也明显地优于 RASE(SCAD-ML) 值. 这些也蕴涵着基于 REML 的变量选择方法是可行的.

4.1.6　实际数据分析

在这节中我们把 4.1.2 节所提出来的方法运用到豚草花粉水平数据, 此数据曾经被 Ruppert 等 (2003) 分析过. 数据记录了密歇根卡拉马祖豚草属季节 87 天中每天的豚草花粉水平以及相关信息的观测数据. 我们主要感兴趣的是发展一种合适的模型来预测每天豚草花粉水平, 这个数据的响应变量是每天豚草花粉水平 (grain/m^3, 每立方米颗粒数). 解释变量主要有, X_1 表示雨量的指示变量, $X_1 = 1$ 表示有至少 3 小时平稳或者短暂但是强烈的雨量, 否则其他情况表示为 $X_1 = 0$; X_2 表示温度 (°F); X_3 表示风速 (knot). 首先我们先把协变量 X 标准化. 因为响应变量是有偏的, Ruppert 等 (2003) 建议先做变换处理, 即 $Y = \sqrt{\text{ragweed}}$. 从文献 (Ruppert et al., 2003) 中的散点图上也可以看出响应变量 Y 和天数 (day) 之间有一种很强的非线性关系. 因此, 基于非参数函数 $f(\text{day})$ 的半参数回归模型来描述这种关系是合理的. Ruppert 等 (2003) 用包含 X_1, X_2 和 X_3 的半参数模型来拟合, 其中我们再把二次项和交叉项加进来, 那么考虑以下半参数异方差模型:

$$
\begin{cases}
Y_i \sim (\mu_i, \sigma_i^2), \quad i = 1, \cdots, 87, \\[2mm]
\mu_i = f(\text{day}) + \sum_{j=1}^{8} \beta_j X_{ij}, \\[2mm]
\log \sigma_i^2 = \sum_{j=1}^{8} \gamma_j h_{ij},
\end{cases}
$$

其中 $X_4 = X_2 \cdot X_2, X_5 = X_3 \cdot X_3, X_6 = X_1 \cdot X_2, X_7 = X_1 \cdot X_3, X_8 = X_2 \cdot X_3$, $h_{ij} = X_{ij}, j = 1, \cdots, 8$.

我们考虑一般的极大似然估计和基于 SCAD 和 LASSO 惩罚函数的惩罚极大似然估计, 其中调整参数通过 BIC 来挑选. 用不同的惩罚函数得到的估计结果, 以及包括相应估计的标准误 (在括号中), 列在表 4-3 中, 从表中可以得到以下事实: 第一, 所有被选择出来的系数均是正的, 这也蕴涵着随着选出来的每一个协变量的增加, 豚草花粉水平也增加. 第二, 对于所提出的 SCAD 方法, 根据估计得到的回归系数, 可以看出 X_1, X_3 和 X_8 在均值结构中是非常有统计意义的, 以及协变量 (X_1, X_2) 影响着响应变量的方差. 然而, 基于 LASSO 惩罚函数的惩罚极大似然估计方法在均值模型和方差模型中比 SCAD 方法多选择一个变量. 第三, 所有方法估计出来的非零系数是相似的, 然后, 当惩罚应用到相应的参数上时, 得到的标准误就会相对小一点, 这也蕴涵着估计效率的提高. 另外, 图 4-7 描述了非参数函数估计 $\hat{f}(\text{day})$ 很快地爬到顶峰 (大概在 23 天附近), 直到 60 天左右就趋于平稳.

表 4-3　β 和 γ 的正则估计

参数	MLE	SCAD	LASSO
$\beta_1(X_1)$	0.9922(0.2232)	1.2076(0.1168)	0.6151(0.0986)
$\beta_2(X_2)$	1.1451(0.2659)	0(—)	0.0301(0.0287)
$\beta_3(X_3)$	1.8783(0.2362)	1.3811(0.1965)	1.0257(0.1356)
$\beta_4(X_4)$	0.5980(0.1235)	0(—)	0(—)
$\beta_5(X_5)$	0.0800(0.0577)	0(—)	0(—)
$\beta_6(X_6)$	0.2923(0.2673)	0(—)	0(—)
$\beta_7(X_7)$	$-0.5193(0.2795)$	0(—)	0(—)
$\beta_8(X_8)$	0.8448(0.1333)	0.8425(0.1626)	0.4668(0.1028)
$\gamma_1(h_1)$	0.9123(0.2736)	0.8264(0.1686)	0.7115(0.1226)
$\gamma_2(h_2)$	3.1310(1.1098)	1.3247(0.1562)	1.2635(0.1364)
$\gamma_3(h_3)$	1.3726(0.9303)	0(—)	0.0227(0.0252)
$\gamma_4(h_4)$	$-0.0886(0.1693)$	0(—)	0(—)
$\gamma_5(h_5)$	$-0.0974(0.1307)$	0(—)	0(—)
$\gamma_6(h_6)$	$-1.9941(1.1218)$	0(—)	0(—)
$\gamma_7(h_7)$	$-1.2411(0.9483)$	0(—)	0(—)
$\gamma_8(h_8)$	0.3176(0.1832)	0(—)	0(—)

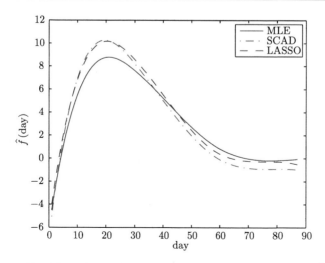

图 4-7　基于用不同惩罚函数得到的惩罚似然估计的非参数估计 $\hat{f}(\text{day})$

但是正则估计的曲线比没有惩罚极大似然估计的曲线在尾部要稍微低一点. 最后, 注意到在这个实际数据中基于 SCAD 和 LASSO 惩罚函数的惩罚极大似然估计在选择出来的变量和非参数函数估计方面是相似的.

4.1.7   定理的证明

为了证明定理, 我们需要以下正则条件.

(C4.1) 参数空间是紧的, 且真值 β_0, γ_0 是参数空间的内点.

(C4.2) $g_0(u)$ 在 $(0,1)$ 区间上是 r 阶连续可微, 其中 $r \geqslant 2$.

(C4.3) U 的密度函数 $f(u)$ 为区间 $[0,1]$ 上的有界正函数. 进一步地, 假设 $f(u)$ 在区间 $(0,1)$ 上是连续可微的.

(C4.4) 令 $s_1, \cdots, s_{k_n}$ 是 $[0,1]$ 上的内节点. 进一步地, 令 $s_0 = 0, s_{k_n+1} = 1$, $h_i = s_i - s_{i-1}$ 和 $h = \max\{h_i\}$. 那么, 存在一个常数 C_0 使得

$$\frac{h}{\min\{h_i\}} \leqslant C_0, \quad \max\{|h_{i+1} - h_i|\} = o\left(k_n^{-1}\right).$$

(C4.5) 对于足够大的 n, $\dfrac{k_n}{n} \sum\limits_{i=1}^{n} \pi(u_i)\pi(u_i)^{\mathrm{T}}$ 的特征值是有界的正数.

(C4.6) $\lim\limits_{n\to\infty} E\left(-\dfrac{1}{n}\dfrac{\partial^2 \ell_n(\beta_0, \gamma_0, \alpha_0)}{\partial\beta\partial\beta^{\mathrm{T}}}\right) = \mathcal{I}_\beta$, $\lim\limits_{n\to\infty} E\left(-\dfrac{1}{n}\dfrac{\partial^2 \ell_n(\beta_0, \gamma_0, \alpha_0)}{\partial\gamma\partial\gamma^{\mathrm{T}}}\right) = \mathcal{I}_\gamma$, 其中 $\mathcal{I}_\beta$ 和 $\mathcal{I}_\gamma$ 是正定矩阵, α_0 定义在引理 4.1.1 中.

这些条件都是半参数回归模型中比较普通的条件. 条件 (C4.1) 和 (C4.3) 是一些正则条件并且容易检验. (C4.2) 给出了 $g_0(\cdot)$ 的光滑条件, 这决定了样条估计的收敛速度. 条件 (C4.4) 是 B 样条节点的一般条件. 这看起来很复杂, 但是针对内节点的某些特殊情况是很容易检验的. 这个条件也暗示着 $s_0, \cdots, s_{k_n+1}$ 是 $[0,1]$ 上剖分的拟均匀序列. 我们取节点数 k_n 为 $n^{1/(2r+1)}$ 的整数部分, 其中 r 定义在条件 (C4.2) 中, 且我们在工作中取 $r = 2$. 对于这个节点数, (C4.5) 被期望是成立的, 这也作为 B 样条基函数的一种性质 (He and Shi,1996). (C4.6) 确保了 Fisher 信息矩阵是存在且是正定的.

令 $\beta_0, g_0(\cdot)$ 和 γ_0 分别是模型中 $\beta, g(\cdot)$ 和 γ 的真值. 根据文献 (Schumaker, 1981) 中的定理 12.7, 我们很容易得到引理 4.1.1.

引理 4.1.1   在条件 (C4.2) 和 (C4.4) 下存在依赖于 $g_0(\cdot)$ 的 $\alpha_0 \in R^K$ 和一个常数 C_1, 使得

$$\sup_{u\in[0,1]} |g_0(u) - \pi^{\mathrm{T}}(u)\alpha_0| \leqslant C_1 k_n^{-r}.$$

为了符号简便, 记 $\mathcal{L}(\theta) = \mathcal{L}(\theta, \alpha)$. 另外, 引进一些符号. 令 $\mathcal{I}_\theta = \begin{pmatrix} \mathcal{I}_\beta & 0 \\ 0 & \mathcal{I}_\gamma \end{pmatrix}$,

和 $X^* = (I - P)X$, $P = \Pi(\Pi^{\mathrm{T}}\Pi)^{-1}\Pi^{\mathrm{T}}$, $K_n = X^{*\mathrm{T}}X^*$, 其中 $\Pi = (\pi^{\mathrm{T}}(u_1), \pi^{\mathrm{T}}(u_2), \cdots, \pi^{\mathrm{T}}(u_n))^{\mathrm{T}}$.

引理 4.1.2 假设节点数 $k_n = O(n^{\frac{1}{2r+1}})$, 且在条件 (C4.1)~(C4.6) 下, 有

$$\frac{1}{\sqrt{n}} \left.\frac{\partial \ell_n(\beta, \gamma, \alpha)}{\partial \theta}\right|_{(\beta_0, \gamma_0, \alpha_0)} \xrightarrow{\mathcal{L}} N(0, \mathcal{I}_\theta),$$

$$\frac{1}{\sqrt{n}}\left\|\frac{\partial \ell_n(\beta_0, \gamma_0, \alpha_0)}{\partial \theta}\right\| = O_p(1), \quad -\frac{1}{n}\left.\frac{\partial^2 \ell_n(\beta, \alpha, \gamma)}{\partial \theta \partial \theta^{\mathrm{T}}}\right|_{(\beta_0, \gamma_0, \alpha_0)} \xrightarrow{P} \mathcal{I}_\theta.$$

证明 令 $R(u) = g_0(u) - \pi^{\mathrm{T}}\alpha_0$. 从引理 4.1.1 中我们有 $R(u) = O(k_n^{-r})$. 通过直接的计算, 可以有

$$\left\|\left.\frac{\partial \ell_n(\beta, \gamma, \alpha)}{\partial \beta}\right|_{(\beta_0, \gamma_0, \alpha_0)} - \sum_{i=1}^{n} \frac{(Y_i - X_i^{\mathrm{T}}\beta_0 - g_0(u_i))X_i}{\sigma_{i0}^2}\right\|^2$$

$$= \left\|\sum_{i=1}^{n} \frac{g_0(u_i) - \pi(u_i)^{\mathrm{T}}\alpha_0}{\sigma_{i0}^2}X_i\right\|^2$$

$$\leqslant \sum_{i=1}^{n} \frac{X_i X_i^{\mathrm{T}}}{\sigma_{i0}^4}\left\|g_0(u_i) - \pi(u_i)^{\mathrm{T}}\alpha_0\right\|^2 \leqslant C_0 \sum_{i=1}^{n} \frac{X_i X_i^{\mathrm{T}}}{\sigma_{i0}^4}k_n^{-2r}$$

$$= O_p(nk_n^{-2r}) = O_p(n^{\frac{1}{2r+1}}).$$

其中 C_0 是一个常数, $\sigma_{i0}^2 = h^2(Z_i^{\mathrm{T}}\gamma_0)$. 这样就很容易获得

$$\frac{1}{\sqrt{n}} \left.\frac{\partial \ell_n(\beta, \gamma, \alpha)}{\partial \beta}\right|_{(\beta_0, \gamma_0, \alpha_0)} = \frac{1}{\sqrt{n}} \sum_{i=1}^{n} \frac{(Y_i - X_i^{\mathrm{T}}\beta_0 - g_0(u_i))X_i}{\sigma_{i0}^2} + O_p(n^{\frac{-r}{2r+1}}).$$

令

$$\ell_0 = \frac{1}{\sqrt{n}} \sum_{i=1}^{n} \frac{(Y_i - X_i^{\mathrm{T}}\beta_0 - g_0(u_i))X_i}{\sigma_{i0}^2}.$$

通过直接的计算, 也有

$$E(\ell_0) = 0, \quad \mathrm{Var}(\ell_0) = \frac{1}{n} \sum_{i=1}^{n} \frac{X_i X_i^{\mathrm{T}}}{\sigma_{i0}^2} = \mathcal{I}_\beta.$$

根据 Lindeberg-Feller 中心极限定理, 获得

$$\frac{1}{\sqrt{n}} \sum_{i=1}^{n} \frac{(Y_i - X_i^{\mathrm{T}}\beta_0 - g_0(u_i))X_i}{\sigma_{i0}^2} \xrightarrow{\mathcal{L}} N(0, \mathcal{I}_\beta).$$

再由 Slustsky 定理得到

$$\frac{1}{\sqrt{n}}\frac{\partial \ell_n(\beta,\gamma,\alpha)}{\partial \beta}\bigg|_{(\beta_0,\gamma_0,\alpha_0)} \xrightarrow{\mathcal{L}} N(0,\mathcal{I}_\beta).$$

类似地可以有

$$\frac{1}{\sqrt{n}}\frac{\partial \ell_n(\beta,\gamma,\alpha)}{\partial \gamma}\bigg|_{(\beta_0,\gamma_0,\alpha_0)} \xrightarrow{\mathcal{L}} N(0,\mathcal{I}_\gamma).$$

因为

$$\frac{1}{n}\left\|\frac{\partial \ell_n(\beta_0,\gamma_0,\alpha_0)}{\partial \beta}\right\|^2 = \frac{1}{n}\sum_{i=1}^{n}\frac{(Y_i - X_i^{\mathrm{T}}\beta_0 - \pi(u_i)^{\mathrm{T}}\alpha_0)^2}{\sigma_{i0}^4}X_i^{\mathrm{T}}X_i = O_p(1),$$

所以有 $\dfrac{1}{\sqrt{n}}\left\|\dfrac{\partial \ell_n(\beta_0,\gamma_0,\alpha_0)}{\partial \beta}\right\| = O_p(1)$. 类似地, 也会有 $\dfrac{1}{\sqrt{n}}\left\|\dfrac{\partial \ell_n(\beta_0,\gamma_0,\alpha_0)}{\partial \gamma}\right\| = O_p(1)$.
明显地, 很容易可以获得

$$\frac{1}{\sqrt{n}}\left\|\frac{\partial \ell_n(\beta_0,\gamma_0,\alpha_0)}{\partial \theta}\right\| = O_p(1).$$

另外, 根据大数定律和条件 (C4.6), 有

$$-\frac{1}{n}\frac{\partial^2 \ell_n(\beta,\gamma,\alpha)}{\partial \beta \partial \beta^{\mathrm{T}}}\bigg|_{(\beta_0,\gamma_0,\alpha_0)} \xrightarrow{P} \mathcal{I}_\beta;\quad -\frac{1}{n}\frac{\partial^2 \ell_n(\beta,\gamma,\alpha)}{\partial \gamma \partial \gamma^{\mathrm{T}}}\bigg|_{(\beta_0,\gamma_0,\alpha_0)} \xrightarrow{P} \mathcal{I}_\gamma.$$

这样, 很容易就有

$$-\frac{1}{n}\frac{\partial^2 \ell_n(\beta,\alpha,\gamma)}{\partial \theta \partial \theta^{\mathrm{T}}}\bigg|_{(\beta_0,\gamma_0,\alpha_0)} \xrightarrow{P} \mathcal{I}_\theta$$

和

$$\frac{1}{\sqrt{n}}\frac{\partial \ell_n(\beta,\gamma,\alpha)}{\partial \theta}\bigg|_{(\beta_0,\gamma_0,\alpha_0)} \xrightarrow{\mathcal{L}} N(0,\mathcal{I}_\theta).$$

引理 4.1.2 证毕.

定理 4.1.1 的证明　对任给的 $\varepsilon > 0$, 我们将证明存在较大的常数 C 满足

$$P\left\{\sup_{\|v\|=C}\mathcal{L}(\theta_0 + n^{-\frac{1}{2}}v) < \mathcal{L}(\theta_0)\right\} \geqslant 1-\varepsilon.$$

注意 $p_{\lambda_n}(0) = 0$ 和 $p_{\lambda_n}(\cdot) > 0$. 明显地, 有

$$\mathcal{L}\left(\theta_0 + n^{-\frac{1}{2}}v\right) - \mathcal{L}(\theta_0)$$

$$= \left[\ell_n(\theta_0 + n^{-\frac{1}{2}}v, \alpha_0) - n\sum_{j=1}^{s} p_{\lambda_n}(|\theta_{0j} + n^{-\frac{1}{2}}v_j|)\right]$$

$$- \left[\ell_n(\theta_0, \alpha_0) - n\sum_{j=1}^{s} p_{\lambda_n}(|\theta_{0j}|)\right]$$

$$\leqslant [\ell_n(\theta_0 + n^{-\frac{1}{2}}v) - \ell_n(\theta_0)] - n\sum_{j=1}^{s_1}[p_{\lambda_n}(|\theta_{0j} + n^{-\frac{1}{2}}v_j|) - p_{\lambda_n}(|\theta_{0j}|)]$$

$$= I_1 + I_2,$$

其中

$$I_1 = \ell_n(\theta_0 + n^{-\frac{1}{2}}v, \alpha_0) - \ell_n(\theta_0, \alpha_0),$$

$$I_2 = -n\sum_{j=1}^{s_1}[p_{\lambda_n}(|\theta_{0j} + n^{-\frac{1}{2}}v_j|) - p_{\lambda_n}(|\theta_{0j}|)].$$

首先考虑 I_1. 通过 Taylor 展开, 有

$$I_1 = [\ell_n(\theta_0 + n^{-\frac{1}{2}}v, \alpha_0) - \ell_n(\theta_0, \alpha_0)]$$

$$= n^{-\frac{1}{2}}v^T\ell_n'(\theta_0, \alpha_0) + \frac{1}{2}n^{-1}v^T\ell_n''(\theta^*, \alpha_0)v$$

$$= I_{11} + I_{12},$$

其中 θ^* 位于 θ_0 和 $\theta_0 + n^{-\frac{1}{2}}v$ 之间. 根据引理 4.1.2, $n^{-\frac{1}{2}}\|\ell_n'(\theta_0, \alpha_0)\| = O_p(1)$. 利用 Cauchy-Schwarz 不等式, 可以得到

$$I_{11} = n^{-\frac{1}{2}}v^T\ell_n'(\theta_0) \leqslant n^{-\frac{1}{2}}\|\ell_n'(\theta_0)\|\|v\| = O_p(1).$$

根据 Chebyshev 不等式, 对任给的 $\varepsilon > 0$, 有

$$P\left\{\frac{1}{n}\|\ell_n''(\theta_0, \alpha_0) - E(\ell_n''(\theta_0, \alpha_0))\| \geqslant \varepsilon\right\}$$

$$\leqslant \frac{1}{n^2\varepsilon^2}E\left\{\sum_{j=1}^{s}\sum_{l=1}^{s}\left(\frac{\partial^2\ell_n(\theta_0, \alpha_0)}{\partial\theta_j\partial\theta_l} - E\left(\frac{\partial^2\ell_n(\theta_0, \alpha_0)}{\partial\theta_j\partial\theta_l}\right)\right)^2\right\}$$

$$\leqslant \frac{Cs^2}{n\varepsilon^2} = o(1).$$

因此, 有 $\dfrac{1}{n}||\ell_n''(\theta_0,\alpha_0) - E(\ell_n''(\theta_0,\alpha_0))|| = o_p(1)$.

$$I_{12} = \frac{1}{2}n^{-1}v^{\mathrm{T}}\ell_n''(\theta^*,\alpha_0)v = \frac{1}{2}v^{\mathrm{T}}[n^{-1}\ell_n''(\theta_0,\alpha_0)]v[1+o_p(1)]$$

$$= \frac{1}{2}v^{\mathrm{T}}\left\{n^{-1}[\ell_n''(\theta_0,\alpha_0) - E(\ell_n''(\theta_0,\alpha_0)) - \mathcal{I}_n(\theta_0,\alpha_0)]\right\}v[1+o_p(1)]$$

$$= -\frac{1}{2}v^{\mathrm{T}}\mathcal{I}(\theta_0)v[1+o_p(1)].$$

因此我们可得存在较大的常数 C, 在 $||v|| = C$ 下, I_{11} 被 I_{12} 一致控制.

下面研究 I_2. 利用 Taylor 展开和 Cauchy-Schwarz 不等式

$$I_2 = -n\sum_{j=1}^{s_1}[p_{\lambda_n}(|\theta_{0j} + n^{-\frac{1}{2}}v_j|) - p_{\lambda_n}(|\theta_{0j}|)]$$

$$= -n\sum_{j=1}^{s_1}\left\{n^{\frac{1}{2}}p_{\lambda_n}'(|\theta_{0j}|)\mathrm{sgn}(\theta_{0j})v_j + \frac{1}{2}p_{\lambda_n}''(|\theta_{0j}|)v_j^2[1+O_p(1)]\right\}$$

$$\leqslant \sqrt{s}n^{\frac{1}{2}}||v||\max_{1\leqslant j\leqslant s}\{|p_{\lambda_n}'(|\theta_{0j}|)|:\theta_{0j}\neq 0\} + \frac{1}{2}||v||^2\max_{1\leqslant j\leqslant s_1}\{p_{\lambda_n}''(|\theta_{0j}|):\theta_{0j}\neq 0\}$$

$$= \sqrt{s_1}n^{\frac{1}{2}}||v||a_n + \frac{1}{2}||v||^2b_n.$$

因为假定 $a_n = O_p(n^{-\frac{1}{2}})$ 和 $b_n \to 0$, 所以存在较大的常数 C, 使得 I_2 被 I_{12} 一致控制. 因此, 定理 4.1.1 证毕.

定理 4.1.2 的证明　我们首先证明 (i). 下面我们证明对任给的 $\theta^{(1)}$ 满足 $\theta^{(1)} - \theta_0^{(1)} = O_p(n^{-1/2})$. 对任意常数 $C > 0$, 有

$$\mathcal{L}\{((\theta^{(1)})^{\mathrm{T}}, 0^{\mathrm{T}})^{\mathrm{T}}\} = \max_{||\theta^{(2)}||\leqslant Cn^{-\frac{1}{2}}}\mathcal{L}\{((\theta^{(1)})^{\mathrm{T}}, (\theta^{(2)})^{\mathrm{T}})^{\mathrm{T}}\}.$$

事实上, 对任意 $\theta_j(j = s_1+1,\cdots,s)$, 利用 Taylor 展开, 有

$$\frac{\partial\mathcal{L}(\theta)}{\partial\theta_j} = \frac{\partial\ell_n(\theta,\alpha_0)}{\partial\theta_j} - np_{\lambda_j}'(|\theta_j|)\mathrm{sgn}(\theta_j)$$

$$= \frac{\partial\ell_n(\theta_0,\alpha_0)}{\partial\theta_j} + \sum_{l=1}^{s}\frac{\partial^2\ell_n(\theta^*,\alpha_0)}{\partial\theta_j\partial\theta_l}(\theta_l - \theta_{0l}) - np_{\lambda_j}'(|\theta_j|)\mathrm{sgn}(\theta_j),$$

其中 θ^* 在 θ 和 θ_0 之间. 根据引理 4.1.2, 有

$$\frac{1}{n}\frac{\partial\ell_n(\theta_0,\alpha_0)}{\partial\theta_j} = O_p(n^{-\frac{1}{2}}), \quad \frac{1}{n}\left\{\frac{\partial^2\ell_n(\theta_0,\alpha_0)}{\partial\theta_j\partial\theta_l} - E\left(\frac{\partial^2\ell_n(\theta_0,\alpha_0)}{\partial\theta_j\partial\theta_l}\right)\right\} = o_p(1).$$

注意到 $\|\hat{\theta} - \theta_0\| = O_p(n^{-1/2})$, 有

$$\frac{\partial \mathcal{L}(\theta)}{\partial \theta_j} = O_p(n^{-\frac{1}{2}}) - np'_{\lambda_n}(|\theta_j|)\mathrm{sgn}(\theta_j)$$

$$= n\lambda_n\{-\lambda_n^{-1}p'_{\lambda_n}(|\theta_j|)\mathrm{sgn}(\theta_j) + O_p(n^{-\frac{1}{2}}\lambda_n^{-1})\}.$$

根据定理 4.1.2 的假定, 有

$$\liminf_{n \to \infty} \liminf_{t \to 0^+} \frac{p'_{\lambda_n}(t)}{\lambda_n} > 0, \quad n^{-\frac{1}{2}}\lambda_n^{-1} = (n^{\frac{1}{2}}\lambda_n)^{-1} \to 0.$$

所以有

$$\frac{\partial \mathcal{L}(\theta)}{\partial \theta_j} = \begin{cases} < 0, & 0 < \theta_j < Cn^{-\frac{1}{2}}, \\ > 0, & -Cn^{-\frac{1}{2}} < \theta_j < 0. \end{cases}$$

所以, $\mathcal{L}(\theta)$ 在 $\theta = \{((\theta^{(1)})^{\mathrm{T}}, 0^{\mathrm{T}})^{\mathrm{T}}\}$ 时达到最大. 定理 4.1.2 的 (i) 证毕.

下面我们证明定理 4.1.2 的 (ii). $\hat{\theta}_n^{(1)}$ 的渐近正态性. 根据定理 4.1.1 和定理 4.1.2 的 (i), 局部极大化函数 $\mathcal{L}\{((\theta^{(1)})^{\mathrm{T}}, 0^{\mathrm{T}})^{\mathrm{T}}\}$ 存在一个惩罚极大似然估计 $\hat{\theta}_n^{(1)}$ 是 $\sqrt{n}$-相合的. 而且估计 $\hat{\theta}_n^{(1)}$ 一定满足

$$0 = \left.\frac{\partial \mathcal{L}(\theta)}{\partial \theta_j}\right|_{\theta = \begin{pmatrix} \hat{\theta}_n^{(1)} \\ 0 \end{pmatrix}} = \left.\frac{\partial \ell_n(\theta, \alpha_0)}{\partial \theta_j}\right|_{\theta = \begin{pmatrix} \hat{\theta}_n^{(1)} \\ 0 \end{pmatrix}} - np'_{\lambda_n}(|\hat{\theta}_{nj}^{(1)}|)\mathrm{sgn}(\theta_{nj})$$

$$= \frac{\partial \ell_n(\theta_0, \alpha_0)}{\partial \theta_j} + \sum_{l=1}^{s_1}\left\{\frac{\partial^2 \ell_n(\theta_0, \alpha_0)}{\partial \theta_j \partial \theta_l} + o_p(1)\right\}(\hat{\theta}_{nl}^{(1)} - \theta_{0l}^{(1)})$$

$$- np'_{\lambda_n}(|\theta_{0j}^{(1)}|)\mathrm{sgn}(\theta_{0j}^{(1)}) - n\{p''_{\lambda_n}(|\theta_{0j}^{(1)}|) + o_p(1)\}(\hat{\theta}_{nj}^{(1)} - \theta_{0j}^{(1)}).$$

换句话说, 有

$$\left\{-\frac{\partial^2 \ell_n(\theta_0, \alpha_0)}{\partial \theta^{(1)} \partial (\theta^{(1)})^{\mathrm{T}}} + nA_n + o_p(1)\right\}(\hat{\theta}_n^{(1)} - \theta_0^{(1)}) + nc_n = \frac{\partial \ell_n(\theta_0)}{\partial \theta^{(1)}}.$$

利用引理 4.1.2 可得

$$\frac{1}{\sqrt{n}}\frac{\partial \ell_n(\theta_0)}{\partial \theta^{(1)}} \xrightarrow{\mathcal{L}} \mathcal{N}_{s_1}(0, \mathcal{I}_\theta^{(1)}).$$

注意

$$\frac{1}{n}\left\{\frac{\partial^2 \ell_n(\theta_0, \alpha_0)}{\partial \theta^{(1)} \partial (\theta^{(1)})^{\mathrm{T}}} - E\left(\frac{\partial^2 \ell_n(\theta_0, \alpha_0)}{\partial \theta^{(1)} \partial (\theta^{(1)})^{\mathrm{T}}}\right)\right\} = o_p(1),$$

利用 Slustsky 定理可得

$$\sqrt{n}(\bar{\mathcal{I}}_n^{(1)})^{(-1/2)}(\bar{\mathcal{I}}_n^{(1)} + A_n)\{(\hat{\theta}_n^{(1)} - \theta_0^{(1)}) + (\bar{\mathcal{I}}_n^{(1)} + A_n)^{-1}c_n\} \to \mathcal{N}_{s_1}(0, I_{s_1}).$$

定理 4.1.2 的 (ii) 证毕.

定理 4.1.3 的证明 令

$$\xi(\beta,\alpha) = \begin{pmatrix} \xi_1 \\ \xi_2 \end{pmatrix} = \begin{pmatrix} K_n^{1/2}(\beta-\beta_0) \\ k_n^{-1/2}H_n(\alpha-\alpha_0) + k_n^{1/2}H_n^{-1}\Pi^{\mathrm{T}}X(\beta-\beta_0) \end{pmatrix},$$

$\hat{\xi} = \hat{\xi}(\hat{\beta},\hat{\alpha}) = (\hat{\xi}_1^{\mathrm{T}},\hat{\xi}_2^{\mathrm{T}})^{\mathrm{T}}$, 其中 $H_n^2 = k_n\Pi^{\mathrm{T}}\Pi$, $\beta_0 \in R^p$ 和 $\alpha_0 \in R^K$. 类似于文献 (He et al., 2005) 中定理 1 的证明, 可以得到 $\|\hat{\xi}\| = O_p(k_n^{1/2})$. 由 $\hat{\xi}$ 的定义有

$$\|\hat{\beta}-\beta_0\| = \|K_n^{-1/2}\hat{\xi}_1\| = O_p(n^{-1/2}\|\hat{\xi}_1\|) = O_p(n^{-1/2}k_n^{1/2}).$$

另一方面, 由引理 4.1.1, 存在一个常数 C_1, 使得

$$\begin{aligned}
\frac{1}{n}\sum_{i=1}^n \{\hat{g}(u)-g_0(u)\}^2 &\leqslant 2\frac{1}{n}\sum_{i=1}^n \{\pi^{\mathrm{T}}(u)\hat{\alpha}-\pi^{\mathrm{T}}(u)\alpha_0\}^2 + 2C_1^2 k_n^{-2r} \\
&\leqslant 2n^{-1}\|\hat{\xi}_2\|^2 + 2\|k_n^{1/2}H_n^{-1}\Pi X(\hat{\beta}-\beta_0)\|^2 + 2C_1^2 k_n^{-2r} \\
&= O_p(n^{-1}\|\hat{\xi}_2\|^2) + O_p(\|\hat{\beta}-\beta_0\|^2) + O(k_n^{-2r}) \\
&= O_p(n^{\frac{-2r}{2r+1}}).
\end{aligned}$$

定理 4.1.3 证毕.

4.1.8 小结

在半参数异方差回归模型的框架下, 我们提出了基于正则 REML 的变量选择方法. 像均值部分一样, 方差结构可能也依赖于各种不同的感兴趣的解释变量, 因此我们对均值和方差结构同时进行变量选择变得十分重要, 这样可以减少模型偏差和模型复杂度, 其中非参数函数采用 B 样条逼近. 我们也证明了在一些正则条件下, 所提出的均值和方差结构中的参数的惩罚极大似然估计具有渐近相合性和渐近正态性, 非参数估计也达到了最优的收敛速度.

我们可以把 4.1 节所考虑的方法推广到研究半参数部分线性变系数均值-方差模型的变量选择等统计问题.

4.2 贝叶斯分析

4.2.1 引言

在经典的线性模型中, 响应变量向量 $Y = (Y_1,Y_2,\cdots,Y_n)^{\mathrm{T}}$ 与均值向量 $\mu = (\mu_1,\mu_2,\cdots,\mu_n)^{\mathrm{T}}$ 之间的关系如下

$$Y = \mu + \varepsilon, \tag{4-8}$$

其中 $\mu = X\beta$, $X = (X_1, X_2, \cdots, X_n)^{\mathrm{T}}$ 是一个 $n \times p$ 的矩阵, 它的第 i 行 $X_i^{\mathrm{T}} = (X_{i1}, \cdots, X_{ip})$ 是与 Y_i 的均值 μ_i 相关的解释变量的观测值, $\beta = (\beta_1, \cdots, \beta_p)^{\mathrm{T}}$ 是一个 $p \times 1$ 维未知回归系数向量. 进一步地, $\varepsilon = (\varepsilon_1, \varepsilon_2, \cdots, \varepsilon_n)^{\mathrm{T}}$ 是均值为零且方差为 σ^2 的独立误差向量.

如果我们考虑 $\mu_i = X_i^{\mathrm{T}}\beta + g(U_i), i = 1, 2, \cdots, n$, 其中 U_i 是一个可观测的一元协变量, $g(\cdot)$ 是均值模型中任意的未知光滑函数, 那么此时我们就称之为具有常数方差的半参数正态线性模型. 进一步地, 如果模型中方差非齐性, 那么我们就可以用一些解释变量对方差进行建模, 模型如下

$$\sigma_i^2 = h(Z_i^{\mathrm{T}}\gamma), \tag{4-9}$$

其中 $Z_i = (Z_{i1}, \cdots, Z_{iq})^{\mathrm{T}}$ 是与 Y_i 的方差相关的解释变量的观测值, 且 $\gamma = (\gamma_1, \cdots, \gamma_q)^{\mathrm{T}}$ 是方差模型中的一个 $q \times 1$ 维回归系数向量. 进一步地, 我们令 $Z = (Z_1, Z_2, \cdots, Z_n)^{\mathrm{T}}$. 在这里, Z 中的某些部分可能与 X 中的部分相同. 另外, $h(\cdot) > 0$ 是一个已知函数, 为了模型的可识别性假设其是单调函数. 因此, 在本节中基于独立观测数据 $(Y_i, X_i, Z_i, U_i), i = 1, 2, \cdots, n$, 考虑以下半参数均值–方差模型 (SEJMVMs):

$$\begin{cases} Y_i \sim N(\mu_i, \sigma_i^2), \\ \mu_i = X_i^{\mathrm{T}}\beta + g(U_i), \\ \sigma_i^2 = h(Z_i^{\mathrm{T}}\gamma), \\ i = 1, 2, \cdots, n. \end{cases} \tag{4-10}$$

近年来, 有关均值–方差模型的研究已经引起了很多学者的关注. 例如, Lin 和 Wei(2003) 在非线性回归模型的框架下提供了多种有关方差齐性检验的诊断方法. Xie 等 (2009) 调查了偏正态非线性回归模型中偏度参数和尺度参数的齐性 score 检验. Li 等 (2012a) 引进了一类异方差对数 Birnbaum-Saunders 回归模型, 其中分别对尺度参数和形状参数进行建模, 并且研究了该模型的模型诊断方法, 以及还可以参见文献 (Park, 1966; Harvey, 1976; Aitkin, 1987; Wang and Zhang, 2009; Wu and Li, 2012). 近年来, 已经有很多不同的方法来拟合半参数变系数模型, 例如, 核光滑方法、经验似然方法和样条方法等 (Fan and Gijbels, 1996; Xue and Zhu, 2007; Zhao and Xue, 2010). 最近, B 样条方法广泛地应用于拟合半参数变系数模型, 它具有很多优点: 第一, 它不需要逐点去估计模型中的非参数部分, 即不考虑局部质量而是考虑全局质量, 这也将导致减少计算的复杂性; 第二, 没有边际效应, 因此样条方法能真实地拟合多项式数据; 第三, B 样条基函数具有有界支撑和数值上平稳的性质 (Schumaker,1981).

因此在 4.2 节, 我们把文献 (Cepeda and Gamerman, 2001) 中提出的贝叶斯方法扩展到用来拟合半参数均值–方差模型. 很多学者已经研究了半参数模型和均值–方差模型的贝叶斯分析. 例如, Cepeda 和 Gamerman(2001) 研究了方差非齐建模的正态回归模型的贝叶斯方法, Chen(2009) 研究了零膨胀半参数混合效应模型的贝叶斯分析, Chen 和 Tang(2010) 基于非参数部分 P 样条逼近研究了半参数再生散度混合效应模型的贝叶斯分析, Tang 和 Duan(2012) 研究了纵向数据下广义部分线性混合效应模型的贝叶斯估计, Lin 和 Wang(2011) 研究了纵向数据下均值–协方差模型的贝叶斯分析. 然而, 很少有文献研究半参数均值–方差模型的贝叶斯分析. 因此, 4.2 节基于 B 样条逼近非参数部分、联合 Gibbs 抽样和 Metropolis-Hastings 算法的混合算法, 研究分析了半参数均值–方差模型的贝叶斯估计.

本节结构安排如下: 4.2.2 节描述了基于联合 Gibbs 抽样和 Metropolis-Hastings 算法的混合算法, 获得半参数均值–方差模型的贝叶斯估计的方法. 为了说明提出方法的有效性, 4.2.3 节给出了模拟研究的结果. 4.2.4 节通过分析一个实际数据来进一步说明该方法的可行性. 4.2.5 节是小结.

4.2.2 半参数均值–方差模型的贝叶斯分析

4.2.2.1 非参数函数的 B 样条逼近

不失一般性, 我们假设协变量 U_i 在区间 $[0,1]$ 上取值. 令 $U = (U_1, U_2, \cdots, U_n)^{\mathrm{T}}$. 从模型 (4-10) 中, 可以获得以下似然函数

$$L(\beta, \gamma | Y, X, Z, U) \propto |\Sigma|^{-\frac{1}{2}} \exp \left\{ -\frac{1}{2} \sum_{i=1}^{n} \frac{(Y_i - X_i^{\mathrm{T}}\beta - g(U_i))^2}{h(Z_i^{\mathrm{T}}\gamma)} \right\}, \tag{4-11}$$

其中 $\Sigma = \mathrm{diag}\{h(Z_1^{\mathrm{T}}\gamma), \cdots, h(Z_n^{\mathrm{T}}\gamma)\}$.

因为 $g(\cdot)$ 是非参数, (4-11) 式还不能直接进行优化, 所以我们首先用 B 样条来逼近非参数函数 $g(\cdot)$. 另外, 任何广义线性模型的计算算法可以用来拟合半参数广义线性模型, 因为可以把非参数函数看成基函数的线性组合, 这样就可以把它看成协变量. 为了简单, 令 $0 = s_0 < s_1 < \cdots < s_{k_n} < s_{k_n+1} = 1$ 是 $[0,1]$ 区间上的一个剖分. 用 $\{s_i\}$ 作为内节点, 那么我们就有阶为 M 和维数为 $K = k_n + M$ 的正则化 B 样条基函数, 这也形成了线性样条空间的一个基. 节点选择一般是样条光滑估计中的一个重要方面. 在本节中, 类似于文献 (He and Shi, 1996), 内节点的数目选取为 $n^{1/5}$ 的整数部分. 这样, 由 $\pi^{\mathrm{T}}(U)\alpha$ 逼近 $g(U)$, 其中 $\pi(U) = (\pi_1(U), \cdots, \pi_K(U))^{\mathrm{T}}$ 是基函数向量和 $\alpha \in R^K$. 利用这些符号, (4-10) 式中的均值模型可以写成以下形式:

$$\mu_i = X_i^{\mathrm{T}}\beta + \pi^{\mathrm{T}}(U_i)\alpha. \tag{4-12}$$

这样, 基于 (4-12) 式, 似然函数 (4-11) 可以被重新写成以下形式:

$$L(\beta, \alpha, \gamma | Y, X, Z, U) \propto |\Sigma|^{-\frac{1}{2}} \exp\left\{ -\frac{1}{2}(Y - X\beta - B\alpha)^{\mathrm{T}}\Sigma^{-1}(Y - X\beta - B\alpha) \right\},$$

$$(4\text{-}13)$$

其中 $B = (\pi(U_1), \pi(U_2), \cdots, \pi(U_n))^{\mathrm{T}}$.

4.2.2.2 参数的先验分布

为了应用贝叶斯方法来估计模型 (4-10) 中的未知参数, 我们需要具体化未知参数的先验分布. 为了简便, 假设 β, γ 和 α 相互独立且服从正态先验分布, 分别为 $\beta \sim N(\beta_0, b_\beta)$, $\alpha \sim N(\alpha_0, \tau^2 I_K)$ 和 $\gamma \sim N(\gamma_0, B_\gamma)$, 其中假设超参数 $\beta_0, \alpha_0, \gamma_0, b_\beta$ 和 B_γ 是已知的, 并假设 τ^2 服从逆 Gamma 分布 $\mathrm{IG}(a_\tau, b_\tau)$, 其密度函数为

$$p(\tau^2 | a_\tau, b_\tau) \propto (\tau^2)^{-a_\tau - 1} \exp\left(\frac{-b_\tau}{\tau^2} \right),$$

其中 a_τ 和 b_τ 是已知的正常数.

4.2.2.3 Gibbs 抽样和条件分布

令 $\theta = (\beta, \alpha, \gamma)$. 基于 (4-13) 式, 可以按照以下过程用 Gibbs 抽样从后验分布 $p(\theta | Y, X, Z, U)$ 中进行抽样.

Step 1 令参数的初值为 $\theta^{(0)} = (\beta^{(0)}, \alpha^{(0)}, \gamma^{(0)})$.

Step 2 基于 $\theta^{(l)} = (\beta^{(l)}, \alpha^{(l)}, \gamma^{(l)})$, 计算 $\Sigma^{(l)} = \mathrm{diag}\{h(Z_1^{\mathrm{T}}\gamma^{(l)}), \cdots, h(Z_n^{\mathrm{T}}\gamma^{(l)})\}$.

Step 3 基于 $\theta^{(l)} = (\beta^{(l)}, \alpha^{(l)}, \gamma^{(l)})$, 按照以下抽取 $\theta^{(l+1)} = (\beta^{(l+1)}, \alpha^{(l+1)}, \gamma^{(l+1)})$ 和 $\tau^{2(l+1)}$.

(1) 抽取 $\tau^{2(l+1)}$:

$$p(\tau^2 | \alpha) \propto (\tau^2)^{-\frac{K}{2} - a_\tau - 1} \exp\left\{ -\frac{(\alpha^{(l)} - \alpha_0)^{\mathrm{T}}(\alpha^{(l)} - \alpha_0) + 2b_\tau}{2\tau^2} \right\}. \qquad (4\text{-}14)$$

(2) 抽取 $\alpha^{(l+1)}$:

$$p(\alpha | Y, X, Z, U, \beta, \gamma, \tau^2) \propto \exp\left\{ -\frac{1}{2}(\alpha - \alpha_0^*)^{\mathrm{T}} b_\alpha^{*-1} (\alpha - \alpha_0^*) \right\}, \qquad (4\text{-}15)$$

其中 $\alpha_0^* = b_\alpha^*(\tau^{2(l+1)-1} I_K \alpha_0 + B^{\mathrm{T}}\Sigma^{(l)-1}(Y - X\beta^{(l)}))$; $b_\alpha^* = (\tau^{2(l+1)-1} I_K + B^{\mathrm{T}}\Sigma^{(l)-1}B)^{-1}$, I_K 是单位阵.

(3) 抽取 $\beta^{(l+1)}$:

$$p(\beta | Y, X, Z, U, \alpha, \gamma) \propto \exp\left\{ -\frac{1}{2}(\beta - \beta_0^*)^{\mathrm{T}} b_\beta^{*-1} (\beta - \beta_0^*) \right\}, \qquad (4\text{-}16)$$

其中 $\beta_0^* = b_\beta^*(b_\beta^{-1}\beta_0 + X^{\mathrm{T}}\Sigma^{(l)^{-1}}(Y - B\alpha^{(l+1)})), b_\beta^* = (b_\beta^{-1} + X^{\mathrm{T}}\Sigma^{(l)^{-1}}X)^{-1}.$

(4) 抽取 $\gamma^{(l+1)}$:

$$
\begin{aligned}
p(\gamma|Y, X, Z, U, \beta, \alpha) \propto |\Sigma|^{-\frac{1}{2}} \exp \bigg\{ &-\frac{1}{2}(Y - X\beta^{(l+1)} - B\alpha^{(l+1)})^{\mathrm{T}}\Sigma^{-1}(Y \\
&- X\beta^{(l+1)} - B\alpha^{(l+1)}) - \frac{1}{2}(\gamma - \gamma_0)^T B_\gamma^{-1}(\gamma - \gamma_0) \bigg\}.
\end{aligned} \quad (4\text{-}17)
$$

这里, $\Sigma = \mathrm{diag}\{h(Z_1^{\mathrm{T}}\gamma), \cdots, h(Z_n^{\mathrm{T}}\gamma)\}.$

Step 4 重复 Step 2 和 Step 3.

这样我们就通过以上算法产生了样本序列 $(\beta^{(t)}, \alpha^{(t)}, \gamma^{(t)}, \tau^{2(t)}), t = 1,$ $2, \cdots$. 从 (4-14) 式 ~(4-16) 式中很容易发现, 条件分布 $p(\tau^2|\alpha), p(\alpha|Y, X, Z, U, \beta,$ $\gamma, \tau)$ 和 $p(\beta|Y, X, Z, U, \alpha, \gamma)$ 是一些非常熟悉的分布, 如逆 Gamma 分布和正态分布. 从这些标准分布抽取随机数是比较容易的, 但是条件分布 $p(\gamma|Y, X, Z, U, \beta, \alpha)$ 是一个不熟悉且相当复杂的分布, 这样从这个分布中抽取随机数也变得相当困难. 但是, Metro-polis-Hastings 算法就被应用来从这个分布中抽取随机数. 我们选择正态分布 $N(\gamma^{(l)}, \sigma_\gamma^2\Omega_\gamma^{-1})$ 作为建议分布 (Roberts,1996; Lee and Zhu, 2000), 其中通过选择 σ_γ^2 来使得接受概率在 0.25 与 0.45 之间 (Gelman et al., 1995), 且取

$$
\Omega_\gamma = \frac{1}{2}\sum_{i=1}^n \frac{(Y_i - X_i^{\mathrm{T}}\beta^{(l+1)} - \pi(U_i)^{\mathrm{T}}\alpha^{(l+1)})^2}{h(Z_i^{\mathrm{T}}\gamma^{(l)})} Z_i Z_i^{\mathrm{T}} + B_\gamma^{-1}.
$$

Metropolis-Hastings 算法按照以下应用: 在目前值 $\gamma^{(l)}$ 和第 $(l+1)$ 次迭代时, 从 $N(\gamma^{(l)}, \sigma_\gamma^2\Omega_\gamma^{-1})$ 中产生一个新的备选 γ^*, 且按照以下概率决定是否接受

$$
\min \left\{ 1, \frac{p(\gamma^*|Y, X, Z, U, \beta, \alpha)}{p(\gamma^{(l)}|Y, X, Z, U, \beta, \alpha)} \right\}.
$$

4.2.2.4 贝叶斯推断

利用以上提出的计算过程产生观测值来获得参数 β, α 和 γ 的贝叶斯估计和它们的标准误.

令 $\{\theta^{(j)} = (\beta^{(j)}, \alpha^{(j)}, \gamma^{(j)}) : j = 1, 2, \cdots, J\}$, 通过混合算法从联合条件分布 $p(\beta, \alpha, \gamma|Y, X, Z, U)$ 中产生的观测值, 那么 β, α 和 γ 的贝叶斯估计为

$$
\hat{\beta} = \frac{1}{J}\sum_{j=1}^J \beta^{(j)}, \quad \hat{\alpha} = \frac{1}{J}\sum_{j=1}^J \alpha^{(j)}, \quad \hat{\gamma} = \frac{1}{J}\sum_{j=1}^J \gamma^{(j)}.
$$

像文献 (Geyer, 1992) 中展示的一样, 当 J 趋于无穷时, $\hat{\theta} = (\hat{\beta}, \hat{\alpha}, \hat{\gamma})$ 是对应后验均值向量的相合估计. 类似地, 后验协方差矩阵 $\mathrm{Var}(\theta|Y, X, Z, U)$ 的相合估计可以通过观测 $\{\theta^{(j)} : j = 1, 2, \cdots, J\}$ 的样本协方差矩阵来获得, 即

$$\widehat{\mathrm{Var}}(\theta|Y,X,Z,U) = (J-1)^{-1}\sum_{j=1}^{J}(\theta^{(j)}-\hat{\theta})(\theta^{(j)}-\hat{\theta})^{\mathrm{T}}.$$

这样, 后验标准误可以通过该矩阵的对角元素来获得.

4.2.3 模拟研究

在这节我们通过一个模拟研究来说明我们所提出的贝叶斯方法的有效性.

在模拟中, 均值模型结构为 $\mu_i = X_i^{\mathrm{T}}\beta + 0.5\sin(2\pi U_i)$, 其中 U_i 服从均匀分布 $U(0,1)$, X_i 是一个 3×1 维向量, 其中的元素独立产生于均匀分布 $U(-1,1)$, $\beta = (1,-0.5,0.5)^{\mathrm{T}}$. 方差模型结构为 $\log\sigma_i^2 = Z_i^{\mathrm{T}}\gamma$, 其中 $\gamma = (1,-0.5,0.5)^{\mathrm{T}}$, Z_i 是一个 3×1 维向量, 且其中的元素独立产生于均匀分布 $U(-1,1)$. 在下面的模拟中, 我们使用三次 B 样条.

为了调查贝叶斯估计对先验分布的敏感程度, 我们考虑以下有关未知参数 β, α,γ,τ^2 的先验分布中超参数值的设置的三种情形.

情形 I: $\beta_0 = (0,0,0)^{\mathrm{T}}$, $b_\beta = I_3$, $\gamma_0 = (0,0,0)^{\mathrm{T}}$, $B_\gamma = I_3$, $\alpha_0 = (0,\cdots,0)^{\mathrm{T}}$, $a_\tau = 1, b_\tau = 1$. 这些超参数值的设置代表的是没有先验信息的情况.

情形 II: $\beta_0 = (1,-0.5,0.5)^{\mathrm{T}}$, $b_\beta = I_3$, $\gamma_0 = (1,-0.5,0.5)^{\mathrm{T}}$, $B_\gamma = I_3$, $\alpha_0 = (0,\cdots,0)^{\mathrm{T}}$, $a_\tau = 1, b_\tau = 1$. 这种就被看作拥有很好的先验信息的情形.

情形 III: $\beta_0 = 3\times(1,-0.5,0.5)^{\mathrm{T}}$, $b_\beta = I_3$, $\gamma_0 = 3\times(1,-0.5,0.5)^{\mathrm{T}}$, $B_\gamma = I_3$, $\alpha_0 = (0,\cdots,0)^{\mathrm{T}}$, $a_\tau = 1, b_\tau = 1$. 这种就被看作拥有不精确的先验信息的情形.

在上面的各种环境下, 联合 Gibbs 抽样和 Metropolis-Hastings 算法的混合算法被用来计算未知参数和光滑函数的贝叶斯估计. 在模拟中我们分别令样本量 $n = 70$ 和 $n = 150$. 对于每一种情形, 我们重复计算 100 次. 对于每次重复产生的数据集, MCMC 算法的收敛性可以通过 EPSR 值 (Gelman,1996) 来检验, 并且我们在每次运行中观测得到在 5000 次迭代以后 EPSR 值都小于 1.2. 因此在每次重复计算中丢掉前 5000 次迭代以后再收集 $J = 5000$ 个样本来产生贝叶斯估计. 参数贝叶斯估计的模拟结果概括在表 4-4 中. 为了调查估计函数 $g(U)$ 的精确度, 我们画出了

表 4-4 模拟研究中, 在不同先验分布情况下未知参数的贝叶斯估计结果

情形	参数	$n = 70$			$n = 150$		
		EST	SD	RMS	EST	SD	RMS
I	β_1	0.9848	0.2021	0.1811	0.9937	0.1303	0.1418
	β_2	-0.4711	0.1990	0.1825	-0.4861	0.1312	0.1393
	β_3	0.4455	0.1991	0.2050	0.4865	0.1303	0.1399
	γ_1	0.8808	0.3322	0.3072	0.9579	0.2116	0.2335
	γ_2	-0.4474	0.3329	0.2753	-0.4645	0.2132	0.2029

续表

情形	参数	$n = 70$			$n = 150$		
		EST	SD	RMS	EST	SD	RMS
I	γ_3	0.5129	0.3317	0.2771	0.5034	0.2140	0.2080
II	β_1	1.0063	0.1937	0.2153	1.0116	0.1293	0.1336
	β_2	−0.5051	0.1936	0.2028	−0.4949	0.1296	0.1251
	β_3	0.5098	0.1930	0.1952	0.4750	0.1302	0.1416
	γ_1	0.9961	0.3302	0.3018	0.9945	0.2141	0.2134
	γ_2	−0.5119	0.3329	0.3139	−0.5418	0.2161	0.2001
	γ_3	0.4978	0.3268	0.3039	0.5100	0.2137	0.2308
III	β_1	1.0625	0.1883	0.2158	1.0177	0.1275	0.1305
	β_2	−0.5624	0.1924	0.1998	−0.5138	0.1271	0.1381
	β_3	0.5464	0.1875	0.1960	0.4918	0.1264	0.1477
	γ_1	1.2084	0.3357	0.3774	1.0893	0.2143	0.2442
	γ_2	−0.6243	0.3333	0.3305	−0.5246	0.2147	0.2136
	γ_3	0.6227	0.3335	0.3190	0.5342	0.2165	0.2091

在不同样本量和三种先验分布情形下非参数函数的平均估计曲线和真实曲线, 并且展示在图 4-8 和图 4-9 中.

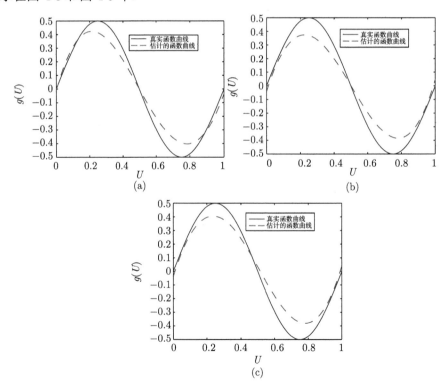

图 4-8　当 $n = 70$ 时, 三种先验分布情形下 $g(U)$ 的真实曲线和平均估计曲线图

(a) 情形 I; (b) 情形 II; (c) 情形 III

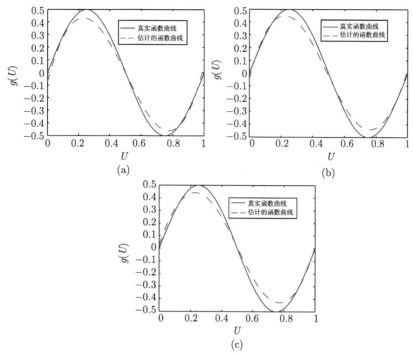

图 4-9 当 $n = 150$ 时, 三种先验分布情形下 $g(U)$ 的真实曲线和平均估计曲线图

(a) 情形 I; (b) 情形 II; (c) 情形 III

在表 4-4 中, "EST" 表示基于 100 次重复计算未知参数的贝叶斯估计, "SD" 表示 4.2.2 节中给出的后验标准误的平均估计和 "RMS" 表示的是基于 100 次重复计算的贝叶斯估计的均方误差的算术平方根. 从表 4-4 中我们可以获得: ①在估计的偏差、RMS 和 SD 值方面, 不管何种先验信息贝叶斯估计都相当精确; ②在样本量比较小的时候, 贝叶斯估计对先验信息不是特别的敏感, 但是当样本量变得很大时, 先验信息对贝叶斯估计的结果就变得一点也不敏感; ③当样本量逐渐变大时, 估计也变得越来越好, 特别是对方差模型中的参数表现得比较明显. 图 4-8 和图 4-9 中展示了不管何种先验信息, 估计出来的非参数函数的曲线与相应的真实函数的曲线逼近得都比较好. 总之, 所有以上的结果可以看出 4.2.2 节所提出的估计方法能很好地恢复 SEJMVMs 中的真实信息.

为了调查非参数函数 $g(U)$ 的贝叶斯估计对内节点数选择的敏感性, 我们考虑有关 K 的其他两种选择, 即 $K_1 = \lfloor K_0/1.5 \rfloor$ 和 $K_2 = \lfloor 1.5K_0 \rfloor$, 其中 K_0 是最优的内节点数, $\lfloor s \rfloor$ 表示不大于 s 的最大整数. 在这里, 我们仅仅列出在不同的 K 下, 且当 $n = 70$ 时贝叶斯估计结果, 结果分别列在表 4-5 和图 4-10、图 4-11 中. 通过观测表 4-5, 并且和表 4-4 相比较, 我们可以得到不管 K 取何值, 在 SD 和 RMS 值上表现出贝叶斯估计都是相当精确的. 从图 4-10 和图 4-11 中, 我们也可以发现非参数函数的平均估计曲线和表 4-1 中的表现是非常相似的.

表 4-5 　当 $n = 70$ 时在不同 K 值下参数的贝叶斯估计结果

情形	参数	K_1			K_2		
		EST	SD	RMS	EST	SD	RMS
I	β_1	0.9450	0.1975	0.2297	0.9590	0.1966	0.1705
	β_2	-0.4857	0.1991	0.1817	-0.4952	0.1986	0.2069
	β_3	0.4909	0.1999	0.2110	0.4618	0.1962	0.1929
	γ_1	0.8286	0.3324	0.3857	0.9204	0.3280	0.2940
	γ_2	-0.4549	0.3251	0.3058	-0.4685	0.3361	0.3245
	γ_3	0.4230	0.3203	0.3010	0.4359	0.3365	0.2994
II	β_1	1.0191	0.1937	0.1733	1.0168	0.1956	0.1861
	β_2	-0.4777	0.1933	0.1924	-0.4960	0.1917	0.1917
	β_3	0.5023	0.1938	0.1905	0.4810	0.1911	0.1961
	γ_1	1.0835	0.3247	0.3298	1.0543	0.3394	0.3047
	γ_2	-0.5021	0.3303	0.2990	-0.5597	0.3347	0.2982
	γ_3	0.5398	0.3269	0.3051	0.4676	0.3371	0.3126
III	β_1	1.0699	0.1838	0.2242	1.0682	0.1863	0.1835
	β_2	-0.4922	0.1841	0.2085	-0.5524	0.1886	0.2133
	β_3	0.5267	0.1839	0.1781	0.5138	0.1856	0.1911
	γ_1	1.2961	0.3256	0.4270	1.2609	0.3336	0.3970
	γ_2	-0.6203	0.3304	0.3163	-0.6427	0.3421	0.3665
	γ_3	0.5892	0.3281	0.3267	0.6145	0.3416	0.3103

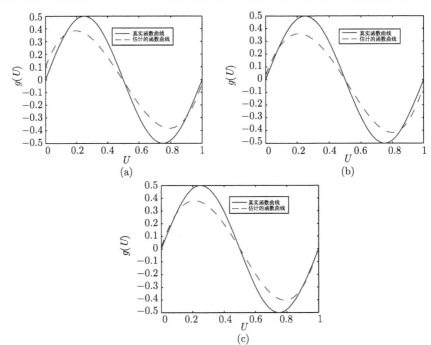

图 4-10　当 $n = 70$ 时, K_1 和三种先验分布情形下 $g(U)$ 的真实曲线和平均估计曲线图

(a) 情形 I; (b) 情形 II; (c) 情形 III

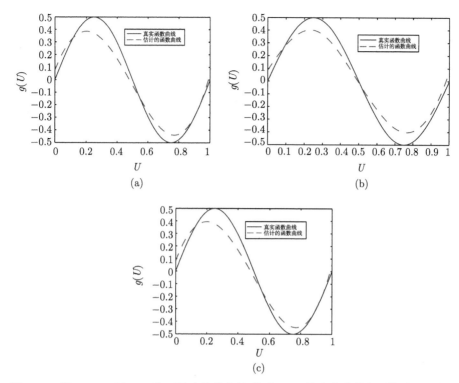

图 4-11 当 $n = 70$ 时, K_2 和三种先验分布情形下 $g(U)$ 的真实曲线和平均估计曲线图

(a) 情形 I; (b) 情形 II; (c) 情形 III

4.2.4 实际数据分析

在这节中我们把 4.2.2 节所提出来的方法运用到豚草花粉水平数据, 这个数据曾经被 Ruppert 等 (2003) 分析过. 这个数据记录了密歇根卡拉马祖豚草属季节 87 天中每天的豚草花粉水平以及相关信息的观测数据. 我们主要感兴趣的是发展一种合适的模型来预测每天豚草花粉水平. 这个数据的响应变量是每天豚草花粉水平 (grains/m³). 解释变量主要有, X_1 表示雨量的指示变量, $X_1 = 1$ 表示有至少 3 个小时平稳或者短暂但是强烈的雨量, 否则其他情况表示为 $X_1 = 0$; X_2 表示温度 (°F); X_3 表示风速 (knots). 首先我们先把协变量 X 标准化. 因为响应变量是有偏的, Ruppert 等 (2003) 建议先做变换处理, 即 $Y = \sqrt{\text{ragweed}}$. 从文献 (Ruppert et al., 2003) 中的散点图上也可以看出响应变量 Y 和天数 (day) 之间有一种很强的非线性关系. 因此, 基于非参数函数 $\hat{f}(\text{day})$ 的半参数回归模型来描述这种关系是合理的. 以下我们考虑半参数均值–方差模型:

$$
\begin{cases}
Y_i \sim N(\mu_i, \sigma_i^2), \\[2mm]
\mu_i = \hat{f}(\text{day}) + \displaystyle\sum_{j=1}^{3} \beta_j X_{ij}, \\[4mm]
\log \sigma_i^2 = \displaystyle\sum_{j=1}^{3} \gamma_j Z_{ij}, \\[4mm]
i = 1, \cdots, 87,
\end{cases}
$$

其中 $Z_{ij} = X_{ij}, j = 1, 2, 3.$

　　我们用提出的混合算法来获得未知参数 β 和 γ 的贝叶斯估计, 且取 $K = 2$, 并用 B 样条逼近未知非参数函数. 在 Metropolis-Hastings 算法中, 我们令建议分布中的 $\sigma_\gamma^2 = 2.4^2/3$, 且使得接受概率为 30.91%. 为了测试算法的收敛性, 我们画出了所有未知参数的 EPSR 值的图, 如图 4-12 所示, 从图中也能看出 1000 次迭代以后所有参数的 EPSR 值都小于 1.2, 这也表示 1000 次迭代以后算法都收敛了. 分别计算 β 和 γ 的贝叶斯估计 (EST) 和标准误估计 (SD), 结果列在表 4-6 中. 图 4-13 也展示了非参数函数 $\hat{f}(\text{day})$ 的贝叶斯估计曲线.

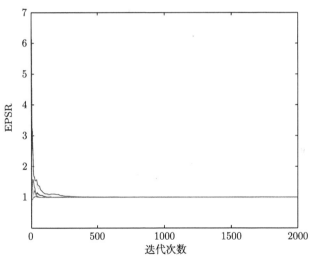

图 4-12　实际数据分析中所有参数的 EPSR 值 (彩图请扫书后二维码)

表 4-6　实际数据分析中的贝叶斯估计以及其标准误

参数	β_1	β_2	β_3	γ_1	γ_2	γ_3
EST	1.2196	0.6747	0.3445	1.2806	1.4307	0.1962
SD	0.2850	0.2787	0.1366	0.1870	0.2104	0.1816

　　从表 4-6 中可以得到以下观测结果: ①所有被估计出来的系数是正的, 这也蕴

涵着随着选出来的每一个协变量的增加, 豚草花粉水平也增加; ②均值模型中 X_1 和方差模型中的 X_1, X_2 均与 Y 表现出很强的关系, 这也蕴涵着充足的雨量能较强地影响豚草花粉水平. 另外, 图 4-13 展示了豚草花粉水平与天数表现出很强的非线性关系, 并且描述了非参数函数估计 $\hat{f}(\text{day})$ 很快地爬到顶峰, 大概在 25 天附近, 直到 70 天左右趋于平稳.

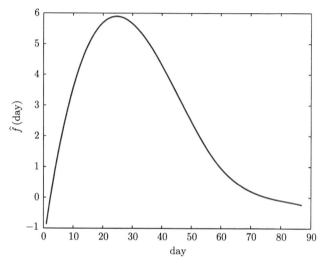

图 4-13 基于贝叶斯方法获得的非参数函数 $\hat{f}(\text{day})$ 的估计曲线

4.2.5 小结

4.2 节考虑了半参数均值–方差模型的贝叶斯估计. 基于 B 样条逼近非参数函数, 应用联合 Gibbs 抽样和 Metropolis-Hastings 算法的混合算法来获得模型中未知参数的贝叶斯估计, 通过模拟研究和实际数据分析来说明所提出的贝叶斯分析方法是有效的. 结果分析也展示了所提出的贝叶斯方法是有效的且计算是快速的.

第5章 偏正态异方差模型

5.1 异方差检验

5.1.1 引言

统计分布是用来描述随机现象的基本工具, 是统计研究的基础, 任何统计方法都离不开统计分布的概念和各种具体分布的性质. 正态分布在统计分布中占有重要的地位. 近年来, 偏正态分布 (Skewness Normal Distribution, SND) 成为非对称分布研究的重要分支, 应用在很多领域中, 如金融、经济、社会科学、气候科学、环境科学、工程技术和生物学等, 经常会遇到响应变量具有非对称的情形, 而且常伴有尖锋厚尾的特征. 由于这个原因, 最近几年有关非正态分布的建模分析引起了相当的关注. 偏正态分布就是其中重要的一种, 是正态分布的一种重要扩展, 它有一个额外的形状参数, 代表了该分布非对称的方向. 有关这个内容已经有很多研究, 具体可以参见文献 (Diggle and Verbyla, 1998; Pourahmadi, 1999, 2000; Fan et al., 2007). 最近, Cancho 等 (2010) 分析了非线性回归模型, 其中误差分布用偏正态分布 (Sahu et al.,2003) 代替了正态分布. 当考虑的数据是厚尾和非对称时, Lin 等 (2009a) 讨论了偏态 t 分布的诊断方法, 它是一般正态回归模型的有用扩展. Xie 等 (2009a) 讨论了 AR(1) 误差结构下偏态非线性回归模型的一些诊断方法. 在这些文献中, 响应变量的均值大部分是通过联系函数和线性预测相关的. 线性预测中包含未知回归参数, 总之大部分都是有关参数模型下的统计推断问题. 然而在实际中, 有关协变量的线性假设通常是不一定满足的, 这就需要考虑偏正态半参数回归模型建模. 半参数回归模型保留了参数模型和非参数模型的共同优点. 这启发我们考虑一类半参数变系数模型. 于是, 本节我们基于偏正态分布考虑半参数变系数模型, 这也减弱了误差分布是正态分布的假设.

近年来, 已经有很多不同的方法来拟合半参数变系数模型, 如核光滑方法, 经验似然方法和样条方法等. Fan 和 Gijbels(1996) 使用了局部线性方法. Xue 和 Zhu(2007) 基于经验似然方法讨论了纵向数据变系数模型. 在半参数变系数模型中, 当参数部分和非参数部分的协变量具有测量误差的时候, Zhao 和 Xue(2010) 基于 B 样条方法研究了参数部分和非参数部分的变量选择方法. 另外, 最近 B 样条方法广泛地应用于拟合半参数变系数模型, 它具有很多优点. 首先, 它不需要逐点去估计模型中的非参数部分, 即不考虑局部质量而是考虑全局质量, 这也会降低计算的复杂性. 其次, 没有边际效应, 因此 B 样条方法能真实地拟合多项式数据.

然而, 当我们使用回归模型来分析数据时, 过散度 (或者欠散度) 问题在最近几年已经成为十分普遍的问题了. 如果考虑的回归模型不是同方差的情形, 那么处理起来就显得困难一点. 具体可以参见文献 (Wei et al., 1998; Lin et al., 2004; Wang and Zhang, 2009; Wong et al., 2009; Wu et al., 2013). 在以上所介绍的工作中, 主要关注的是偏正态误差的参数模型, 而不是变系数模型. 变系数模型也是我们在理论和实际上都感兴趣的模型, 因此我们考虑偏正态分布下半参数部分线性变系数模型的变尺度检验.

本节结构安排如下: 5.1.2 节描述了偏正态半参数变系数模型, B 样条方法以及计算算法, 同时也讨论得到了估计量的渐近性质; 5.1.3 节讨论了偏正态半参数变系数模型的变尺度的 score 检验; 5.1.4 节通过随机模拟调查了理论结果的有限样本性质, 其中包括估计的有限样本性质和 score 检验的功效; 5.1.5 节给出了 5.1.2 节中定理的证明; 5.1.6 节是小结.

5.1.2 模型和估计

5.1.2.1 模型

偏正态分布是正态分布的一种扩展, 它有一个额外的形状参数, 代表了该分布非对称的方向. 像文献 (Sahu et al.,2003) 中考虑的一样, 一个随机变量 Z 的密度函数为

$$f_Z(z) = \frac{2}{\sigma} \phi\left(\frac{z-\mu}{\sigma}\right) \Phi\left(\lambda\frac{z-\mu}{\sigma}\right),$$

其中 $\phi(\cdot)$ 是标准正态密度函数,$\Phi(\cdot)$ 是标准正态分布函数, 则称 Z 服从一个刻度参数为 μ, 尺度参数为 σ^2, 偏度参数为 λ 的偏正态分布, 并且记为 $Z \sim \mathrm{SN}(\mu, \sigma^2, \lambda)$. 这表明偏正态分布是单峰的, 如果 $\lambda < 0$, 表明分布有一个负的偏度; 如果 $\lambda > 0$, 表明分布有一个正的偏度; 如果 $\lambda = 0$, 我们就得到对称正态分布 $N(\mu, \sigma^2)$. 有关随机变量 Z 及其矩估计、偏度和峰度的重要性质, 以及包括多元的情况具体参见文献 (Bolfarine et al., 2007).

偏正态半参数变系数模型定义如下

$$Y_i = X_i^{\mathrm{T}}\beta + Z_i^{\mathrm{T}}\alpha(u_i) + \varepsilon_i, \quad i = 1, \cdots, n, \tag{5-1}$$

其中 Y_i 是响应变量, X_i 是解释变量向量, u_i 是一元的观测协变量, $\beta = (\beta_1, \cdots, \beta_p)^{\mathrm{T}}$ 是 $p \times 1$ 维未知回归系数向量, $\alpha(u_i) = (\alpha_1(u_i), \cdots, \alpha_d(u_i))^{\mathrm{T}}$ 是 $d \times 1$ 维未知光滑函数向量. Z_i 是与非参数部分相关的解释变量的观测值. 在本节中, 我们仅仅考虑一元协变量 u_i, 不失一般性, 就假设其在区间 $[0,1]$ 上, 并且假设随机误差 $\varepsilon_i \sim \mathrm{SN}(0, \sigma^2, \lambda)$.

5.1.2.2 基于 B 样条的极大似然估计

基于 (5-1) 式, 有对数似然

$$Q(\beta, \alpha(\cdot), \sigma^2, \lambda) = -\frac{n}{2}\log(2\pi\sigma^2) - \frac{1}{2}\sum_{i=1}^{n}\frac{(Y_i - X_i^{\mathrm{T}}\beta - Z_i^{\mathrm{T}}\alpha(u_i))^2}{\sigma^2}$$
$$+ \sum_{i=1}^{n}\log\Phi\left(\frac{\lambda(Y_i - X_i^{\mathrm{T}}\beta - Z_i^{\mathrm{T}}\alpha(u_i))}{\sigma}\right). \tag{5-2}$$

因为 $\alpha(\cdot)$ 是由非参数函数组成, (5-2) 式还不能直接进行优化. 那么, 类似于文献 (He et al.,2002), 用 B 样条基函数逼近来代替 (5-2) 式中的 $\alpha(\cdot)$. 更具体地, 令 $B(u) = (B_1(u), \cdots, B_L(u))^{\mathrm{T}}$ 是阶为 l 的 B 样条基函数, 其中 $L = k_n + l$, k_n 是内节点个数. 我们使用 B 样条基函数是因为它们具有有界支撑和数值上平稳的性质 (Schumaker,1981). 在本节中, 类似于文献 (He et al.,2005), 内节点个数选取为 $n^{1/5}$ 的整数部分. 那么, $\alpha_k(u)$ 可以按照以下逼近

$$\alpha_k(u) \approx B(u)^{\mathrm{T}}\delta_k, \quad k = 1, \cdots, d.$$

把这个式子替换到 (5-2) 式中, 我们就得到

$$\ell(\theta) = -\frac{n}{2}\log(2\pi\sigma^2) - \frac{1}{2}\sum_{i=1}^{n}\frac{(Y_i - X_i^{\mathrm{T}}\beta - W_i^{\mathrm{T}}\delta)^2}{\sigma^2} + \sum_{i=1}^{n}\log\Phi\left(\frac{\lambda(Y_i - X_i^{\mathrm{T}}\beta - W_i^{\mathrm{T}}\delta)}{\sigma}\right). \tag{5-3}$$

其中 $\theta = (\beta^{\mathrm{T}}, \delta^{\mathrm{T}}, \sigma^2, \lambda)^{\mathrm{T}}$, $\delta = (\delta_1^{\mathrm{T}}, \cdots, \delta_d^{\mathrm{T}})^{\mathrm{T}}$, $W_i = I_d \otimes B(u_i) \cdot Z_i$.

从 (5-3) 式中, 可以很容易获得 $\ell(\theta)$ 关于 θ 的前两阶导数. 一阶导数, 即得分函数和二阶导数列在下面. 记 θ 的得分函数为 $U(\theta) = (U_\beta^{\mathrm{T}}, U_\delta^{\mathrm{T}}, U_{\sigma^2}, U_\lambda)^{\mathrm{T}}$, 则

$$U_\beta = \sum_{i=1}^{n}\frac{(Y_i - X_i^{\mathrm{T}}\beta - W_i^{\mathrm{T}}\delta)X_i}{\sigma^2} - \sum_{i=1}^{n}\frac{\phi(k_i)}{\Phi(k_i)}\frac{\lambda X_i}{\sigma},$$

$$U_\delta = \sum_{i=1}^{n}\frac{(Y_i - X_i^{\mathrm{T}}\beta - W_i^{\mathrm{T}}\delta)W_i}{\sigma^2} - \sum_{i=1}^{n}\frac{\phi(k_i)}{\Phi(k_i)}\frac{\lambda W_i}{\sigma},$$

$$U_{\sigma^2} = -\frac{n}{2\sigma^2} + \sum_{i=1}^{n}\frac{(Y_i - X_i^{\mathrm{T}}\beta - W_i^{\mathrm{T}}\delta)^2}{2\sigma^4} - \sum_{i=1}^{n}\frac{\phi(k_i)}{\Phi(k_i)}\frac{\lambda(Y_i - X_i^{\mathrm{T}}\beta - W_i^{\mathrm{T}}\delta)}{2\sigma^3},$$

$$U_\lambda = \sum_{i=1}^{n}\frac{\phi(k_i)}{\Phi(k_i)}\frac{k_i}{\lambda},$$

其中 $k_i = \lambda\dfrac{(Y_i - X_i^{\mathrm{T}}\beta - W_i^{\mathrm{T}}\delta)}{\sigma}$.

$\ell(\theta)$ 的二阶导数为

$$\frac{\partial^2 \ell(\theta)}{\partial \beta \partial \beta^{\mathrm{T}}} = \sum_{i=1}^{n} \left[\lambda^2 Q(k_i) - 1 \right] \frac{X_i X_i^{\mathrm{T}}}{\sigma^2},$$

$$\frac{\partial^2 \ell(\theta)}{\partial \beta \partial \delta^{\mathrm{T}}} = \sum_{i=1}^{n} \left[\lambda^2 Q(k_i) - 1 \right] \frac{X_i W_i^{\mathrm{T}}}{\sigma^2},$$

$$\frac{\partial^2 \ell(\theta)}{\partial \beta \partial \sigma^2} = \sum_{i=1}^{n} \left[\frac{\lambda(k_i Q(k_i) + w(k_i))}{2\sigma^3} - \frac{d_i}{\sigma^3} \right] X_i,$$

$$\frac{\partial^2 \ell(\theta)}{\partial \beta \partial \lambda} = -\sum_{i=1}^{n} \left[k_i Q(k_i) + w(k_i) \right] \frac{X_i}{\sigma},$$

$$\frac{\partial^2 \ell(\theta)}{\partial \delta \partial \delta^{\mathrm{T}}} = \sum_{i=1}^{n} \left[\lambda^2 Q(k_i) - 1 \right] \frac{W_i W_i^{\mathrm{T}}}{\sigma^2},$$

$$\frac{\partial^2 \ell(\theta)}{\partial \delta \partial \sigma^2} = \sum_{i=1}^{n} \left[\frac{\lambda(k_i Q(k_i) + w(k_i))}{2\sigma^3} - \frac{d_i}{\sigma^3} \right] W_i,$$

$$\frac{\partial^2 \ell(\theta)}{\partial \delta \partial \lambda} = -\sum_{i=1}^{n} \left[k_i Q(k_i) + w(k_i) \right] \frac{W_i}{\sigma},$$

$$\frac{\partial^2 \ell(\theta)}{\partial \sigma^2 \partial \sigma^2} = \sum_{i=1}^{n} \left[\frac{1}{2\sigma^4} - \frac{d_i^2}{\sigma^4} + \frac{\lambda^2 d_i^2 Q(k_i)}{4\sigma^4} + \frac{3\lambda d_i w(k_i)}{4\sigma^4} \right],$$

$$\frac{\partial^2 \ell(\theta)}{\partial \sigma^2 \partial \lambda} = -\sum_{i=1}^{n} \left[k_i Q(k_i) + w(k_i) \right] \frac{d_i}{2\sigma^2},$$

$$\frac{\partial^2 \ell(\theta)}{\partial \lambda \partial \lambda} = \sum_{i=1}^{n} Q(k_i) \frac{k_i^2}{\lambda^2},$$

其中 $Q(k_i) = -w(k_i)(k_i + w(k_i))$.

参数 θ 的极大似然估计为 $\hat{\theta} = (\hat{\beta}^{\mathrm{T}}, \hat{\delta}^{\mathrm{T}}, \hat{\sigma}^2, \hat{\lambda})^{\mathrm{T}}$, 它可以通过 Newton-Raphson 方法迭代获得.

5.1.2.3 主要结论

下面定理概括了估计量的渐近性质. 令 β_0, σ_0^2, λ_0 和 $\alpha_0(\cdot)$ 分别是偏正态半参数变系数模型中 β, σ^2, λ 和 $\alpha(\cdot)$ 的真值. 定义 $\theta_0 = (\beta_0^{\mathrm{T}}, \delta_0^{\mathrm{T}}, \sigma_0^2, \lambda_0)^{\mathrm{T}}$, $\delta_0 = (\delta_{01}^{\mathrm{T}}, \cdots, \delta_{0d}^{\mathrm{T}})^{\mathrm{T}}$, 其中 $\delta_{0k}(k = 1, \cdots, d)$ 定义在 5.1.5 节的引理 5.5.1 中. 另外, 令 $\rho = (\beta^{\mathrm{T}}, \sigma^2, \lambda)^{\mathrm{T}}$ 和 $\rho_0 = (\beta_0^{\mathrm{T}}, \sigma_0^2, \lambda_0)^{\mathrm{T}}$. 为了获得本节中的定理, 需要以下正则条件.

(C5.1) 参数空间是紧的且真值 ρ_0 是参数空间的内点.

(C5.2) $\alpha_0(u)$ 在 $(0,1)$ 区间上 r 阶连续可微, 其中 $r \geqslant 2$.

(C5.3) U 的密度函数为区间 $[0,1]$ 上的有界正函数, 记为 $f(u)$. 进一步地, 我们假设 $f(u)$ 在区间 $(0,1)$ 上是连续可微的.

(C5.4) 令 $c_1, \cdots, c_{k_n}$ 是 $[0,1]$ 上的内节点. 进一步地, 我们令 $c_0 = 0, c_{k_n+1} = 1$, $v_i = c_i - c_{i-1}$ 和 $v = \max\{v_i\}$. 设存在一个常数 C_0 使得

$$\frac{v}{\min\{v_i\}} \leqslant C_0, \quad \max\{|v_{i+1} - v_i|\} = o\left(k_n^{-1}\right).$$

(C5.5) 对于足够大的 n, $\dfrac{k_n}{n} \sum_{i=1}^{n} W_i W_i^{\mathrm{T}}$ 的特征值是有界的正数.

(C5.6) $\lim\limits_{n \to \infty} E\left(-\dfrac{1}{n} \dfrac{\partial^2 \ell(\theta_0)}{\partial \rho \partial \rho^{\mathrm{T}}}\right) = \mathcal{I}_\rho$, 其中 $\mathcal{I}_\rho$ 是正定矩阵.

这些条件在很多实际情况下都是比较容易满足的条件. 条件 (C5.1) 和 (C5.3) 是常见的正则条件并且容易检验. 条件 (C5.2) 给出了 $\alpha_0(\cdot)$ 的光滑条件, 这决定了 B 样条估计 $\hat{\alpha}(u) = B(u)^{\mathrm{T}} \hat{\delta}$ 的收敛速度. 条件 (C5.4) 是 B 样条节点的一般条件. 这看起来很复杂, 但是针对内节点选择的某些特殊情况是很容易检验的. 条件表明 $s_0, \cdots, s_{k_n+1}$ 是 $[0,1]$ 上剖分的拟均匀序列. 例如, 我们在模拟中使用的等距离内节点就直接满足条件 (C5.4). 我们取节点数 k_n 为 $n^{1/(2r+1)}$ 的整数部分, 其中 r 定义在条件 (C5.2) 中, 且我们在模拟中取 $r = 2$. 对于这个节点数, 可以预期条件 (C5.5) 是成立的, 事实上这是 B 样条基函数的一种性质 (He and Shi, 1996). 条件 (C5.6) 确保了 Fisher 信息矩阵是存在且是正定的.

定理 5.1.1　假设条件 (C5.1)~(C5.6) 成立, 并且节点数满足 $k_n = O(n^{1/(2r+1)})$, 我们就有以下结论:

$$\sqrt{n}(\hat{\rho} - \rho_0) \xrightarrow{\mathcal{L}} N(0, \mathcal{I}_\rho^{-1}),$$

其中 $\hat{\rho} = (\hat{\beta}^{\mathrm{T}}, \hat{\sigma}^2, \hat{\lambda})^{\mathrm{T}}$.

定理 5.1.2　假设正则条件 (C5.1)~(C5.6) 成立且节点数满足 $k_n = O(n^{1/(2r+1)})$, 那么我们就有

$$\frac{1}{n} \sum_{i=1}^{n} (\hat{\alpha}_k(u) - \alpha_{0k}(u))^2 = O_p(n^{\frac{-2r}{2r+1}}), \quad k = 1, \cdots, d.$$

定理 5.1.2 蕴涵着 $\int_0^1 (\hat{\alpha}_k(u) - \alpha_{0k}(u))^2 du = O_p(n^{\frac{-2r}{2r+1}})$. 在光滑条件 (C5.2) 下, 这是估计 $\alpha_0(u)$ 的最优收敛速度. 有关定理 5.1.1 和定理 5.1.2 的证明具体参见 5.1.5 节.

5.1.3 方差齐性的 score 检验

在标准的偏正态半参数变系数模型中, Y_i 的方差是 $\left(1 - \dfrac{2\lambda^2}{(1+\lambda^2)\pi}\right)\sigma^2$, 其中

尺度参数 σ^2 是一个常数. 然而, 类似于文献 (Smyth,1989) 和 (Lin et al.,2004) 中提

到的一样, 实际尺度参数可能与第 i 个观测有关, 即 $\mathrm{Var}(Y_i) = \left(1 - \dfrac{2\lambda^2}{(1+\lambda^2)\pi}\right)\sigma_i^2$.

因此假若 Y_i 是变尺度的, Y_i 的方差就不是一个常数. 那么, 如果没有进一步假设的
话就不能进行任何推断, 因为它包含了很多的未知参数. 因此, 就很有必要进行变
尺度参数的齐性检验. 这节主要关注偏正态半参数变系数模型的变尺度检验.

为了实现这个目的, 与文献 (Smyth, 1989; Cook and Weisberg, 1983) 中一样,
把 σ^2 推广到 σ_i^2, 并且把 σ_i^2 建模成

$$\sigma_i^2 = \sigma^2 \cdot m(h_i, \gamma), \tag{5-4}$$

其中 σ^2 是一个未知参数, γ 是 $q \times 1$ 维未知向量, h_i 是解释变量向量; $m(\cdot)$ 是包含
尺度参数 γ 的已知的可微权函数. 现在令 $m_i = m(h_i, \gamma)$ 并假设对所有的 i, 存在
γ 的唯一的值 γ_0 使得 $m(h_i, \gamma_0) = 1$. 很明显地, 如果 $\gamma = \gamma_0$, 那么就有 $\sigma_i^2 = \sigma^2$,
则 Y_i 具有常数方差. 如果尺度参数依赖于一些解释变量 h_i, 一般有两种具体形式
来对变尺度进行建模: (i) 对数线性模型 $m(h_i, \gamma) = \exp\left(\sum\limits_{j=1}^{q} h_{ij}\gamma_j\right)$; (ii) 幂乘积模

型 $m(h_i, \gamma) = \prod\limits_{j=1}^{q} h_{ij}^{\gamma_j} = \exp\left(\sum\limits_{j=1}^{q} \gamma_j \log h_{ij}\right)$. 当然, (ii) 需要 h_{ij} 是严格正的, 而对

于 (i) 则没有任何限制. 在实际中, 根据领域知识和建模方便, 人们可以选择合适的
尺度权函数 $m(\cdot, \cdot)$ 和解释变量 h_i.

在上面假设下, 模型 (5-2) 中的尺度参数的齐性检验可以表达成

$$H_0 : \gamma = \gamma_0 \longleftrightarrow H_1 : \gamma \neq \gamma_0. \tag{5-5}$$

令 $\tau = (\gamma^{\mathrm{T}}, \theta^{\mathrm{T}})^{\mathrm{T}}$; 那么对于假设 (5-5), γ 是感兴趣的参数, θ 是讨厌参数, 针对模
型 (5-3) 和 (5-4), 除去与参数无关的常数, τ 的对数似然函数可以写成

$$\ell(\theta, \gamma) = -\frac{1}{2}\sum_{i=1}^{n} \log \sigma_i^2 - \frac{1}{2}\sum_{i=1}^{n} \frac{(Y_i - X_i^{\mathrm{T}}\beta - W_i^{\mathrm{T}}\delta)^2}{\sigma_i^2}$$
$$+ \sum_{i=1}^{n} \log \Phi\left(\frac{\lambda(Y_i - X_i^{\mathrm{T}}\beta - W_i^{\mathrm{T}}\delta)}{\sigma_i}\right). \tag{5-6}$$

基于对数似然函数 (5-6), 得分函数为

$$\frac{\partial \ell(\theta, \gamma)}{\partial \gamma} = -\frac{1}{2}\sum_{i=1}^{n} \frac{M_i}{m_i} + \frac{1}{2}\sum_{i=1}^{n} \frac{(Y_i - X_i^{\mathrm{T}}\beta - W_i^{\mathrm{T}}\delta)^2}{\sigma^2 m_i^2} M_i - \frac{1}{2}\sum_{i=1}^{n} w(k_i^*)\frac{k_i^* M_i}{m_i},$$

其中$M_i = \dfrac{\partial m(h_i, \gamma)}{\partial \gamma}$, $k_i^* = \lambda \dfrac{(Y_i - X_i^{\mathrm{T}}\beta - W_i^{\mathrm{T}}\delta)}{\sigma_i}$ 和 $w(k_i^*) = \dfrac{\phi(k_i^*)}{\Phi(k_i^*)}$. 那么, 假设 (5-5) 式的得分函数为

$$\left.\frac{\partial \ell(\theta, \gamma)}{\partial \gamma}\right|_{\hat{\tau}_0} = \{Mb\}_{\hat{\tau}_0},$$

其中$M = (M_1, \cdots, M_n)$, $b = (b_1, \cdots, b_n)^{\mathrm{T}}$, $b_i = -\dfrac{1}{2} + \dfrac{d_i^2}{2} - \dfrac{1}{2}w(k_i)k_i$, $d_i = \dfrac{Y_i - X_i^{\mathrm{T}}\beta - W_i^{\mathrm{T}}\delta}{\sigma}$, $\hat{\tau}_0 = (\gamma_0^{\mathrm{T}}, \hat{\theta}^{\mathrm{T}})^{\mathrm{T}}$ 表示在原假设下的极大似然估计. 通过直接计算, 我们可以获得 $\ell(\theta, \gamma)$ 关于参数 γ 和 θ 的二阶导数, 具体如下:

$$\frac{\partial^2 \ell(\theta, \gamma)}{\partial \gamma \partial \gamma^{\mathrm{T}}} = -\frac{1}{2}\sum_{i=1}^{n}[w(k_i)k_i + 1]\frac{m_i V_i - M_i M_i^{\mathrm{T}}}{m_i^2} + \frac{1}{2}\sum_{i=1}^{n}\frac{(m_i V_i - 2M_i M_i^{\mathrm{T}})d_i^{*2}}{m_i^2}$$

$$+ \frac{1}{4}\sum_{i=1}^{n}(w(k_i)k_i - w^2(k_i)k_i^2 - w(k_i)k_i^3)\frac{M_i M_i^{\mathrm{T}}}{m_i^2},$$

$$\frac{\partial^2 \ell(\theta, \gamma)}{\partial \gamma \partial \beta^{\mathrm{T}}} = \sum_{i=1}^{n}\left[\frac{1}{2}\lambda w(k_i^*) + \frac{1}{2}\lambda k_i^* Q(k_i^*) - d_i^*\right]\frac{M_i X_i^{\mathrm{T}}}{\sigma m_i^{\frac{3}{2}}},$$

$$\frac{\partial^2 \ell(\theta, \gamma)}{\partial \gamma \partial \delta^{\mathrm{T}}} = \sum_{i=1}^{n}\left[\frac{1}{2}\lambda w(k_i^*) + \frac{1}{2}\lambda k_i^* Q(k_i^*) - d_i^*\right]\frac{M_i W_i^{\mathrm{T}}}{\sigma m_i^{\frac{3}{2}}},$$

$$\frac{\partial^2 \ell(\theta, \gamma)}{\partial \gamma \partial \sigma^2} = \sum_{i=1}^{n}\left[\frac{1}{2}k_i^{*2} Q(k_i^*) + \frac{1}{2}k_i^* w(k_i^*) - d_i^{*2}\right]\frac{M_i}{2\sigma^2 m_i},$$

$$\frac{\partial^2 \ell(\theta, \gamma)}{\partial \gamma \partial \lambda} = -\frac{1}{2}\sum_{i=1}^{n}[k_i^* Q(k_i^*) + w(k_i^*)]\frac{k_i^* M_i}{\lambda m_i},$$

$$\frac{\partial^2 \ell(\theta, \gamma)}{\partial \beta \partial \beta^{\mathrm{T}}} = \sum_{i=1}^{n}\left[\lambda^2 Q(k_i^*) - 1\right]\frac{X_i X_i^{\mathrm{T}}}{\sigma^2 m_i},$$

$$\frac{\partial^2 \ell(\theta, \gamma)}{\partial \beta \partial \delta^{\mathrm{T}}} = \sum_{i=1}^{n}\left[\lambda^2 Q(k_i^*) - 1\right]\frac{X_i W_i^{\mathrm{T}}}{\sigma^2 m_i},$$

$$\frac{\partial^2 \ell(\theta, \gamma)}{\partial \beta \partial \sigma^2} = \sum_{i=1}^{n}\left[\frac{\lambda(k_i^* Q(k_i^*) + w(k_i^*))}{2\sigma^3 m_i} - \frac{d_i^*}{\sigma^3 m_i^{\frac{1}{2}}}\right]X_i,$$

$$\frac{\partial^2 \ell(\theta, \gamma)}{\partial \beta \partial \lambda} = -\sum_{i=1}^{n}[k_i^* Q(k_i^*) + w(k_i^*)]\frac{X_i}{\sigma m_i^{\frac{1}{2}}},$$

$$\frac{\partial^2 \ell(\theta, \gamma)}{\partial \delta \partial \delta^{\mathrm{T}}} = \sum_{i=1}^{n}\left[\lambda^2 Q(k_i^*) - 1\right]\frac{W_i W_i^{\mathrm{T}}}{\sigma^2 m_i},$$

$$\frac{\partial^2 \ell(\theta,\gamma)}{\partial\delta\partial\sigma^2} = \sum_{i=1}^{n} \left[\frac{\lambda(k_i^* Q(k_i^*) + w(k_i^*))}{2\sigma^3 m_i} - \frac{d_i^*}{\sigma^3 m_i^{\frac{1}{2}}} \right] W_i,$$

$$\frac{\partial^2 \ell(\theta,\gamma)}{\partial\delta\partial\lambda} = -\sum_{i=1}^{n} [k_i^* Q(k_i^*) + w(k_i^*)] \frac{W_i}{\sigma m_i^{\frac{1}{2}}},$$

$$\frac{\partial^2 \ell(\theta,\gamma)}{\partial\sigma^2\partial\sigma^2} = \sum_{i=1}^{n} \left[\frac{1}{2\sigma^4} - \frac{d_i^2}{\sigma^4} + \frac{\lambda^2 d_i^{*2} Q(k_i^*)}{4\sigma^4} + \frac{3\lambda d_i^* w(k_i^*)}{4\sigma^4 m_i^{\frac{1}{2}}} \right],$$

$$\frac{\partial^2 \ell(\theta,\gamma)}{\partial\sigma^2\partial\lambda} = -\sum_{i=1}^{n} [k_i^* Q(k_i^*) + w(k_i^*)] \frac{d_i^*}{2\sigma^2 m_i^{\frac{1}{2}}},$$

$$\frac{\partial^2 \ell(\theta,\gamma)}{\partial\lambda\partial\lambda} = \sum_{i=1}^{n} Q(k_i^*) \frac{k_i^{*2}}{\lambda^2},$$

其中 $V_i = \dfrac{\partial^2 m(h_i,\gamma)}{\partial\gamma\partial\gamma^{\mathrm{T}}}$ 和 $d_i^* = \dfrac{Y_i - X_i^{\mathrm{T}}\beta - W_i^{\mathrm{T}}\delta}{\sigma_i}$. 那么在原假设 H_0 下 τ 的观测信息矩阵是

$$J(\tau) = \begin{pmatrix} -\dfrac{\partial^2 \ell(\theta,\gamma)}{\partial\gamma\partial\gamma^{\mathrm{T}}} & -\dfrac{\partial^2 \ell(\theta,\gamma)}{\partial\gamma\partial\theta^{\mathrm{T}}} \\ -\dfrac{\partial^2 \ell(\theta,\gamma)}{\partial\theta\partial\gamma^{\mathrm{T}}} & -\dfrac{\partial^2 \ell(\theta,\gamma)}{\partial\theta\partial\theta^{\mathrm{T}}} \end{pmatrix} = \begin{pmatrix} -\ddot{\ell}_{\gamma\gamma}(\theta,\gamma) & -\ddot{\ell}_{\gamma\theta}(\theta,\gamma) \\ -\ddot{\ell}_{\theta\gamma}(\theta,\gamma) & -\ddot{\ell}_{\theta\theta}(\theta,\gamma) \end{pmatrix}.$$

其中 $\dfrac{\partial^2 \ell(\theta,\gamma)}{\partial\theta\partial\gamma^{\mathrm{T}}} = \left(\dfrac{\partial^2 \ell(\theta,\gamma)}{\partial\gamma\partial\theta^{\mathrm{T}}} \right)^{\mathrm{T}}$ 和 $\dfrac{\partial^2 \ell(\theta,\gamma)}{\partial\gamma\partial\theta^{\mathrm{T}}} = \left[\dfrac{\partial^2 \ell(\theta,\gamma)}{\partial\gamma\partial\beta^{\mathrm{T}}}, \dfrac{\partial^2 \ell(\theta,\gamma)}{\partial\gamma\partial\delta^{\mathrm{T}}}, \dfrac{\partial^2 \ell(\theta,\gamma)}{\partial\gamma\partial\sigma^2}, \right.$ $\left. \dfrac{\partial^2 \ell(\theta,\gamma)}{\partial\gamma\partial\lambda} \right]$. 这样, 在 H_0 下 score 检验统计量为

$$\mathrm{SC} = \{b^{\mathrm{T}} M^{\mathrm{T}} J_\tau^{\gamma\gamma} M b\}_{\hat\tau_0},$$

其中 $J_\tau^{\gamma\gamma}$ 是 $J(\tau)^{-1}$ 中对应于 γ 的左上角分块矩阵. 那么, 我们就有以下定理.

定理 5.1.3 在正则条件 (C5.1)~(C5.6) 和第 5.1.5 节中的 (C5.7) 成立下, 假若 H_0 成立, 统计量 SC 服从一个自由度为 q 的渐近卡方分布, 即

$$\mathrm{SC} = \{b^{\mathrm{T}} M^{\mathrm{T}} J_\tau^{\gamma\gamma} M b\}_{\hat\tau_0} \xrightarrow{\mathcal{L}} \chi^2(q).$$

SC 的渐近分布的证明, 即定理 5.1.3 的证明具体见 5.1.5 节.

5.1.4 模拟研究

在这节中我们通过模拟研究来确定提出的估计和检验过程的有限样本性质.

在模拟研究中我们考虑的模型为

$$Y_i = X_i^{\mathrm{T}}\beta + Z_i \alpha_0(u_i) + \varepsilon_i, \quad i = 1, \cdots, n,$$

其中 $\alpha_0(u_i) = 5.5 + 0.1\exp(2u_i - 1)$, $u_i \sim U(0,1)$ 和 $\varepsilon_i \sim \mathrm{SN}(0, \sigma_i^2, \lambda)$. $X_i = (X_{i1}, X_{i2}, X_{i3})^{\mathrm{T}}$, $X_{ij} \sim N(0, 1.7), j = 1,2,3$. $Z_{i1} \sim N(0, 1.5)$, $\beta_1 = 1, \beta_2 = 0.8, \beta_3 = 2.5$. $\sigma_i^2 = \sigma_0^2 m(h_{i1}, \gamma), \sigma_0 = 0.4$. $h_{i1} \sim N(0, 0.7), m(h_{i1}, \gamma) = \exp(h_{i1}\gamma), Z_{i1}, h_{i1}, X_{ij}$ 是相互独立模拟产生的.

首先我们检查模型的极大似然估计的表现. 在不同偏度参数 λ 和 $\gamma = 0$ 下, 且在样本量 $n = 100, 150, 200, 500$ 下重复随机模拟 1000 次. 模拟结果列在表 5-1~ 表 5-4 中. 另外, 用均方误差平方根 (RASE) 来评价 $\hat{\alpha}(u)$ 的估计精度, 定义为

$$\mathrm{RASE}(\hat{\alpha}) = \left\{ \frac{1}{n} \sum_{i=1}^{n} [\hat{\alpha}(u_i) - \alpha_0(u_i)]^2 \right\}^{\frac{1}{2}}.$$

进一步, $\alpha_0(\cdot)$ 的平均估计曲线展示在图 5-1~ 图 5-4 中.

表 5-1　当 $\gamma = 0$ 和 $\lambda = 1$ 时, 参数估计结果

$n = 100$	参数	β_1	β_2	β_3	σ^2	λ
	BIAS	0.0009	−0.0003	−0.0004	−0.0099	0.1046
	标准差	0.0266	0.0274	0.0267	0.0226	0.2609
$n = 150$	参数	β_1	β_2	β_3	σ^2	λ
	BIAS	0.0001	0.0003	−0.0010	−0.0058	0.0733
	标准差	0.0217	0.0202	0.0216	0.0182	0.1951
$n = 200$	参数	β_1	β_2	β_3	σ^2	λ
	BIAS	0.0007	0.0008	0.0002	−0.0044	0.0470
	标准差	0.0187	0.0185	0.0184	0.0157	0.1653
$n = 500$	参数	β_1	β_2	β_3	σ^2	λ
	BIAS	−0.0001	−0.0005	−0.0002	−0.0028	0.0193
	标准差	0.0113	0.0114	0.0118	0.0100	0.0971

表 5-2　当 $\gamma = 0$ 和 $\lambda = -1$ 时, 参数估计结果

$n = 100$	参数	β_1	β_2	β_3	σ^2	λ
	BIAS	−0.0016	−0.0006	0.0013	−0.0095	−0.1119
	标准差	0.0263	0.0266	0.0261	0.0229	0.2663
$n = 150$	参数	β_1	β_2	β_3	σ^2	λ
	BIAS	0.0007	0.0002	−0.0001	−0.0057	−0.0699
	标准差	0.0211	0.0212	0.0215	0.0188	0.2035
$n = 200$	参数	β_1	β_2	β_3	σ^2	λ
	BIAS	0.0002	0.0009	0.0009	−0.0044	−0.0438
	标准差	0.0180	0.0179	0.0181	0.0162	0.1635
$n = 500$	参数	β_1	β_2	β_3	σ^2	λ
	BIAS	−0.0001	−0.0000	−0.0004	−0.0019	−0.0191
	标准差	0.0113	0.0112	0.0116	0.0101	0.0933

表 5-3 当 $\gamma = 0$ 和 $\lambda = 0$ 时, 参数估计结果

$n = 100$	参数	β_1	β_2	β_3	σ^2	λ
	BIAS	−0.0018	0.0009	0.0005	−0.0146	−0.0084
	标准差	0.0314	0.0316	0.0324	0.0220	0.1428
$n = 150$	参数	β_1	β_2	β_3	σ^2	λ
	BIAS	−0.0001	0.0006	0.0010	−0.0087	0.0044
	标准差	0.0269	0.0261	0.0261	0.0182	0.1122
$n = 200$	参数	β_1	β_2	β_3	σ^2	λ
	BIAS	0.0000	0.0007	−0.0003	−0.0067	−0.0019
	标准差	0.0230	0.0225	0.0223	0.0158	0.0921
$n = 500$	参数	β_1	β_2	β_3	σ^2	λ
	BIAS	−0.0000	−0.0003	−0.0004	−0.0028	−0.0004
	标准差	0.0143	0.0140	0.0141	0.0101	0.0562

表 5-4 当 $\gamma = 0$ 时, 在不同偏度下 $\alpha_0(\cdot)$ 估计的 RASE 值

n	$\lambda = 1$	$\lambda = 0$	$\lambda = -1$
100	0.0233	0.0272	0.0238
150	0.0183	0.0223	0.0190
200	0.0163	0.0185	0.0160
500	0.0099	0.0119	0.0101

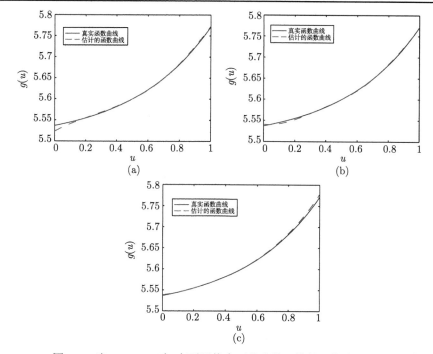

图 5-1 当 $n = 100$ 时, 在不同偏度下非参数函数的平均估计曲线

(a) $\lambda = 1$; (b) $\lambda = 0$; (c) $\lambda = -1$

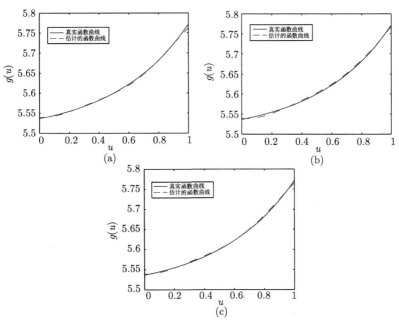

图 5-2　当 $n = 150$ 时, 在不同偏度下非参数函数的平均估计曲线

(a) $\lambda = 1$; (b) $\lambda = 0$; (c) $\lambda = -1$

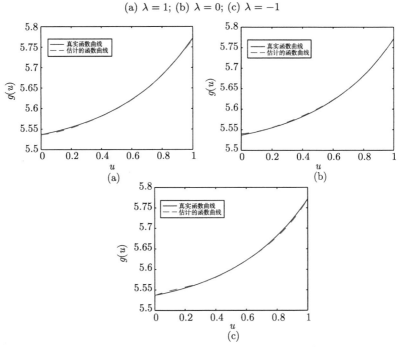

图 5-3　当 $n = 200$ 时, 在不同偏度下非参数函数的平均估计曲线

(a) $\lambda = 1$; (b) $\lambda = 0$; (c) $\lambda = -1$

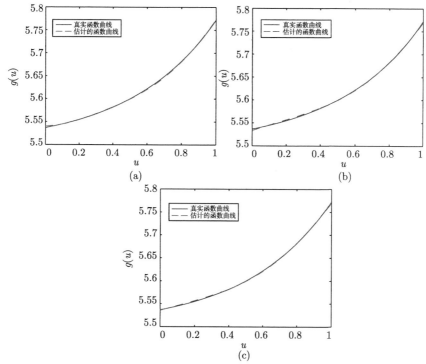

图 5-4 当 $n = 500$ 时, 在不同偏度下非参数函数的平均估计曲线

(a) $\lambda = 1$; (b) $\lambda = 0$; (c) $\lambda = -1$

从表 5-1～ 表 5-4 中我们可以清楚地看出以下事实. 首先, 随着样本量增大, 由本节提出的方法获得的估计的 BIAS 值和标准差逐渐变小. 其次, 随着样本量的增大, $\mathrm{RASE}(\hat{\alpha})$ 值也会变得越来越小. 这也反映了随着样本量的增大, 估计的曲线和相应的真实曲线拟合得越来越好, 与图 5-1～ 图 5-4 表现出来的现象是一致的. 最后, 当 $\gamma = 0$ 时, 在不同的偏度参数 λ 下, 参数部分和非参数部分的估计是类似的.

接着我们研究 score 统计量的功效. 在不同的偏度参数 λ 和 $\gamma = 0, 0.1, 0.3, 0.5$ 下, 我们在样本量 $n = 50, 100, 200, 300, 500, 800$ 下重复模拟 2000 次. 根据第 5.3 节中的方法计算出 score 检验统计量的值. 拒绝原假设次数的比例就是要计算的功效值. 这里, 所有统计量是跟临界值, 即水平 $\alpha = 0.05$ 的 χ_α^2 值进行比较的.

表 5-5 列出了在不同的 λ 值和样本量下检验统计量的功效. 检验 γ 的结果表明随着 n 增大, 检验的实际大小越接近 0.05, 并且随着 n 和 γ 增大, 检验的功效也增加得越快. 图 5-5～ 图 5-7 展示了 score 检验统计量和 $\chi^2(1)$ 分布的 QQ 图 (Quantile-Quantile Plot). 从这些图中我们可以发现, 随着样本量 n 增大, score 检验统计量就越来越接近 $\chi^2(1)$ 分布.

表 5-5　不同偏度和样本量下 SC 的功效, 其中 $\alpha = 0.05$

$\lambda = 1$	n	$\gamma = 0$	$\gamma = 0.1$	$\gamma = 0.3$	$\gamma = 0.5$
	50	0.0840	0.0995	0.2615	0.5165
	100	0.0665	0.1215	0.4145	0.8205
	200	0.0570	0.1475	0.7280	0.9845
	300	0.0485	0.1930	0.8870	0.9990
	500	0.0485	0.2830	0.9885	1
	800	0.0505	0.4330	1	1
$\lambda = 0$	n	$\gamma = 0$	$\gamma = 0.1$	$\gamma = 0.3$	$\gamma = 0.5$
	50	0.0895	0.1060	0.2640	0.4820
	100	0.0655	0.1115	0.4165	0.7750
	200	0.0550	0.1445	0.6935	0.9750
	300	0.0560	0.1815	0.8385	0.9955
	500	0.0545	0.2635	0.9760	0.9970
	800	0.0500	0.3730	0.9985	1
$\lambda = -1$	n	$\gamma = 0$	$\gamma = 0.1$	$\gamma = 0.3$	$\gamma = 0.5$
	50	0.0890	0.0995	0.2620	0.5310
	100	0.0610	0.1060	0.4320	0.8295
	200	0.0550	0.1515	0.7155	0.9825
	300	0.0540	0.1865	0.8860	0.9955
	500	0.0515	0.2860	0.9805	1
	800	0.0500	0.4465	1	1

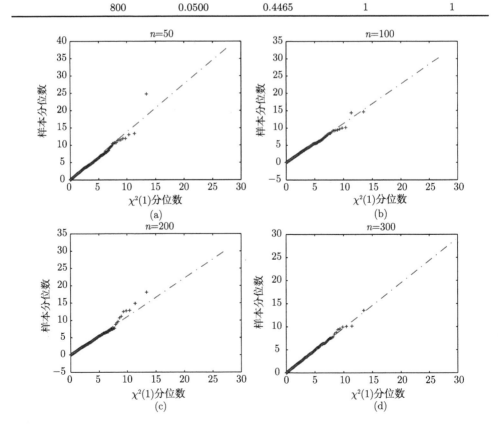

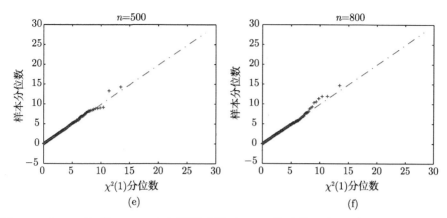

图 5-5 在 H_0 下, 当 $\lambda = 1$ 时, 不同样本量下 score 检验统计量和 $\chi^2(1)$ 分布的 QQ 图

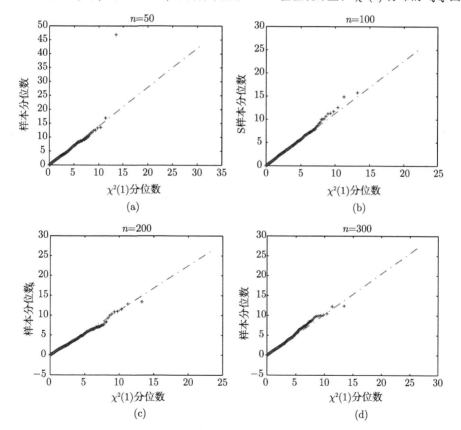

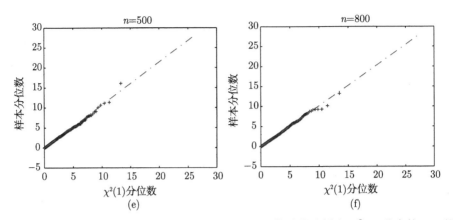

图 5-6　在 H_0 下, 当 $\lambda = 0$ 时, 不同样本量下 score 检验统计量和 $\chi^2(1)$ 分布的 QQ 图

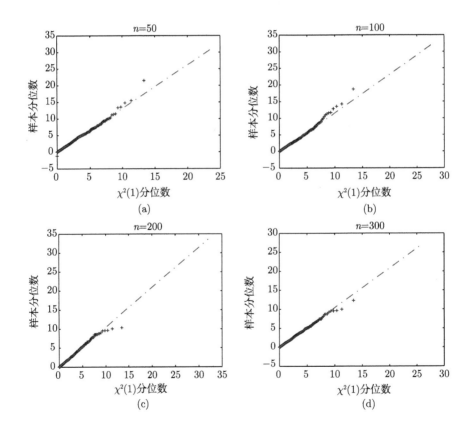

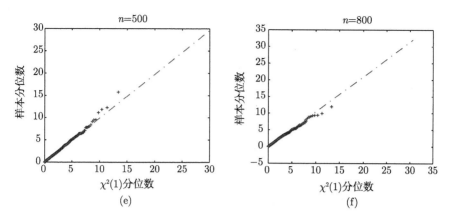

图 5-7　在 H_0 下, 当 $\lambda = -1$ 时, 不同样本量下 score 检验统计量和 $\chi^2(1)$ 分布的 QQ 图

5.1.5　定理的证明

根据文献 (Schumaker,1981) 中的定理 12.7, 我们很容易得到引理 5.1.1.

引理 5.1.1　在条件 (C5.2) 和 (C5.4) 下存在依赖于 α_{0k} 的 $\delta_{0k} \in R^L$ 和一个常数 C_k 使得

$$\sup_{u \in [0,1]} |\alpha_{0k} - B^{\mathrm{T}}(u)\delta_{0k}| \leqslant C_k k_n^{-r}, \quad k = 1, \cdots, d.$$

为了证明本节的定理, 我们引入一些符号. 令

$$X^* = (I - P)X, \quad P = W(W^{\mathrm{T}}W)^{-1}W^{\mathrm{T}}, \quad K_n = X^{*\mathrm{T}}X^*,$$

其中 $W = (W_1, W_2, \cdots, W_n)^{\mathrm{T}}$ 和 $X = (X_1, X_2, \cdots, X_n)^{\mathrm{T}}$.

引理 5.1.2　假设正则条件 (C5.1)$\sim$(C5.6) 成立和节点数满足 $k_n = O(n^{\frac{1}{2r+1}})$, 我们有

$$\left. \frac{1}{\sqrt{n}} \frac{\partial \ell(\theta)}{\partial \beta} \right|_{(\beta_0, \delta_0, \sigma_0^2, \lambda_0)} = \frac{1}{\sqrt{n}} \sum_{i=1}^{n} \frac{(Y_i - X_i^{\mathrm{T}}\beta_0 - Z_i^{\mathrm{T}}\alpha_0(u_i))X_i}{\sigma_0^2}$$

$$- \frac{1}{\sqrt{n}} \sum_{i=1}^{n} \frac{\phi(k_i^0)}{\Phi(k_i^0)} \frac{\lambda_0 X_i}{\sigma_0} + O_p(n^{\frac{-r}{2r+1}}),$$

其中 $k_i^0 = \lambda_0 \dfrac{Y_i - X_i^{\mathrm{T}}\beta_0 - Z_i^{\mathrm{T}}\alpha_0(u_i)}{\sigma_0}$.

证明　令 $R(u) = (R_1(u), \cdots, R_d(u))^{\mathrm{T}}$, $R_l(u) = \alpha_{0l}(u) - B(u)^{\mathrm{T}}\delta_{0l}, l = 1, \cdots, d.$

从引理 5.1.1 我们有 $\|R(u)\| = O(k_n^{-r})$. 通过直接的计算, 我们可以获得

$$
\left\| \frac{\partial \ell(\theta)}{\partial \beta} \right|_{(\beta_0, \delta_0, \sigma_0^2, \lambda_0)} - \sum_{i=1}^{n} \frac{(Y_i - X_i^{\mathrm{T}} \beta_0 - Z_i^{\mathrm{T}} \alpha_0(u_i)) X_i}{\sigma_0^2} + \sum_{i=1}^{n} \frac{\phi(k_i^0)}{\Phi(k_i^0)} \frac{\lambda_0 X_i}{\sigma_0} \right\|^2
$$

$$
= \left\| \sum_{i=1}^{n} \frac{(Z_i^{\mathrm{T}} \alpha_0(u_i) - W_i^{\mathrm{T}} \delta_0) X_i}{\sigma_0^2} + \sum_{i=1}^{n} (w(k_i^0) - w(k_{i0})) \frac{\lambda_0 X_i}{\sigma_0} \right\|^2
$$

$$
\leqslant \left\| \sum_{i=1}^{n} \frac{(Z_i^{\mathrm{T}} \alpha_0(u_i) - W_i^{\mathrm{T}} \delta_0) X_i}{\sigma_0^2} \right\|^2 + \left\| \sum_{i=1}^{n} (w(k_i^0) - w(k_{i0})) \frac{\lambda_0 X_i}{\sigma_0} \right\|^2
$$

$$
\leqslant \sum_{i=1}^{n} \frac{Z_i^{\mathrm{T}} Z_i X_i^{\mathrm{T}} X_i}{\sigma_0^4} \|R(u_i)\|^2 + \left\| \sum_{i=1}^{n} \left| \lambda_0 \frac{Z_i^{\mathrm{T}} \alpha_0(u_i) - W_i^{\mathrm{T}} \delta_0}{\sigma_0} \right| \frac{\lambda_0 X_i}{\sigma_0} \right\|^2
$$

$$
\leqslant \sum_{i=1}^{n} \frac{Z_i^{\mathrm{T}} Z_i X_i^{\mathrm{T}} X_i}{\sigma_0^4} \|R(u_i)\|^2 + \sum_{i=1}^{n} \lambda_0^2 \frac{Z_i^{\mathrm{T}} Z_i X_i^{\mathrm{T}} X_i}{\sigma_0^4} \|R(u_i)\|^2
$$

$$
\leqslant O_p(n k_n^{-2r}) = O_p(n^{\frac{1}{2r+1}}).
$$

其中 $k_{i0} = \lambda_0 \dfrac{Y_i - X_i^{\mathrm{T}} \beta_0 - W_i^{\mathrm{T}} \delta_0}{\sigma_0}$, 且根据 Lipschitz 条件, 第二个不等式可以通过 $|w(k_i^0) - w(k_{i0})| \leqslant |k_i^0 - k_{i0}|$ 获得. 这样, 我们完成了引理 5.1.2 的证明.

引理 5.1.3　假设正则条件 (C5.1)~(C5.6) 成立和节点数满足 $k_n = O(n^{\frac{1}{2r+1}})$, 有以下结论

$$
\frac{1}{\sqrt{n}} \frac{\partial \ell(\theta)}{\partial \rho} \bigg|_{(\beta_0, \delta_0, \sigma_0^2, \lambda_0)} \xrightarrow{\mathcal{L}} N(0, \mathcal{I}_\rho),
$$

其中 $\dfrac{\partial \ell(\theta)}{\partial \rho} = \left(\left(\dfrac{\partial \ell(\theta)}{\partial \beta} \right)^{\mathrm{T}}, \dfrac{\partial \ell(\theta)}{\partial \sigma^2}, \dfrac{\partial \ell(\theta)}{\partial \lambda} \right)^{\mathrm{T}}$.

证明　根据引理 5.1.2, 有

$$
\frac{1}{\sqrt{n}} \frac{\partial \ell(\theta)}{\partial \beta} \bigg|_{(\beta_0, \delta_0, \sigma_0^2, \lambda_0)}
$$

$$
= \frac{1}{\sqrt{n}} \sum_{i=1}^{n} \frac{(Y_i - X_i^{\mathrm{T}} \beta_0 - Z_i^{\mathrm{T}} \alpha_0(u_i)) X_i}{\sigma_0^2} - \frac{1}{\sqrt{n}} \sum_{i=1}^{n} \frac{\phi(k_i^0)}{\Phi(k_i^0)} \frac{\lambda_0 X_i}{\sigma_0} + o_p(1).
$$

类似地, 也有

$$
\frac{1}{\sqrt{n}} \frac{\partial \ell(\theta)}{\partial \sigma^2} \bigg|_{(\beta_0, \delta_0, \sigma_0^2, \lambda_0)} = -\frac{\sqrt{n}}{2\sigma_0^2} + \frac{1}{\sqrt{n}} \sum_{i=1}^{n} \frac{(Y_i - X_i^{\mathrm{T}} \beta_0 - Z_i^{\mathrm{T}} \alpha_0(u_i))^2}{2\sigma_0^4}
$$

$$
- \frac{1}{\sqrt{n}} \sum_{i=1}^{n} \frac{\phi(k_i^0)}{\Phi(k_i^0)} \frac{\lambda_0 (Y_i - X_i^{\mathrm{T}} \beta_0 - Z_i^{\mathrm{T}} \alpha_0(u_i))}{2\sigma_0^3} + o_p(1).
$$

$$\frac{1}{\sqrt{n}}\frac{\partial\ell(\theta)}{\partial\lambda}\bigg|_{(\beta_0,\delta_0,\sigma_0^2,\lambda_0)} = \frac{1}{\sqrt{n}}\sum_{i=1}^{n}\frac{\phi(k_i^0)}{\Phi(k_i^0)}\frac{k_i^0}{\lambda_0} + o_p(1).$$

令

$$\ell_0 = \begin{pmatrix} \dfrac{1}{\sqrt{n}}\sum_{i=1}^{n}\dfrac{(Y_i - X_i^{\mathrm{T}}\beta_0 - Z_i^{\mathrm{T}}\alpha_0(u_i))X_i}{\sigma_0^2} - \dfrac{1}{\sqrt{n}}\sum_{i=1}^{n}\dfrac{\phi(k_i^0)}{\Phi(k_i^0)}\dfrac{\lambda_0 X_i}{\sigma_0} \\[4mm] -\dfrac{\sqrt{n}}{2\sigma_0^2} + \dfrac{1}{\sqrt{n}}\sum_{i=1}^{n}\dfrac{(Y_i - X_i^{\mathrm{T}}\beta_0 - Z_i^{\mathrm{T}}\alpha_0(u_i))^2}{2\sigma_0^4} \\[4mm] -\dfrac{1}{\sqrt{n}}\sum_{i=1}^{n}\dfrac{\phi(k_i^0)}{\Phi(k_i^0)}\dfrac{\lambda_0(Y_i - X_i^{\mathrm{T}}\beta_0 - Z_i^{\mathrm{T}}\alpha_0(u_i))}{2\sigma_0^3} \cdot \dfrac{1}{\sqrt{n}}\sum_{i=1}^{n}\dfrac{\phi(k_i^0)}{\Phi(k_i^0)}\dfrac{k_i^0}{\lambda_0} \end{pmatrix}.$$

通过直接计算, 可以获得 $E(\ell_0) = 0$ 和 $\mathrm{Var}(\ell_0) \longrightarrow \mathcal{I}_\rho$. 利用 Lindeberg-Feller 中心极限定理, 我们有

$$\ell_0 \xrightarrow{\mathcal{L}} N(0, \mathcal{I}_\rho).$$

这样, 根据 Slustsky 定理, 得到

$$\frac{1}{\sqrt{n}}\frac{\partial\ell(\theta)}{\partial\rho}\bigg|_{(\beta_0,\delta_0,\sigma_0^2,\lambda_0)} \xrightarrow{\mathcal{L}} N(0, \mathcal{I}_\rho).$$

定理 5.1.1 的证明　通过直接计算, 我们有

$$\frac{\partial\ell(\theta)}{\partial\rho}\bigg|_{(\rho=\hat{\rho},\delta_0)} = \frac{\partial\ell(\theta)}{\partial\rho}\bigg|_{\theta=\theta_0} + \frac{\partial^2\ell(\theta)}{\partial\rho\partial\rho^{\mathrm{T}}}(\hat{\rho}-\rho_0)\bigg|_{\theta=\theta_0} + o_p(\hat{\rho}-\rho_0).$$

然后我们可以获得

$$\sqrt{n}(\hat{\rho}-\rho_0) = \left(-\frac{1}{n}\left(\frac{\partial^2\ell(\theta)}{\partial\rho\partial\rho^{\mathrm{T}}} + o_p(1)\right)\right)^{-1}\frac{1}{\sqrt{n}}\frac{\partial\ell(\theta)}{\partial\rho}\bigg|_{\theta=\theta_0}.$$

另外根据条件 (C5.6) 和大数定律, 我们有

$$-\frac{1}{n}\frac{\partial^2\ell(\theta_0)}{\partial\rho\partial\rho^{\mathrm{T}}} \xrightarrow{P} \mathcal{I}_\rho.$$

根据引理 5.1.3 和 Slustsky 定理, 我们有

$$\sqrt{n}(\hat{\rho}-\rho_0) \xrightarrow{\mathcal{L}} N(0, \mathcal{I}_\rho^{-1}).$$

定理 5.1.1 证毕.

定理 5.1.2 的证明　令

$$\xi(\beta,\delta)=\left(\begin{array}{c}\xi_1\\\xi_2\end{array}\right)=\left(\begin{array}{c}K_n^{1/2}(\beta-\beta_0)\\k_n^{-1/2}H_n(\delta-\delta_0)+k_n^{1/2}H_n^{-1}W^{\mathrm{T}}X(\beta-\beta_0)\end{array}\right),$$

$\hat\xi=\hat\xi(\hat\beta,\hat\delta)=(\hat\xi_1^{\mathrm{T}},\hat\xi_2^{\mathrm{T}})^{\mathrm{T}}$, 其中 $H_n^2=k_nW^{\mathrm{T}}W$, $\beta_0\in R^p$ 和 $\delta_0\in R^{dL}$. 类似于文献 (He et al.,2005) 中定理 1 的证明我们可以得到 $\|\hat\xi\|=O_p(k_n^{1/2})$. 由 ξ 的定义有

$$\|\hat\beta-\beta_0\|=\|K_n^{-1/2}\hat\xi_1\|=O_p(n^{-1/2}\|\hat\xi_1\|)=O_p(n^{-1/2}k_n^{1/2}).$$

另外, 由引理 5.1.1, 存在常数 $C_k,k=1,\cdots,d$, 使得

$$\frac{1}{n}\sum_{i=1}^n\{\hat\alpha_k(u)-\alpha_{0k}(u)\}^2\leqslant 2\frac{1}{n}\sum_{i=1}^n\{B^{\mathrm{T}}(u)\hat\delta_k-B^{\mathrm{T}}(u)\delta_{0k}\}^2+2C_kk_n^{-2r}$$
$$\leqslant 2n^{-1}\|\hat\xi_2\|^2+2\|k_n^{1/2}H_n^{-1}W^{\mathrm{T}}X(\hat\beta-\beta_0)\|^2+2C_k^2k_n^{-2r}$$
$$=O_p(n^{-1}\|\hat\xi_2\|^2)+O_p(\|\hat\beta-\beta_0\|^2)+O(k_n^{-2r})$$
$$=O_p(n^{\frac{-2r}{2r+1}}).$$

定理 5.1.2 证毕.

为了证明定理 5.1.3, 令 $\tau_0=(\gamma_0^{\mathrm{T}},\theta_0^{\mathrm{T}})^{\mathrm{T}}$ 是在 H_0 下 τ 的真值. 并且我们需要以下正则条件:

(C5.7) $\lim\limits_{n\longrightarrow\infty}E\left(-\dfrac{1}{n}\dfrac{\partial^2\ell(\theta_0,\gamma_0)}{\partial\tau\partial\tau^{\mathrm{T}}}\right)=\mathcal{I}_\tau(\tau_0)$, 其中 $\mathcal{I}_\tau(\tau_0)$ 是正定矩阵.

定理 5.1.3 的证明　为了符号简便, 我们记

$$\ell(\tau)=\ell(\theta,\gamma),\quad\Delta\hat\tau=\hat\tau-\hat\tau_0=(\Delta\hat\gamma^{\mathrm{T}},\Delta\hat\theta^{\mathrm{T}})^{\mathrm{T}},$$
$$\dot\ell(\tau)=\frac{\partial\ell(\tau)}{\partial\tau}=(\dot\ell_\gamma(\tau)^{\mathrm{T}},\dot\ell_\theta(\tau)^{\mathrm{T}})^{\mathrm{T}},$$

其中 $\hat\tau=(\hat\gamma^{\mathrm{T}},\hat\theta^{\mathrm{T}})^{\mathrm{T}}$. $\dot\ell(\tau)$ 在 $\hat\tau$ 关于 $\hat\tau_0$ 泰勒展开, 则有

$$\dot\ell(\hat\tau)=\dot\ell(\hat\tau_0)+\frac{\partial^2\ell(\hat\tau_0)}{\partial\tau\partial\tau^{\mathrm{T}}}\Delta\hat\tau+O_p(1).$$

因为 $\dot\ell(\hat\tau)=0$ 和 $\dot\ell_\theta(\hat\tau_0)=0$, 有

$$\dot\ell(\hat\tau_0)=\left[\begin{array}{c}\dot\ell_\gamma(\hat\tau_0)\\0\end{array}\right]=\left[\begin{array}{cc}-\ddot\ell_{\gamma\gamma}(\hat\tau_0)&-\ddot\ell_{\gamma\theta}(\hat\tau_0)\\-\ddot\ell_{\theta\gamma}(\hat\tau_0)&-\ddot\ell_{\theta\theta}(\hat\tau_0)\end{array}\right]\left[\begin{array}{c}\Delta\hat\gamma\\\Delta\hat\theta\end{array}\right]+O_p(1).$$

结果有

$$\dot\ell_\gamma(\hat\tau_0)=-\ddot\ell_{\gamma\gamma}(\hat\tau_0)\Delta\hat\gamma-\ddot\ell_{\gamma\theta}(\hat\tau_0)\Delta\hat\theta+O_p(1)$$

和

$$-\ddot{\ell}_{\theta\gamma}(\hat{\tau}_0)\Delta\hat{\gamma} - \ddot{\ell}_{\theta\theta}(\hat{\tau}_0)\Delta\hat{\theta} + O_p(1) = 0.$$

通过简单计算,

$$\dot{\ell}_\gamma(\hat{\tau}_0) = [J_\tau^{\gamma\gamma}(\hat{\tau}_0)]^{-1}\Delta\hat{\gamma} + O_p(1).$$

可以获得

$$\frac{1}{\sqrt{n}}\dot{\ell}_\gamma(\hat{\tau}_0) = n^{-1}[J_\tau^{\gamma\gamma}(\hat{\tau}_0)]^{-1}\sqrt{n}\Delta\hat{\gamma} + O_p(n^{-1/2}).$$

根据条件 (C6.7) 和 $\hat{\tau}_0 \xrightarrow{P} \tau_0$, 有

$$n^{-1}[J_\tau^{\gamma\gamma}(\hat{\tau}_0)]^{-1} \xrightarrow{P} [\mathcal{I}_\tau^{\gamma\gamma}(\tau_0)]^{-1},$$

其中 $\mathcal{I}_\tau^{\gamma\gamma}(\cdot)$ 是 $\mathcal{I}_\tau(\cdot)$ 中对应于 γ 的左上角分块矩阵. 因为 $\sqrt{n}\Delta\hat{\gamma} \xrightarrow{\mathcal{L}} N(0, \mathcal{I}_\tau^{\gamma\gamma}(\tau_0))$, 这样就有

$$\frac{1}{\sqrt{n}}\dot{\ell}_\gamma(\hat{\tau}_0) \xrightarrow{\mathcal{L}} N(0, [\mathcal{I}_\tau^{\gamma\gamma}(\tau_0)]^{-1}).$$

进一步, 因为 γ 的维数是 q, 就有当 $n \longrightarrow \infty$ 时,

$$\mathrm{SC} = \left\{ \left(\frac{1}{\sqrt{n}}\frac{\partial\ell(\theta,\gamma)}{\partial\gamma} \right)^{\mathrm{T}} (nJ_\tau^{\gamma\gamma}) \left(\frac{1}{\sqrt{n}}\frac{\partial\ell(\theta,\gamma)}{\partial\gamma} \right) \right\}_{\hat{\tau}_0} = \{b^{\mathrm{T}}M^{\mathrm{T}}J_\tau^{\gamma\gamma}Mb\}_{\hat{\tau}_0},$$

渐近服从一个自由度为 q 的卡方分布.

这样, 定理 5.1.3 证毕.

5.1.6 小结

5.1 节考虑了偏正态半参数变系数模型, 我们基于 B 样条提出了极大似然估计和变尺度的 score 检验. 通过随机模拟研究调查了极大似然估计的表现和 score 检验统计量的性质. 在实际中, score 检验是非常有吸引力的, 因为我们只需要计算原假设下检验统计量的值. 模拟研究也显示在样本量比较大的时候估计效果和检验效果是非常有效的.

5.2　贝叶斯分析

5.2.1　引言

在数据集呈现不对称的情况下, 通常发现它可能不足以使用正态分布描述其特征. 在金融, 经济学, 社会学, 气候学, 环境学, 工程学和生物医学等许多领域, 回归模型的误差结构有时不再满足对称性, 通常情况下会出现尖峰厚尾的现象. 在这种情况下一般有两种处理方式: 一种就是使用数据转换, 不过通常会带来一系列困难;

另一个可行的方法就是尝试一个非对称模型拟合, 其中偏正态分布就是其中一种且近年来备受关注, 有关这个分布的研究可以参见文献 (Azzalini and Capitanio,1999; Xie et al.,2009a). 另外, Xie 等 (2009a) 针对偏正态非线性回归模型基于 score 检验统计量检验尺度参数的异方差性和自相关系数的显著性. Xie 等 (2009b) 进一步针对偏正态非线性回归模型基于 score 检验统计量检验了尺度参数的异方差性和偏度参数. Lin 等 (2009a) 对偏 t 正态回归模型进行了诊断分析. Wu(2014) 研究了偏 t 正态分布下联合位置尺度模型的同时变量选择. Xu 等 (2015) 基于 score 检验统计量讨论了偏正态半参数变系数模型的异方差检验. 但总的来说, 很少文献研究偏正态分布下联合位置尺度非线性模型的贝叶斯分析. 因此, 本节主要基于 Gibbs 算法和 Metropolis-Hastings 算法的混合算法研究偏正态分布下联合位置尺度非线性回归模型的贝叶斯估计.

本节结构安排如下: 5.2.2 节首先描述了偏正态分布下联合位置尺度非线性模型. 5.2.3 节、5.2.4 节和 5.2.5 节分别给出了未知参数的先验信息, 条件分布和 Gibbs 抽样步骤, 以及贝叶斯估计. 5.2.6 节和 5.2.7 节是模拟研究和实际数据分析. 5.2.8 节是小结.

5.2.2 偏正态分布下联合位置尺度非线性模型

众所周知, 偏正态分布是正态分布的一个推广, 它有一个额外的形状参数来定义分布的不对称方向. 如文献 (Sahu et al.,2003) 定义的一样, 若随机变量 T 的密度函数为

$$f_T(t;\mu,\sigma,\lambda) = \frac{2}{\sigma}\phi\left(\frac{t-\mu}{\sigma}\right)\Phi\left(\lambda\frac{t-\mu}{\sigma}\right),$$

那么就称 T 是服从位置参数为 μ, 尺度参数为 σ^2, 偏度参数为 λ 的偏正态分布, 且记作 $T \sim \mathrm{SN}(\mu,\sigma^2,\lambda)$. 其中 $\phi(\cdot)$ 是标准正态密度函数和 $\Phi(\cdot)$ 是标准正态分布函数. 本节考虑 n 个个体, 记其观测为 $y_1,\cdots,y_n$ 并令 $Y=(y_1,\cdots,y_n)$. 那么假设 $y_i=\mu_i+\sigma_i\varepsilon_i$, 其中 μ_i 是一个位置参数, $\sigma_i>0$ 是一个尺度参数, 且 $\varepsilon=(\varepsilon_1,\cdots,\varepsilon_n)$ 是来自形状参数为 λ 的偏正态分布的随机样本. 类似于文献 (Smyth,1989; Lin et al., 2009b), 实际的尺度参数可能和第 i 个观测有关系, 那么 y_i 是变尺度的且 y_i 的方差不是一个常数, 即 $\mathrm{Var}(y_i)=\left(1-\frac{2\lambda^2}{(1+\lambda^2)\pi}\right)\sigma_i^2$. 因此, 本节考虑以下偏正态分布下联合位置尺度非线性模型:

$$\begin{cases} y_i = \mu_i + \sigma_i\varepsilon_i, \\ \varepsilon_i \sim \mathrm{SN}(0,1,\lambda), \\ \mu_i = \eta(x_i,\beta), \\ \sigma_i^2 = h(z_i^{\mathrm{T}}\gamma), \\ i = 1,2,\cdots,n, \end{cases} \tag{5-7}$$

其中 $\eta(\cdot,\cdot)$ 是一个非线性函数, 且 $h(\cdot)$ 是另外一个已知函数, 为了模型的可识别性, 假设 $h(\cdot)$ 是单调函数和 $h(\cdot)>0$. 另外, 令 $X=(x_1,x_2,\cdots,x_n)^{\mathrm{T}}$ 是一个 $n\times p$ 的矩阵, 其中第 i 行 $x_i^{\mathrm{T}}=(x_{i1},\cdots,x_{ip})$ 是与 y_i 的均值相关的解释变量的观测值, $\beta=(\beta_1,\cdots,\beta_p)^{\mathrm{T}}$ 是一个 $p\times 1$ 维未知回归系数. 进一步, 令 $Z=(z_1,z_2,\cdots,z_n)^{\mathrm{T}}$ 是一个 $n\times q$ 的矩阵, 其中第 i 行 $z_i^{\mathrm{T}}=(z_{i1},\cdots,z_{iq})$ 与 y_i 的方差相关的解释变量的观测值, 和 $\gamma=(\gamma_1,\cdots,\gamma_q)^{\mathrm{T}}$ 是尺度模型中的 $q\times 1$ 维未知回归系数.

5.2.3 参数的先验信息

首先给出偏正态随机变量 $T\sim\mathrm{SN}(0,1,\lambda)$ (Henze, 1986) 的随机表示, 这对获得 MCMC 算法从相关后验密度产生观测值时非常有用. 这样, 它就可以表示为

$$T=\sqrt{1-\delta^2}V+\delta|U|,$$

其中 $\delta=\lambda/(1+\lambda)^{1/2}$, U 和 V 是独立 $N(0,1)$ 随机变量. 那么模型就可以重新表示为

$$\begin{cases} y_i|\beta,\gamma,\lambda,w_i\sim N(\mu_i+\sigma_i\delta w_i,\sigma_i^2(1-\delta^2)),\\ w_i\sim N(0,1)I(w_i>0),\\ \mu_i=\eta(x_i,\beta),\\ \sigma_i^2=h(z_i^{\mathrm{T}}\gamma),\\ i=1,2,\cdots,n. \end{cases} \tag{5-8}$$

为了应用贝叶斯方法来估计模型中的未知参数, 需要具体给出模型中参数的先验分布. 为了简便, 假设正态先验分布, 即 $\beta\sim N(\beta_0,\Sigma_\beta)$, $\gamma\sim N(\gamma_0,\Sigma_\gamma)$ 和 $\lambda\sim N(\lambda_0,\sigma_\lambda^2)$, 其中超参数 $\beta_0,\gamma_0,\lambda_0$ 和 $\Sigma_\beta,\Sigma_\gamma,\sigma_\lambda^2$ 是已知的向量或者矩阵.

5.2.4 Gibbs 抽样和条件分布

令 $\theta=(\beta,\gamma,\lambda)$, 基于模型 (5-8), 利用 Gibbs 抽样按照以下步骤从联合后验分布 $p(\theta|Y,X,Z)$ 进行抽样.

Step 1 令参数的初始值 $\theta^{(0)}=(\beta^{(0)},\gamma^{(0)},\lambda^{(0)})$.

Step 2 基于 $\theta^{(l)}=(\beta^{(l)},\gamma^{(l)},\lambda^{(l)})$, 计算 $\delta^{(l)}=\dfrac{\lambda^{(l)}}{\sqrt{1+\lambda^{(l)2}}}$, $\mu_i^{(l)}=\eta(x_i,\beta^{(l)})$ 和 $\Sigma^{(l)}=\mathrm{diag}\{h(z_1^{\mathrm{T}}\gamma^{(l)})(1-\delta^{(l)2}),\cdots,h(z_n^{\mathrm{T}}\gamma^{(l)})(1-\delta^{(l)2})\}$, $\sigma_i^{(l)}=h^{1/2}(z_i^{\mathrm{T}}\gamma^{(l)})$.

Step 3 基于 $\theta^{(l)}=(\beta^{(l)},\gamma^{(l)},\lambda^{(l)})$ 和 $w^{(l)}=(w_1^{(l)},\cdots,w_n^{(l)})^{\mathrm{T}}$, 按照以下进行抽样 $\theta^{(l+1)}=(\beta^{(l+1)},\gamma^{(l+1)},\lambda^{(l+1)})$ 和 $w^{(l+1)}$.

(1) 抽样 $\beta^{(l+1)}$:

$$p(\beta|Y,X,Z,w^{(l)},\gamma^{(l)},\lambda^{(l)}) \propto \exp\left\{-\frac{1}{2}(Y-\mu-\bar{w}^{(l)})^{\mathrm{T}}\Sigma^{(l)-1}(Y-\mu-\bar{w}^{(l)})\right.$$
$$\left.-\frac{1}{2}(\beta-\beta_0)^{\mathrm{T}}\Sigma_\beta^{-1}(\beta-\beta_0)\right\}, \tag{5-9}$$

其中 $\bar{w}^{(l)} = \mathrm{diag}(\delta^{(l)}\sigma_1^{(l)},\cdots,\delta^{(l)}\sigma_n^{(l)})w^{(l)}$ 和 $\mu = (\mu_1,\cdots,\mu_n)^{\mathrm{T}}$.

(2) 抽样 $\lambda^{(l+1)}$:

$$p(\lambda|Y,X,Z,w^{(l)},\beta^{(l+1)},\gamma^{(l)}) \propto (1+\lambda^2)^{n/2}\exp\left\{-\frac{1}{2}\sum_{i=1}^n\frac{1+\lambda^2}{\sigma_i^{(l)2}}(y_i-\mu_i^{(l+1)})\right.$$
$$\left.-\delta\sigma_i^{(l)}\cdot w_i^{(l)})^2-\frac{(\lambda-\lambda_0)^2}{2\sigma_\lambda^2}\right\}. \tag{5-10}$$

(3) 抽样 $w^{(l+1)}$:

$$p(w|Y,X,Z,\beta^{(l+1)},\gamma^{(l)},\lambda^{(l+1)}) \propto \exp\left\{-\frac{1}{2}(w-w_0^*)^{\mathrm{T}}\Sigma_w^{*-1}(w-w_0^*)\right\}, \tag{5-11}$$

其中 $w_0^* = \Sigma_w^*(\bar{\Sigma}^{(l,l+1)}\Sigma^{(l,l+1)-1}(Y-\mu^{(l+1)}))$, $\Sigma_w^* = (I_n+\bar{\Sigma}^{(l,l+1)}\Sigma^{(l,l+1)-1}\bar{\Sigma}^{(l,l+1)})^{-1}$, $\bar{\Sigma}^{(l,l+1)} = \mathrm{diag}\{\delta^{(l+1)}\sigma_1^{(l)},\cdots,\delta^{(l+1)}\sigma_n^{(l)}\}$ 和 $\Sigma^{(l,l+1)} = \mathrm{diag}\{h(z_1^{\mathrm{T}}\gamma^{(l)})(1-\delta^{(l+1)2}),\cdots,h(z_n^{\mathrm{T}}\gamma^{(l)})(1-\delta^{(l+1)2})\}$.

(4) 抽样 $\gamma^{(l+1)}$:

$$p(\gamma|Y,X,Z,w^{(l+1)},\beta^{(l+1)},\lambda^{(l+1)})$$
$$\propto \prod_{i=1}^n\frac{1}{\sigma_i}\exp\left\{-\frac{1}{2}\sum_{i=1}^n\frac{1+\lambda^{(l+1)2}}{\sigma_i^2}(y_i-\mu_i^{(l+1)})\right.$$
$$\left.-\delta^{(l+1)}\sigma_i w_i^{(l+1)})^2-\frac{1}{2}(\gamma-\gamma_0)^{\mathrm{T}}\Sigma_\gamma^{-1}(\gamma-\gamma_0)\right\}. \tag{5-12}$$

Step 4 重复 Step 2 和 Step 3.

这样, 从上面步骤可以产生样本序列 $(\beta^{(t)},\gamma^{(t)},\lambda^{(t)},w^{(t)}),t=1,2,\cdots$. 很容易发现条件分布 $p(w|Y,X,Z,\beta^{(l+1)},\gamma^{(l)},\lambda^{(l+1)})$ 是熟悉的正态分布. 从这个标准分布进行抽样是非常方便快速的, 但是条件分布 $p(\beta|Y,X,Z,w^{(l)},\gamma^{(l)},\lambda^{(l)})$, $p(\gamma|Y,X,Z,w^{(l+1)},\beta^{(l+1)},\lambda^{(l+1)})$ 和 $p(\lambda|Y,X,Z,w^{(l)},\beta^{(l+1)},\gamma^{(l)})$ 是一些不熟悉分布且相当复杂, 这样的话抽取随机数就变得比较困难. 那么这时常用的 Metropolis-Hastings 算法就被用来对这些条件分布进行抽样. 为了用 Metropolis-Hastings 算法从条件分布 (5-9), (5-10) 和 (5-12) 进行抽样, 选取正态分布 $N(\beta^{(l)},\tau_\beta^2\Omega_\beta^{-1})$, $N(\gamma^{(l)},\tau_\gamma^2\Omega_\gamma^{-1})$ 和 $N(\lambda^{(l)},\tau_\lambda^2\Omega_\lambda^{-1})$ 作为建议分布 (Roberts, 1996), 其中通过选取 $\tau_\beta^2,\tau_\gamma^2,\tau_\lambda^2$ 使得平均接受概率在 0.25 和 0.45 之间 (Gelman et al., 1995), 且取

$$\Omega_\beta = -\frac{\partial^2\log p(\beta|Y,X,Z,w^{(l)},\gamma^{(l)},\lambda^{(l)})}{\partial\beta\partial\beta^{\mathrm{T}}},$$

$$\Omega_\gamma = -\frac{\partial^2 \log p(\gamma|Y, X, Z, w^{(l+1)}, \beta^{(l+1)}, \lambda^{(l+1)})}{\partial\gamma\partial\gamma^{\mathrm{T}}},$$

$$\Omega_\lambda = -\frac{\partial^2 \log p(\lambda|Y, X, Z, w^{(l)}, \beta^{(l+1)}, \gamma^{(l)})}{\partial\lambda\partial\lambda^{\mathrm{T}}}.$$

Metropolis-Hastings 算法按照以下步骤应用: 在第 $(l+1)$ 迭代, 给定目前值 $\beta^{(l)}, \gamma^{(l)}$, $\lambda^{(l)}$, 和从 $N(\beta^{(l)}, \tau_\beta^2\Omega_\beta^{-1}), N(\gamma^{(l)}, \tau_\gamma^2\Omega_\gamma^{-1}), N(\lambda^{(l)}, \tau_\lambda^2\Omega_\lambda^{-1})$ 产生的新的候选值 β^*, γ^*, λ^*, 按照以下概率决定是否接受新的候选值:

$$\min\left\{1, \frac{p(\beta^*|Y, X, Z, w^{(l)}, \gamma^{(l)}, \lambda^{(l)})}{p(\beta^{(l)}|Y, X, Z, w^{(l)}, \gamma^{(l)}, \lambda^{(l)})}\right\},$$

$$\min\left\{1, \frac{p(\gamma^*|Y, X, Z, w^{(l+1)}, \beta^{(l+1)}, \lambda^{(l+1)})}{p(\gamma^{(l)}|Y, X, Z, w^{(l+1)}, \beta^{(l+1)}, \lambda^{(l+1)})}\right\},$$

$$\min\left\{1, \frac{p(\lambda^*|Y, X, Z, w^{(l)}, \beta^{(l+1)}, \gamma^{(l)})}{p(\lambda^{(l)}|Y, X, Z, w^{(l)}, \beta^{(l+1)}, \gamma^{(l)})}\right\}.$$

5.2.5 贝叶斯推断

利用以上提出的计算过程来产生观测值来获得参数 (β, γ, λ) 的贝叶斯估计和它们的标准误.

令 $\{\theta^{(j)} = \{(\beta^{(j)}, \gamma^{(j)}, \lambda^{(j)}) : j = 1, 2, \cdots, J\}$ 是通过混合算法从联合条件分布 $p(\beta, \gamma, \lambda|Y, X, Z)$ 中产生的观测值, 那么 (β, γ, λ) 的贝叶斯估计为

$$\hat{\beta} = \frac{1}{J}\sum_{j=1}^J \beta^{(j)}, \quad \hat{\gamma} = \frac{1}{J}\sum_{j=1}^J \gamma^{(j)}, \quad \hat{\lambda} = \frac{1}{J}\sum_{j=1}^J \lambda^{(j)}.$$

像文献 (Geyer, 1992) 中展示的一样, 当 J 趋于无穷时, $\hat{\theta} = (\hat{\beta}, \hat{\gamma}, \hat{\lambda})$ 是对应后验均值向量的相合估计. 类似地, 后验协方差矩阵 $\mathrm{Var}(\theta|Y, X, Z)$ 的相合估计可以通过观测 $\{\theta^{(j)} : j = 1, 2, \cdots, J\}$ 的样本协方差矩阵来获得, 即

$$\widehat{\mathrm{Var}}(\theta|Y, X, Z) = (J-1)^{-1}\sum_{j=1}^J (\theta^{(j)} - \hat{\theta})(\theta^{(j)} - \hat{\theta})^{\mathrm{T}}.$$

这样, 后验标准误可以通过该矩阵的对角元素来获得.

5.2.6 模拟研究

在 5.2.4 节通过模拟研究来说明 5.2.5 节所提出的贝叶斯方法的有效性.

为了调查贝叶斯估计对先验分布的敏感程度, 考虑以下有关未知参数 β, γ, λ 的先验分布中超参数值的设置的三种情形.

情形 I: $\beta_0 = (0,0)^{\mathrm{T}}, \Sigma_\beta = 10^2 \times I_2, \gamma_0 = (0,0)^{\mathrm{T}}, \Sigma_\gamma = 10^2 \times I_2, \lambda_0 = 0, \sigma_\lambda^2 = 10^2$. 这些超参数值的设置代表的是没有先验信息的情况.

情形 II: $\beta_0 = (1,1)^{\mathrm{T}}, \Sigma_\beta = 10^2 \times I_2, \gamma_0 = (1,1)^{\mathrm{T}}, \Sigma_\gamma = 10^2 \times I_2, \lambda_0 = 1, \sigma_\lambda^2 = 10^2$. 这种就被看作拥有很好的先验信息的情形.

情形 III: $\beta_0 = 5 \times (1,1)^{\mathrm{T}}, \Sigma_\beta = 10^2 \times I_2, \gamma_0 = 5 \times (1,1)^{\mathrm{T}}, \Sigma_\gamma = 10^2 \times I_2$, $\lambda_0 = 5 \times 1, \sigma_\lambda^2 = 10^2$. 这种就被看作拥有不精确的先验信息的情形.

例 5.2.1　线性均值模型.

具体地, 均值模型结构为 $\mu_i = X_i^{\mathrm{T}}\beta$, 其中 X_i 是一个 2×1 维向量, 其中的元素独立产生于正态分布 $N(0,1)$ 和 $\beta = (1,1)^{\mathrm{T}}$. 尺度模型结构为 $\log(\sigma_i^2) = Z_i^{\mathrm{T}}\gamma, \gamma = (1,1)^{\mathrm{T}}$ 和 Z_i 是一个 2×1 维向量, 且其中的元素独立产生于正态分布 $N(0,1)$.

在上面的各种环境下, 联合 Gibbs 抽样和 Metropolis-Hastings 算法的混合算法被用来计算未知参数的贝叶斯估计. 在模拟中分别令样本量 $n = 50$ 和 $n = 100$. 对于每一种情形, 我们重复计算 100 次. 对于每次重复产生的每一次数据集, MCMC 算法的收敛性可以通过 EPSR 值 (Gelman,1996) 来检验, 并且我们在每次运行中观测得到在 3000 次迭代以后 EPSR 值都小于 1.2. 因此我们在每次重复计算中丢掉前 3000 次迭代以后再收集 $J = 2000$ 个样本来产生贝叶斯估计. 参数贝叶斯估计的模拟结果概括在表 5-6～ 表 5-8 中.

表 5-6　当 $\lambda = 1$ 和不同的先验信息时线性均值模型下未知参数的贝叶斯估计结果

情形	参数	$n = 50$			$n = 100$		
		EST	SD	RMS	EST	SD	RMS
I	β_1	1.0028	0.0823	0.0725	1.0017	0.0542	0.0571
	β_2	1.0015	0.0835	0.0859	0.9999	0.0532	0.0528
	γ_1	0.9833	0.2167	0.1978	1.0043	0.1419	0.1468
	γ_2	0.9749	0.2185	0.2262	0.9913	0.1429	0.1526
	λ	1.1150	0.3161	0.3976	1.0543	0.2053	0.2332
II	β_1	1.0032	0.0823	0.0853	1.0070	0.0540	0.0561
	β_2	0.9992	0.0800	0.0888	1.0000	0.0554	0.0530
	γ_1	0.9868	0.2121	0.1956	0.9856	0.1408	0.1399
	γ_2	1.0022	0.2114	0.2059	1.0123	0.1427	0.1501
	λ	1.2088	0.3428	0.4392	1.0125	0.2008	0.1959
III	β_1	1.0036	0.0822	0.0852	1.0070	0.0540	0.0560
	β_2	0.9995	0.0798	0.0890	1.0002	0.0553	0.0530
	γ_1	0.9895	0.2121	0.1968	0.9865	0.1408	0.1406
	γ_2	1.0027	0.2105	0.2071	1.0133	0.1432	0.1502
	λ	1.2152	0.3438	0.4493	1.0151	0.2012	0.1977

表 5-7　当 $\lambda = 0$ 和不同的先验信息时线性均值模型下未知参数的贝叶斯估计结果

情形	参数	$n = 50$			$n = 100$		
		EST	SD	RMS	EST	SD	RMS
I	β_1	1.0012	0.1025	0.1021	1.0047	0.0637	0.0657
	β_2	0.9949	0.1007	0.1033	0.9868	0.0662	0.0702
	γ_1	0.9790	0.2238	0.2186	1.0028	0.1515	0.1337
	γ_2	0.9873	0.2238	0.2088	1.0066	0.1533	0.1684
	λ	0.0118	0.1889	0.2019	-0.0145	0.1272	0.1337
II	β_1	0.9835	0.1004	0.1049	0.9988	0.0668	0.0708
	β_2	1.0018	0.0988	0.1344	0.9926	0.0661	0.0686
	γ_1	1.0169	0.2309	0.2359	0.9807	0.1482	0.1487
	γ_2	0.9873	0.2248	0.2282	0.9976	0.1483	0.1606
	λ	0.0141	0.1884	0.1907	0.0196	0.1284	0.1292
III	β_1	0.9983	0.0983	0.0909	0.9990	0.0667	0.0709
	β_2	1.0085	0.0994	0.0985	0.9929	0.0661	0.0687
	γ_1	0.9782	0.2275	0.2450	0.9822	0.1490	0.1477
	γ_2	1.0010	0.2323	0.2375	0.9992	0.1479	0.1593
	λ	0.0530	0.1896	0.1907	0.0191	0.1281	0.1292

表 5-8　当 $\lambda = -1$ 和不同的先验信息时线性均值模型下未知参数的贝叶斯估计结果

情形	参数	$n = 50$			$n = 100$		
		EST	SD	RMS	EST	SD	RMS
I	β_1	1.0008	0.0797	0.0954	1.0083	0.0563	0.0604
	β_2	1.0037	0.0822	0.0717	0.9987	0.0567	0.0577
	γ_1	1.0305	0.2100	0.2145	0.9615	0.1445	0.1520
	γ_2	1.0040	0.2108	0.2271	1.0004	0.1426	0.1382
	λ	-1.1770	0.3290	0.4626	-1.0278	0.2048	0.2355
II	β_1	1.0018	0.0774	0.0690	0.9960	0.0532	0.0638
	β_2	0.9988	0.0819	0.0894	1.0011	0.0532	0.0562
	γ_1	1.0046	0.2094	0.1832	1.0441	0.1416	0.1497
	γ_2	1.0224	0.2149	0.2433	0.9943	0.1436	0.1640
	λ	-1.0958	0.3167	0.3969	-1.0402	0.2040	0.2260
III	β_1	1.0015	0.0803	0.0897	1.0028	0.0535	0.0540
	β_2	0.9982	0.0801	0.0807	0.9985	0.0550	0.0496
	γ_1	1.0392	0.2089	0.2252	0.9956	0.1360	0.1381
	γ_2	1.0051	0.2141	0.2212	0.9972	0.1387	0.1430
	λ	-1.1300	0.3188	0.4108	-1.0733	0.2064	0.2482

在表 5-6 中,"EST" 表示基于 100 次重复计算未知参数的贝叶斯估计,"SD" 表示 5.2.5 节中给出的后验标准误的平均估计和 "RMS" 表示的是基于 100 次重复计算的贝叶斯估计的均方误差的算术平方根. 从表 5-6~ 表 5-8 可以获得: (i) 在估计

的偏差、RMS 和 SD 值方面, 不管何种先验信息贝叶斯估计都相当精确; (ii) 先验信息对贝叶斯估计的结果不是很敏感; (iii) 当样本量逐渐变大时, 估计也变得越来越好, 即随着样本量变大, RMS 和 SD 值变得越小; (iv) 给定样本量 n, 在不同的偏度参数 λ 下贝叶斯估计效果都差不多. 总之, 所有以上的结果可以看出本节所提出的估计方法能很好地恢复模型中的真实信息.

例 5.2.2　非线性均值模型.

具体地, 非线性均值模型结构为

$$\mu_i = \beta_1 \exp(x_i \beta_2),$$

其中 X_i 产生于正态分布 $N(0,1)$, $\beta_1 = \beta_2 = 1$. 尺度模型结构为 $\log(\sigma_i^2) = Z_i^{\mathrm{T}} \gamma, \gamma = (1,1)^{\mathrm{T}}$ 和 Z_i 是一个 2×1 维向量, 且其中的元素独立产生于正态分布 $N(0,1)$. 另外, 为了调查贝叶斯估计对先验分布中方差的敏感程度, 考虑另一种未知参数 β, γ, λ 的先验分布中超参数值的设置情形.

情形 IV: $\beta_0 = (1,1)^{\mathrm{T}}, \Sigma_\beta = 0.5 \times I_2, \gamma_0 = (1,1)^{\mathrm{T}}, \Sigma_\gamma = 0.5 \times I_2, \lambda_0 = 1, \sigma_\lambda^2 = 0.5$. 与情形 II 相比较, 这种就被看作具有较小方差且是很好的先验信息的情形.

那么利用这些参数设置环境和 $n = 100$ 以及不同的偏度来调查贝叶斯估计效果, 所有的模拟结果在表 5-9 中. 表中在情形 I~III 下的结果显示在不同的偏度 λ 下, 贝叶斯估计效果和第一个例子展示的一样好. 另外, 通过比较情形 IV 和情形 II 下的结果可以发现, 情形 IV 下的贝叶斯估计在 RMS 和 SD 值方面要好于情形 II 下的结果.

表 5-9　非线性均值模型下基于不同的 λ 和 $n = 100$ 时未知参数的贝叶斯估计结果

情形	参数	$\lambda_{\text{true}} = 1$			$\lambda_{\text{true}} = 0$			$\lambda_{\text{true}} = -1$		
		EST	SD	RMS	EST	SD	RMS	EST	SD	RMS
I	β_1	0.9923	0.0636	0.0668	0.9868	0.0876	0.0999	1.0045	0.0629	0.0583
	β_2	1.0030	0.0375	0.0397	1.0075	0.0484	0.0520	0.9980	0.0358	0.0349
	γ_1	1.0128	0.1422	0.1314	0.9829	0.1499	0.1354	1.0070	0.1434	0.1485
	γ_2	0.9984	0.1418	0.1418	0.9632	0.1484	0.1641	1.0081	0.1434	0.1338
	λ	1.0744	0.2506	0.2771	0.0012	0.1787	0.1865	-1.0784	0.2506	0.2544
II	β_1	0.9939	0.0649	0.0655	0.9857	0.0879	0.0987	0.9982	0.0666	0.0631
	β_2	1.0019	0.0373	0.0390	1.0079	0.0484	0.0519	1.0006	0.0374	0.0331
	γ_1	1.0078	0.1447	0.1243	0.9835	0.1498	0.1357	1.0118	0.1483	0.1475
	γ_2	0.9894	0.1414	0.1467	0.9624	0.1487	0.1635	0.9874	0.1453	0.1274
	λ	1.0489	0.2478	0.2467	0.0044	0.1802	0.1806	-1.0471	0.2551	0.3019

续表

情形	参数	$\lambda_{\text{true}} = 1$			$\lambda_{\text{true}} = 0$			$\lambda_{\text{true}} = -1$		
		EST	SD	RMS	EST	SD	RMS	EST	SD	RMS
	β_1	0.9943	0.0644	0.0647	0.9865	0.0880	0.1002	1.0040	0.0623	0.0578
	β_2	1.0018	0.0374	0.0387	1.0077	0.0485	0.0523	0.9995	0.0356	0.0351
III	γ_1	1.0100	0.1437	0.1237	0.9851	0.1503	0.1353	1.0074	0.1435	0.1428
	γ_2	0.9903	0.1425	0.1469	0.9636	0.1481	0.1634	1.0036	0.1440	0.1357
	λ	1.0472	0.2460	0.2455	0.0021	0.1799	0.1850	-1.0817	0.2525	0.2570
	β_1	0.9950	0.0629	0.0623	0.9861	0.0854	0.0937	1.0033	0.0625	0.0569
	β_2	1.0011	0.0367	0.0375	1.0074	0.0474	0.0499	1.0003	0.0364	0.0351
IV	γ_1	1.0101	0.1405	0.1171	0.9855	0.1460	0.1285	1.0171	0.1412	0.1212
	γ_2	0.9904	0.1388	0.1391	0.9650	0.1454	0.1541	0.9866	0.1412	0.1356
	λ	1.0352	0.2292	0.2101	0.0038	0.1738	0.1672	-1.0555	0.2335	0.2402

5.2.7 实际数据分析

这里把 5.2.4 节所提出来的方法运用到油棕产量数据 (Foong, 1999). 一般情况下, 油棕种植 4 年后即可收获, 种植 10 年后产量将强劲增长, 25 年前仍处于稳定阶段. 很多作者利用非线性模型对其进行数据分析, 如文献 (Azme et al., 2005; Xie et al., 2009a; Cancho et al.,2010). 因此, 采用以下模型:

$$\begin{cases} y_i \sim \mathrm{SN}(\mu_i, \sigma_i^2, \lambda), \\ \mu_i = \dfrac{\beta_1}{1 + \beta_2 \exp(-\beta_3 x_i)}, \\ \log \sigma_i^2 = \gamma x_i, \\ i = 1, \cdots, 19. \end{cases}$$

其中响应变量 y_i 表示油棕产量, 协变量 x_i 表示种植年份. 我们用提出的混合算法来获得未知参数 β, γ 和 λ 的贝叶斯估计. 在 Metropolis-Hastings 算法中, 令建议分布中的 $\tau_\beta^2 = 1, \tau_\gamma^2 = 2.4^2, \tau_\lambda^2 = 2.4^2$, 且使得接受概率为 $43.60\%, 43.52\%, 43.89\%$. 为了测试算法的收敛性, 画出了所有未知参数的 EPSR 值的图, 且列在图 5-8 中, 从图中也能看出 2000 次迭代以后所有参数的 EPSR 值都小于 1.2, 这也表示 2000 次迭代以后算法都收敛了. 分别计算 $\beta_1, \beta_2, \beta_3, \gamma$ 和 λ 的贝叶斯估计 (EST) 和标准误估计 (SD), 结果列在表 5-10 中.

从表 5-10 中, 可以得到以后观测: $\beta_1, \beta_2, \beta_3$ 在均值模型中是显著的和协变量 x 在尺度模型中也是重要变量. 所有获得的结果类似于文献 (Xie et al., 2009a; Cancho et al., 2010) 基于非线性偏态模型获得的结果.

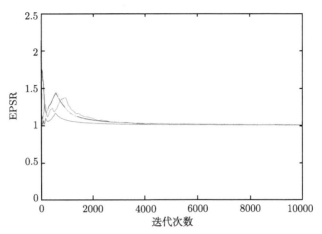

图 5-8   实际数据分析中所有未知参数的 EPSR 值 (彩图请扫书后二维码)

表 5-10   实际数据分析中的贝叶斯估计结果

参数	β_1	β_2	β_3	γ	λ
EST	39.5787	22.2083	0.6236	0.1310	−3.2697
SD	0.5590	4.5672	0.0357	0.0255	1.6673

5.2.8   小结

本节针对偏正态分布下联合位置尺度非线性模型, 在贝叶斯框架下提出了模型中未知参数的贝叶斯估计, 其中主要运用联合 Gibbs 抽样和 Metropolis-Hastings 算法的混合 MCMC 算法. 通过模拟研究和实际数据分析来说明所提出的贝叶斯分析方法是有效的. 另外, 可以进一步考虑响应变量或者协变量缺失时该模型的贝叶斯估计、贝叶斯模型选择等贝叶斯统计推断.

第 6 章　半参数混合效应双重回归模型

6.1　引　　言

均值–方差模型是 20 世纪 80 年代发展起来的一类重要的统计模型, 该模型既对感兴趣的均值参数建模, 又对感兴趣的方差参数建模, 可以概括和描述众多的实际问题. 均值–方差模型比单纯的均值回归模型有更大的适应性, 并具有较强的解释能力. 在特别关注方差或波动的领域, 如产品的质量改进试验、经济和金融中的风险管理、测量仪器或者提高加工设备的精度等领域具有广泛的应用. 一方面, 该模型的特点是对方差的重视, 它能更好地解释数据变化的原因和规律, 这是数据分析中的一个重要的发展趋势. 这种思想也体现在质量管理方面, 比如, 日本田口学派的重要贡献是控制产品性能指标的方差. 控制期望值只表明平均来说性能指标合乎要求. 但若方差比较大, 则相当一部分产品仍然还是不合格的, 因而控制方差的大小就与产品的合格率发生了紧密的联系. 另一方面, 为了研究影响方差的因素, 从而有效控制方差, 有必要建立关于方差参数的模型, 并且均值–方差模型的实际背景主要就来源于产品的质量改进试验, 典型的例子就是试验设计中的田口方法, 它是日本田口玄一所创立的一种以廉价的成本实现高性能产品的稳健设计方法. 其基本观点是产品的质量高不仅表现在出厂时能让顾客满意, 而且在使用过程中给顾客和社会带来的损失小. 用统计的语言描述就是, 使期望达到要求, 同时方差尽量小. 这便引出了均值和方差的同时建模问题. 目前有关均值–方差模型的研究也已经有了非常丰富的成果. 例如, Aitkin(1987) 提供了均值–方差模型的极大似然估计, 并且把它应用到了 Minitab tree 数据中; Xie 等 (2009b) 调查了偏正态非线性回归模型中偏度参数和尺度参数的齐性 score 检验; Wu 和 Li (2012) 提出了逆高斯分布的均值–方差模型的同时变量选择问题; Wu 等 (2013) 调查了偏态分布的均值–方差模型的同时变量选择问题; Zhao 等 (2014) 针对变散度下 beta 回归模型的变量选择问题. 相关的研究工作还有很多, 具体可以参见其他相关文献. 另外, 半参数混合模型是线性混合模型的一个有用扩展, 为纵向数据的分析提供了一个灵活的框架. 许多学者研究了纵向数据下半参数混合模型 (Ni et al., 2010), 但是有关利用方差建模研究半参数混合模型的研究工作很少. 因此, 本节我们感兴趣的研究模型是均值和方差共同建模的半参数混合模型.

另外, 半参数混合效应模型和均值–方差模型的贝叶斯推断近年来也受到了广泛关注. 例如, Cepeda 和 Gamerman(2001) 研究了方差非齐建模的正态回归模型的贝叶斯方法. Chen 和 Tang(2010) 基于非参数部分 P 样条逼近研究了半参数再生散度混合效应模型的贝叶斯分析. Tang 和 Duan(2012) 研究了纵向数据下广义部分线性混合效应模型的贝叶斯估计. Lin 和 Wang(2011) 研究了纵向数据下均值–协方差模型的贝叶斯分析. Xu 和 Zhang(2013) 基于 B 样条逼近非参数部分研究了半参数均值–方差模型的贝叶斯估计问题. 然而, 据我们所知, 很少有工作做了纵向数据下半参数混合效应双重回归模型的贝叶斯分析, 其中模型中混合效应部分的方差直接建模为解释变量的函数.

　　近年来, 已经有很多不同的方法来拟合半参数模型, 如核光滑方法和样条方法等, 具体方法可以参见其他相关文献. 另外, 最近 B 样条方法广泛地应用于拟合半参数变系数模型, 它具有很多优点: 第一, 它不需要逐点去估计模型中的非参数部分, 即不考虑局部质量而是考虑全局质量, 这也将降低计算的复杂性; 第二, 没有边际效应, 因此样条方法能真实地拟合多项式数据; 第三, B 样条基函数具有有界支撑和数值上平稳的性质 (Schumaker, 1981).

　　因此在本章, 我们把文献 (Cepeda and Gamerman, 2001; Xu and Zhang, 2013) 中提出的贝叶斯方法扩展到用来拟合半参数混合效应双重回归模型. 具体地, 主要基于 B 样条逼近非参数部分、联合 Gibbs 抽样和 Metropolis-Hastings 算法的混合算法, 研究分析了半参数混合效应双重回归模型的贝叶斯估计.

　　本章结构安排如下: 6.2 节介绍了半参数混合效应双重回归模型; 6.3 节描述了基于联合 Gibbs 抽样和 Metropolis-Hastings 算法的混合算法, 获得半参数均值–方差模型的贝叶斯估计的方法; 为了说明提出方法的有效性, 6.4 节中给出了模拟研究结果; 6.5 节通过分析一个实际数据来进一步说明该方法的可行性; 6.6 节是小结.

6.2　半参数混合效应双重回归模型

　　假设有 n 个独立样本, 并对第 i 个样本进行 m_i 次重复观测. 具体地, 记第 i 个个体在时间 $t_i = (t_{i1}, \cdots, t_{im_i})^{\mathrm{T}}$ 的响应变量向量为 $Y_i = (Y_{i1}, \cdots, Y_{im_i})^{\mathrm{T}}$, 其中 $i = 1, \cdots, n$. 我们假设响应变量服从正态分布 $Y_{ij}|(X_{ij}, v_i, t_{ij}) \sim N(\mu_{ij}, \sigma^2)$.

　　本章我们主要考虑以下模型

$$
\begin{cases}
\mu_{ij} = X_{ij}^{\mathrm{T}}\beta + v_i + g(t_{ij}), \\
i = 1, 2, \cdots, n, \\
j = 1, 2, \cdots, m_i,
\end{cases}
\tag{6-1}
$$

其中 t_{ij} 是一个可观测的一元协变量, $g(\cdot)$ 是均值模型中任意的未知光滑函数, v_i 是一个随机变量且 $v_i \sim N(0, \sigma_i^2)$. 进一步地, 如果模型中随机效应的方差具有非齐性,

那么我们就可以用一些解释变量对方差进行建模, 模型如下

$$\sigma_i^2 = h(Z_i, \gamma), \tag{6-2}$$

其中 $Z_i = (Z_{i1}, \cdots, Z_{iq})^{\mathrm{T}}$ 是与 v_i 的方差相关的解释变量的观测值, 且 $\gamma = (\gamma_1, \cdots, \gamma_q)^{\mathrm{T}}$ 是方差模型中的一个 $q \times 1$ 维回归系数向量. 进一步地, 令 $Z = (Z_1, Z_2, \cdots, Z_n)^{\mathrm{T}}$. 另外, $h(\cdot, \cdot) > 0$ 是一个已知函数, 为了模型的可识别性, 假设其是单调函数. 这里 $h(\cdot, \cdot)$ 一般有两种具体形式来对变方差进行建模: ① 对数线性模型: $h(Z_i, \gamma) = \exp(\sum_{j=1}^{q} Z_{ij}\gamma_j)$; ② 幂乘积模型: $h(Z_i, \gamma) = \prod_{j=1}^{q} Z_{ij}^{\gamma_j} = \exp(\sum_{j=1}^{q} \gamma_j \log Z_{ij})$. 当然, ② 需要 Z_{ij} 是严格正的, 而对于① 则没有任何限制. 在实际中, 根据领域知识和建模方便, 人们可以选择合适的方差权函数 $h(\cdot, \cdot)$ 和解释变量 Z_i. 因此本章我们主要基于独立观测 $(Y_{ij}, X_{ij}, Z_i, t_{ij}), i = 1, 2, \cdots, n; j = 1, 2, \cdots, m_i$, 考虑以下半参数混合效应双重回归模型 (SMMEDRMs):

$$\begin{cases} Y_{ij} = X_{ij}^{\mathrm{T}}\beta + v_i + g(t_{ij}) + \varepsilon_{ij}, \\ \varepsilon_{ij} \sim N(0, \sigma^2), \\ v_i | Z_i \sim N(0, \sigma_i^2), \\ \sigma_i^2 = h(Z_i, \gamma), \\ i = 1, 2, \cdots, n, \\ j = 1, 2, \cdots, m_i. \end{cases} \tag{6-3}$$

6.3 半参数混合效应双重回归模型的贝叶斯分析

6.3.1 非参数函数的 B 样条逼近

不失一般性, 我们假设协变量 t_{ij} 在区间 $[0,1]$ 上取值. 令 $T = (t_1^{\mathrm{T}}, t_2^{\mathrm{T}}, \cdots, t_n^{\mathrm{T}})^{\mathrm{T}}$. 从模型 (6-3) 中, 可以获得以下似然函数

$$L(\beta, \gamma, \phi^2, v | Y, X, Z, T) = \prod_{i=1}^{n} \left\{ f(v_i | Z_i, \gamma) \prod_{j=1}^{m_i} f(Y_{ij} | X_{ij}, v_i, t_{ij}, \beta) \right\}$$

$$\propto \left\{ \prod_{i=1}^{n} \sigma_i \right\}^{-1} (\phi^2)^{\frac{N}{2}} \exp \left\{ -\frac{\phi^2}{2} \sum_{i=1}^{n} \sum_{j=1}^{m_i} (Y_{ij} - X_{ij}^{\mathrm{T}}\beta - v_i - g(t_{ij}))^2 - \sum_{i=1}^{n} \frac{v_i^2}{2\sigma_i^2} \right\}, \tag{6-4}$$

其中 $\phi^2 = 1/\sigma^2$, $N = \sum_{i=1}^{n} m_i$, $v = (v_1, \cdots, v_n)^{\mathrm{T}}$, $Y = (Y_1^{\mathrm{T}}, \cdots, Y_n^{\mathrm{T}})^{\mathrm{T}}$, $X = (X_1^{\mathrm{T}}, \cdots, X_n^{\mathrm{T}})^{\mathrm{T}}$, $X_i = (X_{i1}, \cdots, X_{im_i})^{\mathrm{T}}$.

因为 $g(\cdot)$ 是非参数函数, (6-4) 式还不能直接进行优化. 因此, 我们首先用 B 样条来逼近非参数函数 $g(\cdot)$. 另外, 任何广义线性模型的计算算法可以用来拟合半参

数广义线性模型, 因为可以把非参数函数看成基函数的线性组合, 这样就可以把它看成协变量. 为了简单, 令 $0 = s_0 < s_1 < \cdots < s_{k_n} < s_{k_n+1} = 1$ 是 $[0, 1]$ 区间上的一个剖分. 用 $\{s_i\}$ 作为内节点, 那么我们就有阶为 M 和维数为 $K = k_n + M$ 的正则化 B 样条基函数, 这也形成了线性样条空间的一个基. 节点选择一般是样条光滑估计中的一个重要方面. 在本章中, 类似于文献 (He and Shi, 1996), 内节点的数目选取为 $N^{1/5}$ 的整数部分. 这样, 由 $\pi^{\mathrm{T}}(t)\alpha$ 逼近 $g(t)$, 其中 $\pi(t) = (\pi_1(t), \cdots, \pi_K(t))^{\mathrm{T}}$ 是基函数向量, $\alpha \in R^K$. 利用这些符号, (6-3) 式中的均值模型可以写成以下形式:

$$\mu_{ij} = x_{ij}^{\mathrm{T}}\beta + v_i + \pi^{\mathrm{T}}(t_{ij})\alpha. \tag{6-5}$$

这样, 基于 (6-5) 式, 似然函数 (6-4) 可以被重新写成以下形式:

$$L(\beta, \alpha, \gamma, \phi^2, v|Y, X, Z, T) = \prod_{i=1}^n \left\{ f(v_i|Z_i, \gamma) \prod_{j=1}^{m_i} f(Y_{ij}|X_{ij}, v_i, t_{ij}, \beta) \right\}$$

$$\propto \left\{ \prod_{i=1}^n \sigma_i \right\}^{-1} (\phi^2)^{\frac{N}{2}} \exp \left\{ -\frac{\phi^2}{2} \sum_{i=1}^n \sum_{j=1}^{m_i} (Y_{ij} - X_{ij}^{\mathrm{T}}\beta - v_i - \pi^{\mathrm{T}}(t_{ij})\alpha)^2 - \sum_{i=1}^n \frac{v_i^2}{2\sigma_i^2} \right\}. \tag{6-6}$$

6.3.2　参数的先验分布

为了应用贝叶斯方法来估计模型 (6-3) 中的未知参数, 我们需要具体化未知参数的先验分布. 为了简便, 我们假设 β, α 和 γ 相互独立且服从正态先验分布, 分别为 $\beta|\phi^2 \sim N(\beta_0, \phi^{-2}b_\beta)$, $\alpha \sim N(\alpha_0, \tau^2 I_K)$ 和 $\gamma \sim N(\gamma_0, B_\gamma)$, 其中假设超参数 $\beta_0, \alpha_0, \gamma_0, b_\beta$ 和 B_γ 是已知的, 并假设 τ^2 服从逆 Gamma 分布 IG(a_τ, b_τ), 其密度函数为

$$p(\tau^2|a_\tau, b_\tau) \propto (\tau^2)^{a_\tau-1} \exp\left(-b_\tau \tau^2\right),$$

其中 a_τ 和 b_τ 是已知的正常数. 另外, 假设 ϕ^2 的先验分布为 Gamma(a_{ϕ^2}, b_{ϕ^2}), 其中 a_{ϕ^2} 和 b_{ϕ^2} 是已知的正常数.

6.3.3　Gibbs 抽样和条件分布

令 $\theta = (\beta, \alpha, \gamma, \phi^2)$, $B_i = (\pi(t_{i1}), \cdots, \pi(t_{im_i}))^{\mathrm{T}}$ 和 $B = (B_1^{\mathrm{T}}, \cdots, B_n^{\mathrm{T}})^{\mathrm{T}}$. 基于 (6-6) 式, 我们可以按照以下过程用 Gibbs 抽样从后验分布 $p(\theta, v|Y, X, Z, T)$ 中进行抽样.

Step 1　令参数的初值为 $\theta^{(0)} = (\beta^{(0)}, \alpha^{(0)}, \gamma^{(0)}, \phi^{2(0)})$.

Step 2　基于 $\theta^{(l)} = (\beta^{(l)}, \alpha^{(l)}, \gamma^{(l)}, \phi^{2(l)})$, 计算 $\Sigma^{(l)} = \mathrm{diag}\{h(Z_1, \gamma^{(l)}), \cdots, h(Z_n, \gamma^{(l)})\}$, $\tilde{v}_i^{(l)} = v_i^{(l)} \bigotimes 1_{m_i}$ 和 $\tilde{v}^{(l)} = ((\tilde{v}_1^{(l)})^{\mathrm{T}}, \cdots, (\tilde{v}_n^{(l)})^{\mathrm{T}})^{\mathrm{T}}$.

Step 3 基于 $\theta^{(l)} = (\beta^{(l)}, \alpha^{(l)}, \gamma^{(l)}, \phi^{2(l)})$, 按照以下抽取 $\theta^{(l+1)} = (\beta^{(l+1)}, \alpha^{(l+1)}, \gamma^{(l+1)}, \phi^{2(l+1)})$, $v^{(l+1)}$ 和 $\tau^{2(l+1)}$.

(1) 抽取 $\phi^{2(l+1)}$:

$$
\begin{aligned}
&p(\phi^2|Y, X, v, \beta, \gamma, \alpha) \\
&\approx (\phi^2)^{\frac{N+p}{2} + a_{\phi^2} - 1} \exp\left\{ -\phi^2 \left[\frac{1}{2}(Y - X\beta^{(l)} - \tilde{v}^{(l)} - B\alpha^{(l)})^{\mathrm{T}}(Y - X\beta^{(l)} \right.\right. \\
&\quad \left.\left. - \tilde{v}^{(l)} - B\alpha^{(l)}) + \frac{1}{2}(\beta^{(l)} - \beta_0)^{\mathrm{T}}(\beta^{(l)} - \beta_0) + b_{\phi^2} \right] \right\}.
\end{aligned}
\tag{6-7}
$$

(2) 抽取 $\tau^{2(l+1)}$:

$$
p(\tau^2|\alpha) \propto (\tau^2)^{-\frac{K}{2} - a_\tau - 1} \exp\left\{ -\frac{(\alpha^{(l)} - \alpha_0)^{\mathrm{T}}(\alpha^{(l)} - \alpha_0) + 2b_\tau}{2\tau^2} \right\}.
\tag{6-8}
$$

(3) 抽取 $\alpha^{(l+1)}$:

$$
p(\alpha|Y, X, Z, T, \beta, \gamma, \tau^2, \phi^2) \propto \exp\left\{ -\frac{1}{2}(\alpha - \alpha_0^*)^{\mathrm{T}} b_\alpha^{*-1}(\alpha - \alpha_0^*) \right\},
\tag{6-9}
$$

其中 $\alpha_0^* = b_\alpha^*(\tau^{2(l+1)-1} I_K \alpha_0 + \phi^{2(l+1)} B^{\mathrm{T}}(Y - X\beta^{(l)} - \tilde{v}^{(l)}))$, $b_\alpha^* = (\tau^{2(l+1)-1} I_K + \phi^{2(l+1)} B^{\mathrm{T}} B)^{-1}$, I_K 是单位阵.

(4) 抽取 $\beta^{(l+1)}$:

$$
p(\beta|Y, X, Z, T, \alpha, \gamma, \phi^2) \propto \exp\left\{ -\frac{1}{2}(\beta - \beta_0^*)^{\mathrm{T}} b_\beta^{*-1}(\beta - \beta_0^*) \right\},
\tag{6-10}
$$

其中 $\beta_0^* = b_\beta^*((\phi^{-2(l+1)} b_\beta)^{-1}\beta_0 + \phi^{2(l+1)} X^{\mathrm{T}}(Y - \tilde{v}^{(l)} - B\alpha^{(l+1)}))$, $b_\beta^* = ((\phi^{-2(l+1)} b_\beta)^{-1} + \phi^{2(l+1)} X^{\mathrm{T}} X)^{-1}$.

(5) 抽取 $v^{(l+1)}$:

$$
\begin{aligned}
p(v|Y, X, T, Z, \beta, \gamma, \phi^2) \propto \exp\left\{ -\frac{\phi^{2(l+1)}}{2} \sum_{i=1}^{n} \sum_{j=1}^{m_i} (Y_{ij} - X_{ij}^{\mathrm{T}}\beta^{(l+1)} \right. \\
\left. - \pi(t_{ij})^{\mathrm{T}}\alpha^{(l+1)} - v_i)^2 - \sum_{i=1}^{n} \frac{v_i^2}{2\sigma_i^{2(l)}} \right\},
\end{aligned}
\tag{6-11}
$$

其中 $\sigma_i^{2(l)} = h(Z_i, \gamma^{(l)})$.

(6) 抽取 $\gamma^{(l+1)}$:

$$
p(\gamma|Y, X, Z, \beta, \phi^2) \propto |\Sigma_1|^{-\frac{1}{2}} \exp\left\{ -\frac{1}{2} v^{(l+1)\mathrm{T}} \Sigma_1 v^{(l+1)} - \frac{1}{2}(\gamma - \gamma_0)^{\mathrm{T}} B_\gamma^{-1}(\gamma - \gamma_0) \right\}.
\tag{6-12}
$$

这里 $\Sigma_1 = \text{diag}\{h(Z_1, \gamma), \cdots, h(Z_n, \gamma)\}$.

Step 4　重复 Step 2 和 Step 3.

那么这样我们就通过以上算法产生了样本序列 $(\beta^{(t)}, \alpha^{(t)}, \gamma^{(t)}, \phi^{2^{(t)}}, \tau^{2^{(t)}})$, $t = 1, 2, \cdots$. 从 (6-7) 式、(6-8) 式和 (6-9) 式中很容易发现, 条件分布 $p(\tau^2|\alpha)$, $p(\alpha|Y, X, Z, T, \beta, \gamma, \tau^2, \phi^2)$, $p(\beta|Y, X, Z, T, \alpha, \gamma, \phi^2)$ 和 $p(\phi^2|Y, X, T, v, \beta, \gamma, \alpha)$ 是一些非常熟悉的分布, 如 Gamma 分布和正态分布. 从这些标准分布抽取随机数是比较容易的, 但是条件分布 $p(v|Y, X, Z, T, \beta, \gamma, \phi^2)$ 和 $p(\gamma|Y, X, Z, \beta, \phi^2)$ 是一个不熟悉且相当复杂的分布, 这样从这个分布中抽取随机数也变得相当困难. 这样, Metropolis-Hastings 算法就被应用来从这个分布中抽取随机数. 我们选择正态分布 $N(v^{(l)}, \sigma_v^2 \Omega_v^{-1})$ 和 $N(\gamma^{(l)}, \sigma_\gamma^2 \Omega_\gamma^{-1})$ 作为建议分布 (Roberts, 1996; Lee and Zhu, 2000), 其中通过选择 σ_v^2 和 σ_γ^2 来使得接受概率在 0.25 与 0.45 之间, 且取

$$\Omega_v = E\left(-\frac{\partial^2 \log p(v|Y, X, T, Z, \beta^{(l+1)}, \gamma^{(l)}, \phi^{2^{(l+1)}})}{\partial v \partial v^{\mathrm{T}}}\right),$$

$$\Omega_\gamma = E\left(-\frac{\partial^2 \log p(\gamma|Y, X, Z, \beta^{(l+1)}, \phi^{2^{(l+1)}})}{\partial \gamma \partial \gamma^{\mathrm{T}}}\right).$$

Metropolis-Hastings 算法按照以下应用: 在目前值 $v^{(l)}$, $\gamma^{(l)}$ 和第 $(l+1)$ 次迭代时, 从 $N(v^{(l)}, \sigma_v^2 \Omega_v^{-1})$, $N(\gamma^{(l)}, \sigma_\gamma^2 \Omega_\gamma^{-1})$ 中产生一个新的备选 v^* 和 γ^*, 且按照以下概率决定是否接受

$$\min\left\{1, \frac{p(v^*|Y, X, Z, \beta, \gamma, \phi^2)}{p(v^{(l)}|Y, X, Z, \beta, \gamma, \phi^2)}\right\}$$

和

$$\min\left\{1, \frac{p(\gamma^*|Y, X, Z, \beta, \phi^2)}{p(\gamma^{(l)}|Y, X, Z, \beta, \phi^2)}\right\}.$$

6.3.4　贝叶斯推断

利用以上提出的计算过程产生观测值来获得参数 β, α, γ 和 ϕ^2 的贝叶斯估计和它们的标准误.

令 $\{\theta^{(j)} = (\beta^{(j)}, \alpha^{(j)}, \gamma^{(j)}, \phi^{2^{(j)}}) : j = 1, 2, \cdots, J\}$ 是通过混合算法从联合条件分布 $p(\beta, \alpha, \gamma, \phi^2|Y, X, Z, T)$ 中产生的观测值, 那么 β, α, γ 和 ϕ^2 的贝叶斯估计为

$$\hat{\beta} = \frac{1}{J}\sum_{j=1}^{J}\beta^{(j)}, \quad \hat{\alpha} = \frac{1}{J}\sum_{j=1}^{J}\alpha^{(j)},$$

$$\hat{\gamma} = \frac{1}{J}\sum_{j=1}^{J}\gamma^{(j)}, \quad \hat{\phi}^2 = \frac{1}{J}\sum_{j=1}^{J}\phi^{2^{(j)}}.$$

像文献 (Geyer, 1992) 中展示的一样, 当 J 趋于无穷时, $\hat{\theta} = (\hat{\beta}, \hat{\alpha}, \hat{\gamma}, \hat{\phi}^2)$ 是对应后验均值向量的相合估计. 类似地, 后验协方差矩阵 $\mathrm{Var}(\theta|Y, X, Z, T)$ 的相合估计可以

通过观测 $\{\theta^{(j)} : j = 1, 2, \cdots, J\}$ 的样本协方差矩阵来获得, 即

$$\widehat{\mathrm{Var}}(\theta|Y, X, Z, T) = (J - 1)^{-1} \sum_{j=1}^{J} (\theta^{(j)} - \hat{\theta})(\theta^{(j)} - \hat{\theta})^{\mathrm{T}}.$$

这样, 后验标准误可以通过该矩阵的对角元素来获得.

6.4 模 拟 研 究

在这节我们通过一个模拟研究来说明我们所提出的贝叶斯方法的有效性.

在模拟中,$\sigma^2 = 0.5$, 均值模型结构为 $\mu_{ij} = X_{ij}^{\mathrm{T}}\beta + v_i + 0.5\sin(2\pi t_{ij}), i = 1, 2, \cdots, n; j = 1, 2, \cdots, m$, 其中 $m = 4$, t_{ij} 服从均匀分布 $U(0, 1)$, X_{ij} 是一个 3×1 维向量, 其中的元素独立产生于均匀分布 $N(0, 1)$ 和 $\beta = (1, -0.8, 1)^{\mathrm{T}}$. 随机效应的方差模型结构需要在以下不同的例子中选取不同的模型结构.

为了调查贝叶斯估计对先验分布的敏感程度, 我们考虑以下有关未知参数 $\beta, \alpha,$ γ, τ^2, ϕ^2 的先验分布中超参数值设置的三种情形.

情形 I: $\beta_0 = (1, -0.8, 1)^{\mathrm{T}}, b_\beta = I_3, \gamma_0 = (1, -0.5)^{\mathrm{T}}, B_\gamma = I_2, a_\tau = 1, b_\tau = 1, a_{\phi^2} = 1, b_{\phi^2} = 1$. 这种就被看作拥有很好的先验信息的情形.

情形 II: $\beta_0 = (0, 0, 0)^{\mathrm{T}}, b_\beta = I_3, \gamma_0 = (0, 0)^{\mathrm{T}}, B_\gamma = I_2, a_\tau = 1, b_\tau = 1, a_{\phi^2} = 1, b_{\phi^2} = 1$. 这种就被看作拥有不精确的先验信息的情形.

情形 III: $\beta_0 = 3 \times (1, -0.5, 0.5)^{\mathrm{T}}, b_\beta = I_3, \gamma_0 = 3 \times (1, -0.5, 0.5)^{\mathrm{T}}, B_\gamma = I_3,$ $\alpha_0 = (0, \cdots, 0)^{\mathrm{T}}, a_\tau = 1, b_\tau = 1$. 这些超参数值的设置代表的是没有先验信息的情形.

在上面的各种环境下, 联合 Gibbs 抽样和 Metropolis-Hastings 算法的混合算法被用来计算未知参数和光滑函数的贝叶斯估计. 在下面的模拟中, 我们使用三次 B 样条方法, 并取不同的样本量大小. 对于每一种情形, 我们重复计算 100 次. 对于每次重复产生的每一次数据集, MCMC 算法的收敛性可以通过 EPSR 值 (Gelman, 1996) 来检验, 并且我们在每次运行中, 观测到在 4000 次迭代以后 EPSR 值都小于 1.2. 因此我们在每次重复计算中丢掉前 4000 次迭代以后, 再收集 $J = 4000$ 个样本来产生贝叶斯估计.

例 6.4.1 基于不同的先验信息和样本量的比较分析.

在这个例子中, 我们选取对数线性模型作为随机效应 v_i 的方差模型结构,

$$\log(\sigma_i^2) = Z_i^{\mathrm{T}}\gamma, \quad i = 1, 2, \cdots, n.$$

其中 $\gamma = (1, -0.5)^{\mathrm{T}}$, Z_i 是一个 2×1 维向量, 且其中的元素独立产生于标准正态分布 $N(0, 1)$, 样本量 n 分别取 $n = 30, 50, 100, 150$. 参数贝叶斯估计的模拟结果概

括在表 6-1 和表 6-2 中. 为了调查估计函数 $g(t)$ 的精确度, 我们画出了在不同样本量和三种先验分布情形下非参数函数的平均估计曲线和真实曲线, 并且展示在图 6-1~ 图 6-4 中.

表 6-1　当 $n = 30$ 和 $n = 50$ 时在例 6.4.1 中基于不同先验分布情况下未知参数的贝叶斯估计结果

情形	参数	$n = 30$			$n = 50$		
		BIAS	RMS	SD	BIAS	RMS	SD
I	β_1	0.0103	0.0769	0.0748	0.0028	0.0553	0.0577
	β_2	0.0041	0.0693	0.0743	0.0028	0.0542	0.0577
	β_3	0.0100	0.0731	0.0743	0.0055	0.0559	0.0573
	γ_1	0.0711	0.3301	0.3532	0.0093	0.2727	0.2649
	γ_2	0.0154	0.3218	0.3520	0.0141	0.2160	0.2576
	σ^2	0.0058	0.0704	0.0769	0.0065	0.0553	0.0588
II	β_1	0.0002	0.0799	0.0747	0.0037	0.0660	0.0579
	β_2	0.0019	0.0752	0.0749	0.0029	0.0627	0.0585
	β_3	0.0102	0.0717	0.0741	0.0038	0.0606	0.0579
	γ_1	0.0744	0.3294	0.3448	0.0227	0.2620	0.2727
	γ_2	0.0271	0.3318	0.3453	0.0526	0.2770	0.2641
	σ^2	0.0028	0.0695	0.0764	0.0107	0.0603	0.0595
III	β_1	0.0181	0.0708	0.0775	0.0009	0.0613	0.0578
	β_2	0.0163	0.0778	0.0765	0.0029	0.0481	0.0581
	β_3	0.0139	0.0786	0.0778	0.0053	0.0567	0.0580
	γ_1	0.1190	0.3099	0.3403	0.0139	0.2387	0.2518
	γ_2	0.0358	0.2739	0.3264	0.0132	0.2323	0.2467
	σ^2	0.0409	0.0851	0.0818	0.0194	0.0595	0.0605

表 6-2　当 $n = 100$ 和 $n = 150$ 时在例 6.4.1 中基于不同先验分布情况下未知参数的贝叶斯估计结果

情形	参数	$n = 100$			$n = 150$		
		BIAS	RMS	SD	BIAS	RMS	SD
I	β_1	0.0028	0.0394	0.0398	0.0019	0.0349	0.0323
	β_2	0.0005	0.0393	0.0398	0.0017	0.0340	0.0325
	β_3	0.0005	0.0394	0.0393	0.0012	0.0346	0.0323
	γ_1	0.0074	0.2050	0.1809	0.0290	0.1384	0.1449
	γ_2	0.0059	0.1642	0.1723	0.0057	0.1465	0.1394
	σ^2	0.0026	0.0405	0.0403	0.0036	0.0324	0.0332
II	β_1	0.0012	0.0450	0.0400	0.0005	0.0341	0.0323
	β_2	0.0055	0.0368	0.0398	0.0013	0.0319	0.0324
	β_3	0.0001	0.0389	0.0398	0.0014	0.0351	0.0323
	γ_1	0.0016	0.1507	0.1743	0.0281	0.1449	0.1434
	γ_2	0.0303	0.1777	0.1729	0.0113	0.1583	0.1366
	σ^2	0.0037	0.0409	0.0409	0.0020	0.0302	0.0328
III	β_1	0.0002	0.0379	0.0402	0.0036	0.0345	0.0322
	β_2	0.0008	0.0427	0.0401	0.0009	0.0323	0.0326
	β_3	0.0000	0.0398	0.0399	0.0028	0.0348	0.0323
	γ_1	0.0587	0.1764	0.1729	0.0018	0.1398	0.1400
	γ_2	0.0318	0.1857	0.1734	0.0016	0.1531	0.1367
	σ^2	0.0089	0.0380	0.0414	0.0060	0.0302	0.0332

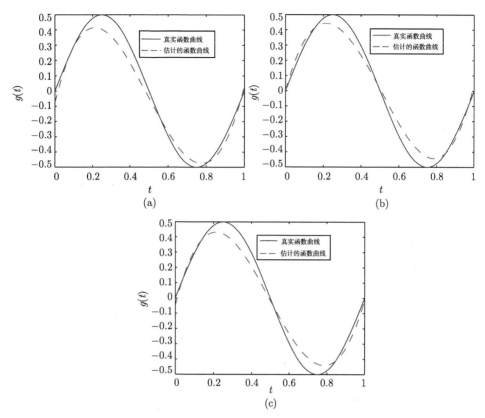

图 6-1 当 $n = 30$ 时, 三种先验分布情形下 $g(t)$ 的真实曲线和平均估计曲线图

(a) 情形 I; (b) 情形 II; (c) 情形 III

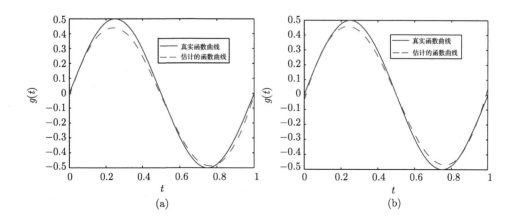

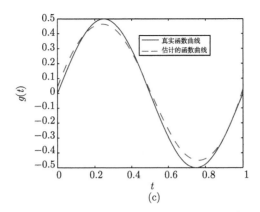

图 6-2　当 $n = 50$ 时, 三种先验分布情形下 $g(t)$ 的真实曲线和平均估计曲线图

(a) 情形 I: (b) 情形 II; (c) 情形 III

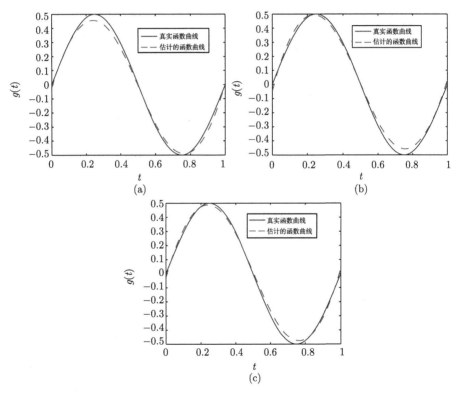

图 6-3　当 $n = 100$ 时, 三种先验分布情形下 $g(t)$ 的真实曲线和平均估计曲线图

(a) 情形 I; (b) 情形 II; (c) 情形 III

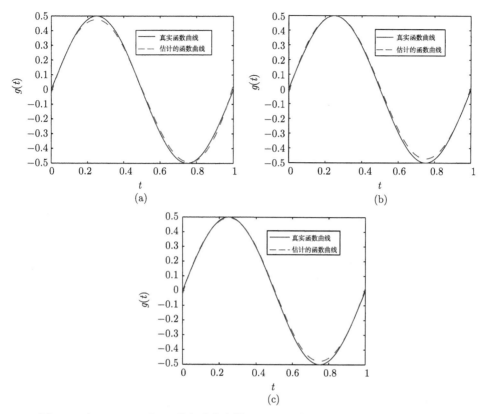

图 6-4 当 $n = 150$ 时, 三种先验分布情形下 $g(t)$ 的真实曲线和平均估计曲线图

(a) 情形 I; (b) 情形 II; (c) 情形 III

在表 6-1 和表 6-2 中,"BIAS" 表示基于 100 次重复计算未知参数的贝叶斯估计和真值之间的偏差,"SD" 表示本节中给出的后验标准误的平均估计, "RMS" 表示的是基于 100 次重复计算的贝叶斯估计的均方误差的算术平方根. 从表 6-1 和表 6-2 中我们可以获得: ①在估计的偏差、RMS 和 SD 值方面, 不管何种先验信息贝叶斯估计都相当精确; ②在样本量比较小的时候, 贝叶斯估计对先验信息不是特别的敏感, 但是当样本量变得很大时, 先验信息对贝叶斯估计的结果就变得一点也不敏感; ③当样本量逐渐变大时, 估计也变得越来越好, 特别对方差模型中的参数表现得比较明显. 从图 6-1~ 图 6-4 中展示了不管何种先验信息, 估计出来的非参数函数的曲线与相应的真实函数的曲线逼近得都比较好. 总之, 所有以上的结果可以看出本章所提出的估计方法能很好地恢复 SMMEDRMs 中的真实信息.

例 6.4.2　**基于不同的先验信息和内节点个数的比较分析.**

为了调查非参数函数 $g(t)$ 的贝叶斯估计对内节点数选择的敏感性, 我们考虑有关 K 的其他两种选择, 即 $K_1 = \lfloor K_0/1.5 \rfloor$ 和 $K_2 = \lfloor 1.5K_0 \rfloor$, 其中 K_0 是最优的内节点数, $\lfloor s \rfloor$ 表示不大于 s 的最大整数. 在这里, 我们仅仅列出当 $n = 50$ 时, 在不同的 K 下贝叶斯估计结果, 结果分别列在表 6-3 和图 6-5、图 6-6 中. 通过观测表 6-3, 并且与表 6-1 和表 6-2 相比较, 我们可以得到不管 K 取何值, 在 RMS 和 SD

表 6-3　当 $n = 50$ 时例 6.4.2 在不同 K 值下参数的贝叶斯估计结果

情形	参数	K_1			K_2		
		BIAS	RMS	SD	BIAS	RMS	SD
I	β_1	0.0091	0.0543	0.0572	0.0031	0.0606	0.0575
	β_2	0.0054	0.0612	0.0572	0.0022	0.0612	0.0573
	β_3	0.0001	0.0570	0.0577	0.0030	0.0522	0.0572
	γ_1	0.0198	0.2432	0.2624	0.0314	0.2589	0.2631
	γ_2	0.0145	0.2677	0.2579	0.0244	0.2377	0.2509
	σ^2	0.0102	0.0605	0.0598	0.0053	0.0643	0.0589
II	β_1	0.0052	0.0551	0.0570	0.0161	0.0566	0.0572
	β_2	0.0117	0.0523	0.0576	0.0020	0.0585	0.0573
	β_3	0.0023	0.0608	0.0567	0.0003	0.0540	0.0575
	γ_1	0.0719	0.2630	0.2681	0.0913	0.2571	0.2711
	γ_2	0.0467	0.2382	0.2529	0.0398	0.2303	0.2565
	σ^2	0.0077	0.0674	0.0586	0.0016	0.0590	0.0587
III	β_1	0.0092	0.0578	0.0585	0.0030	0.0568	0.0581
	β_2	0.0121	0.0575	0.0580	0.0042	0.0584	0.0581
	β_3	0.0014	0.0566	0.0586	0.0024	0.0524	0.0585
	γ_1	0.0476	0.2737	0.2540	0.0669	0.2323	0.2510
	γ_2	0.0267	0.2554	0.2634	0.0643	0.2392	0.2507
	σ^2	0.0249	0.0589	0.0610	0.0190	0.0624	0.0604

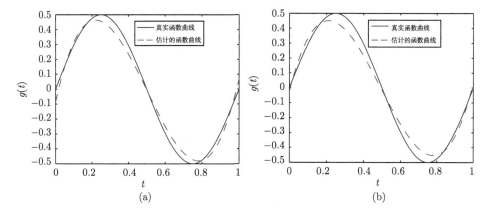

(a)　　　　　　　　　　　　　　(b)

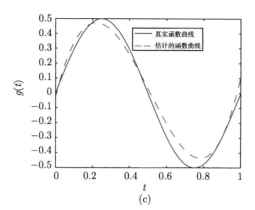

图 6-5　当 $n = 50$ 时, K_1 和三种先验分布情形下 $g(t)$ 的真实曲线和平均估计曲线图

(a) 情形 I; (b) 情形 II; (c) 情形 III

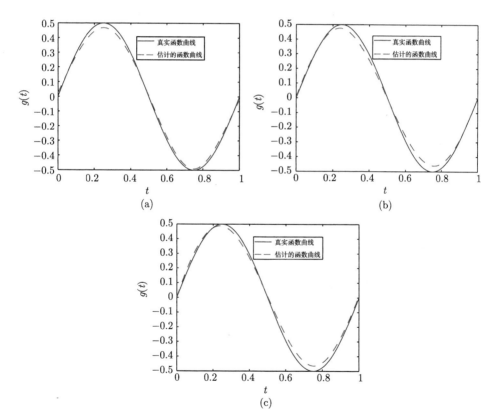

图 6-6　当 $n = 50$ 时, K_2 和三种先验分布情形下 $g(t)$ 的真实曲线和平均估计曲线图

(a) 情形 I; (b) 情形 II; (c) 情形 III

值上都表现出贝叶斯估计都是相当精确的. 从图 6-5 和图 6-6 中, 我们也可以发现非参数函数的估计曲线和表 6-1 中的结果是非常相似的. 因此, 参数部分和非参数部分的贝叶斯估计对内节点个数的选择不是特别敏感.

例 6.4.3　基于不同的先验信息和方差模型的比较分析

为了调查贝叶斯估计对方差模型结构的敏感性, 我们考虑随机效应 v_i 的另一个方差模型结构 (即幂乘积模型), 具体定义如下

$$\sigma_i^2 = \prod_{j=1}^{q} Z_{ij}^{\gamma_j},$$

其中 $\gamma = (1, -0.5)^{\mathrm{T}}$, Z_i 是一个 2×1 维向量, 且其中的元素独立产生于均匀分布 $U(0, 2)$. 有关参数部分和非参数部分所有的模拟结果都展示在表 6-4 和图 6-7、图 6-8 中.

表 6-4 中的结论表明采用与例 6.4.1 中不一样的方差模型 (即幂乘积模型作为方差结构), 所提出的贝叶斯方法同样能达到预期的效果, 且结果与例 6.4.1 中的结果十分相似.

表 6-4　例 6.4.3 在不同的先验分布情况下参数的贝叶斯估计结果

情形	参数	$n = 50$			$n = 100$		
		BIAS	RMS	SD	BIAS	RMS	SD
I	β_1	0.0005	0.0566	0.0579	0.0025	0.0411	0.0399
	β_2	0.0029	0.0530	0.0572	0.0014	0.0431	0.0395
	β_3	0.0000	0.0494	0.0576	0.0055	0.0421	0.0398
	γ_1	0.0614	0.3186	0.3712	0.0368	0.2915	0.2398
	γ_2	0.0287	0.2471	0.2383	0.0001	0.1540	0.1611
	σ^2	0.0071	0.0592	0.0587	0.0021	0.0487	0.0405
II	β_1	0.0024	0.0572	0.0580	0.0004	0.0411	0.0399
	β_2	0.0063	0.0539	0.0574	0.0017	0.0432	0.0396
	β_3	0.0033	0.0494	0.0576	0.0067	0.0402	0.0398
	γ_1	0.1226	0.3470	0.3748	0.0722	0.3187	0.2375
	γ_2	0.0507	0.2515	0.2422	0.0062	0.1550	0.1623
	σ^2	0.0116	0.0597	0.0593	0.0032	0.0483	0.0405
III	β_1	0.0042	0.0589	0.0585	0.0050	0.0432	0.0405
	β_2	0.0005	0.0563	0.0580	0.0110	0.0469	0.0402
	β_3	0.0085	0.0512	0.0583	0.0068	0.0479	0.0401
	γ_1	0.0583	0.2874	0.3503	0.0493	0.2521	0.2416
	γ_2	0.0130	0.2423	0.2365	0.0663	0.1766	0.1581
	σ^2	0.0221	0.0627	0.0606	0.0154	0.0462	0.0416

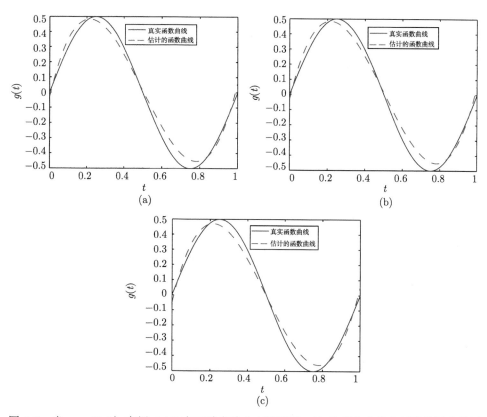

图 6-7 当 $n = 50$ 时, 在例 6.4.3 中三种先验分布情形下 $g(t)$ 的真实曲线和平均估计曲线图

(a) 情形 I; (b) 情形 II; (c) 情形 III

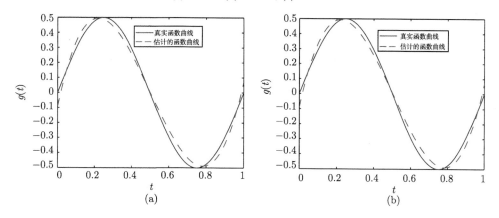

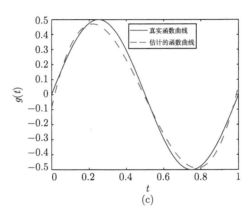

图 6-8　当 $n = 100$ 时, 在例 6.4.3 中三种先验分布情形下 $g(t)$ 的真实曲线和平均估计曲线图

(a) 情形 I; (b) 情形 II; (c) 情形 III

　　另外, 为了考虑方差结构误判对参数估计结果的影响, 我们在先验信息情形 I 下以及样本量 $n = 50$ 和 $n = 100$ 做了模拟研究. 这种比较的主要测量为拟合的均值参数 $\hat{\beta}$ 与真实的均值 β, 拟合的方差 $\hat{\sigma}_i^2 (i = 1, 2, \cdots, n)$ 与真实的方差 $\sigma_i^2 (i = 1, 2, \cdots, n)$, 以及拟合的误差方差 $\hat{\sigma}^2$ 与真实的误差方差 σ^2 之间的偏差. 特别地, 我们定义三种相对误差如下

$$\mathrm{RERR}(\hat{\beta}) = \left| \frac{\sum_{j=1}^{p} (\hat{\beta}_j - \beta_j)}{\sum_{j=1}^{p} \beta_j} \right|; \quad \mathrm{RERR}(\hat{\sigma}_i^2) = \left| \frac{\sum_{i=1}^{n} (\hat{\sigma}_i^2 - \sigma_i^2)}{\sum_{i=1}^{n} \sigma_i^2} \right|; \quad \mathrm{RERR}(\hat{\sigma}^2) = \left| \frac{\hat{\sigma}^2 - \sigma^2}{\sigma^2} \right|.$$

这里方差结构误判是指采用例 6.4.1 中的方差结构去建模随机效应的方差. 结果展示在表 6-5 中. 从表 6-5 中可以发现当真实方差结构是幂乘积模型时, 如果错误地用对数线性模型对方差建模, 则估计 $\hat{\beta}$, $\hat{\sigma}_i^2$ 和 $\hat{\sigma}^2$ 的误差会变大. 然而, 在这个模拟中, 方差结构模型误判对拟合的结果影响并不是很大, 特别是在均值参数和误差方差部分的影响会比较小.

表 6-5　在例 6.4.3 中基于不同的方差结构和样本量下获得的平均相对误差结果

		$n = 50$	$n = 100$
方差结构正判	$\mathrm{RERR}(\hat{\beta})$	0.0048	0.0013
	$\mathrm{RERR}(\hat{\sigma}_i^2)$	0.9226	0.6868
	$\mathrm{RERR}(\hat{\sigma}^2)$	0.0068	0.0003
方差结构误判	$\mathrm{RERR}(\hat{\beta})$	0.0067	0.0024
	$\mathrm{RERR}(\hat{\sigma}_i^2)$	2.4665	1.3371
	$\mathrm{RERR}(\hat{\sigma}^2)$	0.0069	0.0007

6.5 实际数据分析

下面我们把本章提出的方法对来自某 AIDS(Acquired Immure Deficiency Syndrome) 研究中心的一组数据进行统计分析. 这个数据集包括从 1984 年到 1991 年之间感染艾滋病病毒 (Human Immunodeficiency Virus, HIV) 的 283 个患者的 HIV 状态的数据. 该数据已经被很多统计学者利用部分线性模型进行分析, 他们分析的目标是研究患者的 CD4 浓度随时间的变化趋势, 患者的吸烟状态, HIV 感染前的 CD4 浓度, 以及 HIV 感染时患者的年龄对 HIV 感染后患者的 CD4 浓度的影响. 这就促使我们采用半参数模型分析这个数据.

令 Y 为患者的 CD4 浓度, X_1 为患者的抽烟状态 (1 患者抽烟, 0 患者不抽烟), X_2 为患者 HIV 感染中心化的年龄, X_3 为 HIV 感染前中心化的 CD4 浓度. 现对 CD4 浓度的均值和随机效应的方差部分进行联合建模, 将使用以下的半参数随机效应双重回归模型:

$$\begin{cases} Y_{ij} = \beta_1 X_{1ij} + \beta_2 X_{2ij} + \beta_3 X_{3ij} + v_i + g(t_{ij}) + \varepsilon_{ij}, \\ \varepsilon_{ij} \sim N(0, \sigma^2), \\ v_i \sim N(0, \sigma_i^2), \\ \log(\sigma_i^2) = \gamma_1 Z_{1i} + \gamma_2 Z_{2i}, \\ i = 1, 2, \cdots, 283, \end{cases}$$

其中 $Z_1 = X_1, Z_2 = X_3, g(t)$ 为 CD4 浓度的基准函数, 表示 HIV 感染 t 年以后, 患者的平均 CD4 浓度.

我们用提出的混合算法来获得未知参数 β, γ 和 σ^2 的贝叶斯估计, 其中对所有未知参数采用无先验信息. 在 Metropolis-Hastings 算法中, 我们令建议分布中的 $\sigma_\gamma^2 = 1.8$ 和 $\sigma_v^2 = 0.015$, 且使得接受概率为 43.76% 和 31.37%. 为了测试算法的收敛性, 我们画出了所有未知参数的 EPSR 值的图, 且列在图 6-9 中, 从图中也能看出 5000 次迭代以后所有参数的 EPSR 值都小于 1.2, 这也表示 5000 次迭代以后算法都收敛了. 我们分别计算 β, γ 和 σ^2 的贝叶斯估计和标准误估计. 结果列在表 6-6 中. 结果展示了 X_3 对 Y 的均值具有重要的影响, 这与文献 (Fan and Li, 2004) 中的变量选择结果类似. 另外, 图 6-10 也展示了非参数函数的贝叶斯估计曲线. 从图 6-10 中可以看出, 患者的平均 CD4 浓度在 HIV 感染初期下降非常快, 但是 4 年之后, 下降速度开始减慢, 这与文献 (Fan and Li, 2004) 中用局部线性拟合方法的结果基本类似.

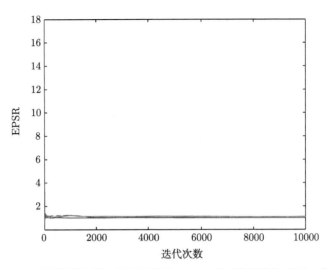

图 6-9　实际数据分析中所有参数的 EPSR 值 (彩图请扫书后二维码)

表 6-6　实际数据分析中的贝叶斯估计以及其标准误

参数	EST	SD
β_1	0.4431	0.5775
β_2	−0.1955	0.2648
β_3	3.2706	0.2696
γ_1	2.0399	0.3593
γ_2	2.3333	0.2186
σ^2	80.9993	2.7830

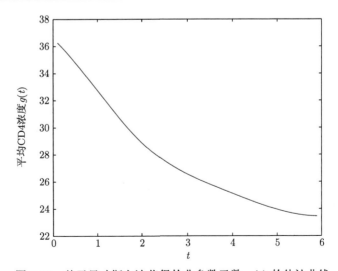

图 6-10　基于贝叶斯方法获得的非参数函数 $g(t)$ 的估计曲线

6.6 小 结

本章针对半参数混合效应双重回归模型, 在贝叶斯框架下提出了模型中未知参数的贝叶斯分析. 其中主要基于 B 样条逼近非参数部分、联合 Gibbs 抽样和 Metropolis-Hastings 算法的混合算法来获得参数的贝叶斯估计. 通过模拟研究和实际数据分析来说明所提出的贝叶斯分析方法是有效的.

第 7 章　双重 Logistic 回归模型

7.1　引　　言

妊娠期高血压疾病 (以下简称妊高病) 在我国发病率约为 9.4%, 国外报道 7%~ 12%, 其并发症严重影响胎儿的生长发育, 如胎盘早剥、早产、胎死宫内等, 是新生儿死亡和出生缺陷的主要原因. 随着生活节奏快、精神压力大、高龄初产妇增多等高危因素的凸现, 妊高病倾向者也逐渐增多.

该疾病发病隐匿、诊断滞后, 临床症状出现晚, 给防治带来较大困难; 一些病例发病急骤, 转运困难, 易耽搁抢救时机; 该病有多种并发症, 如脑出血、HELLP 综合征、血栓性疾病、产后出血、胎死宫内等. 基层医生难以掌握和识别; 因此早预测、早转诊、早干预, 可以减少发病率以及死亡率.

目前, 对妊高病发病高危因素的研究有很多, 在此基础上产生了多种预测方法, 例如, 血压测量预测妊高病、血流动力学参数变化预测妊高病; 临床流行病学因素预测妊高病、子宫动脉阻力评分法预测妊高病等. 因此, 可以看出引起妊高病的发病有诸多相关因素, 在临床症状出现前有很多指标已经发生变化. 但是目前对妊高病发病的评估研究是片面的, 非多元性的研究. 没有对妊高病发病相关因素和预测指标进行综合研究, 不能准确判定孕妇是处于高危状态的何种水平, 而实际上引起妊高病的发病与很多因素相关. 因此, 很有必要对影响妊高病的相关因素进行综合分析.

建模是进行统计分析与推断的第一步. 而对于一组数据, 往往有好多类模型可供选择; 在同一类模型中, 还要确定变量个数, 这就是所说的模型或变量选择. 经典的模型选择主要是线性回归中自变量的选取, 如 Akaike 信息准则等. 广义线性模型是线性模型的推广, 它适用于连续数据和离散数据, 而且误差结构不再局限于正态分布. 该模型在生物、医学和经济、社会数据的统计分析中有着重要的实用意义; Logistic 模型便是广义线性模型的一个特例. 对广义线性模型的变量选取, 现成的方法也很多. 然而在这些文献中, 散度参数只是被作为常数来处理的. 由于异方差数据的大量存在, 散度参数被作为变数来处理是有实际意义的. 在双重 Logistic 回归模型中散度和均值部分就都赋予了广义线性模型的结构. 本章就采用双重 Logistic 回归模型对影响妊高病的相关因素和预测指标进行综合分析. 本章基于扩展拟似然估计采用目前流行的 SCAD 方法 (Fan and Li, 2001) 对模型进行变量选择以及找出预测指标. 本章研究分析的数据资料来源于 2006~2008 年在某医院分娩, 具有完整的产前检查、入院、出院以及产后随访记录的妊娠妇女.

本章结构安排如下: 7.2 节中首先详细描述了双重 Logistic 回归模型, 然后给出了模型的变量选择过程和迭代计算算法; 7.3 节是数据分析, 应用 7.2 节中提出的模型变量选择方法来分析有关妊高病数据; 7.4 节是小结.

7.2 模型及变量选择方法

7.2.1 双重 Logistic 回归模型

在所面临的问题中, 响应变量 Y_i 表示在对第 i 个个体进行的 m_i 次观测中事件发生的次数, 同时能够观测到这个个体的特征指标向量 u_i. 一个自然的模型是假定 Y_i 服从二项分布 $b(m_i, p_i)$, 所感兴趣的是事件在一次观测中发生的概率 p_i. 然而, 与通常所不同的是观测次数 m_i 也是随机变量 (请参见 7.3 节关于数据的说明). 假定其均值为 λ_i, 方差为 σ_i^2. 则容易得到 $\mathrm{Var}(Y_i) = \lambda_i p_i (1 - p_i) + \sigma_i^2 p_i^2$. 注意到方差的前一部分为给定 m_i 时 Y_i 的条件方差的期望, 由此可见 m_i 的随机性使得 Y_i 的方差有所 "膨胀". 从理论角度来看, 我们应该对 m_i 和 p_i 同时建模, 然而在实际当中影响 m_i 的因素未必只有 u_i. 另外, m_i 的分布也不是我们感兴趣的. 考虑到 Y_i 的方差增大, 我们对具有方差膨胀因子表现作用的散度进行建模. 为此, 我们考虑如下的模型.

设 $(X_i, Z_i, m_i, Y_i)(i = 1, 2, \cdots, n)$ 为从 n 个个体得到的独立样本, 其中 $X_i = (X_{i1}, \cdots, X_{ip})^{\mathrm{T}}$ 是与 Y_i 的均值有关的解释变量的观测值, $Z_i = (Z_{i1}, \cdots, Z_{iq})^{\mathrm{T}}$ 是与 Y_i 的方差有关的解释变量的观测值, n 是样本容量. 令 $Y = (Y_1, \cdots, Y_n)^{\mathrm{T}}$, $X = (X_1, \cdots, X_n)^{\mathrm{T}}$, $Z = (Z_1, \cdots, Z_n)^{\mathrm{T}}$. X, Z 允许有相同的列向量, 即与 Y_i 的均值和方差有关的解释变量可以相同. 假设第 i 个个体在一次观测中事件发生的概率 p_i 以及响应变量 Y_i 满足如下模型:

$$\begin{cases} \mathrm{logit}(p_i) = X_i^{\mathrm{T}}\beta, \\ \mathrm{Var}(Y_i) = p_i(1 - p_i)\phi_i, \\ \log(\phi_i) = Z_i^{\mathrm{T}}\gamma. \end{cases}$$

这是一个双重 Logistic 回归模型. 在这个模型中, 散度模型的拟合不仅有利于分析影响 Y 方差的因素, 同时对分析有关因素对于 p_i 的影响具有调整作用.

我们基于如下的扩展拟似然函数对模型进行统计分析:

$$Q^+(\beta, \gamma) = -\frac{1}{2}\sum_{i=1}^{n}\frac{d_i(Y_i, \mu_i)}{\phi_i} - \frac{1}{2}\sum_{i=1}^{n}\log(2\pi\phi_i V(Y_i)),$$

其中 $V(\cdot)$ 是方差函数, 在本模型中 $V(t) = t(1-t)$, $\mu_i = m_i p_i$, 且

$$d(Y_i, \mu_i) = 2 \int_{\mu_i}^{Y_i} \frac{Y_i - t}{V(t)} dt.$$

记 $\theta = (\beta^{\mathrm{T}}, \gamma^{\mathrm{T}})^{\mathrm{T}}$, 定义惩罚扩展拟似然函数为

$$\mathcal{L}(\theta) = Q^+(\beta, \gamma) - n \sum_{j=1}^{p} p_{\lambda_{1j}}(|\beta_j|) - n \sum_{k=1}^{q} p_{\lambda_{2k}}(|\gamma_k|).$$

相应地, 惩罚扩展拟似然估计定义如下

$$\hat{\theta} = \arg\max_{\theta} \mathcal{L}(\theta),$$

其中 $p_\lambda(\cdot)$ 是惩罚函数, λ 是调整参数、类似文献 (Fan and Li, 2001), 本节采用如下 SCAD 惩罚函数

$$p_\lambda'(\theta) = \lambda \left\{ I(\theta \leqslant \lambda) + \frac{(a\lambda - \theta)_+}{(a-1)\lambda} I(\theta > \lambda) \right\},$$

其中 $a > 2, \theta > 0$. 在这里调整参数 λ 没必要完全相同. 这样我们就可以对非零回归系数选择较小的调整参数, 而对零回归系数选择较大的调整参数. 因此, 在保证对非零回归系数给出相合估计的同时可以把零回归系数的估计压缩为零, 进而达到变量选择的目的.

7.2.2 算法

对于许多惩罚函数, 包括 SCAD 惩罚函数, 由于在原点是奇异的, 所以普通的梯度计算方法将不能直接应用. 类似文献 (Fan and Li, 2001), 我们利用对惩罚函数进行二次局部逼近的方法来给出一个迭代计算过程. 具体地有, 在任一给定非零 θ_0 的某个小邻域内, 惩罚函数 $p_\lambda(\cdot)$ 在 θ_0 点可以渐近表示为

$$p_\lambda(|\theta|) \approx p_\lambda(|\theta_0|) + \frac{1}{2} \frac{p_\lambda'(|\theta_0|)}{|\theta_0|} (\theta^2 - \theta_0^2).$$

对于对数扩展拟似然函数, 可以将其在 θ_0 的附近进行 Taylor 展开可得

$$Q^+(\theta) \approx Q^+(\theta_0) + \left[\frac{\partial Q^+(\theta_0)}{\partial \theta} \right]^{\mathrm{T}} (\theta - \theta_0) + \frac{1}{2} (\theta - \theta_0)^{\mathrm{T}} \left[\frac{\partial^2 Q^+(\theta_0)}{\partial \theta \partial \theta^{\mathrm{T}}} \right] (\theta - \theta_0),$$

那么

$$\mathcal{L}(\theta) \approx Q^+(\theta_0) + \left[\frac{\partial Q^+(\theta_0)}{\partial \theta} \right]^{\mathrm{T}} (\theta - \theta_0) + \frac{1}{2} (\theta - \theta_0)^{\mathrm{T}} \left[\frac{\partial^2 Q^+(\theta_0)}{\partial \theta \partial \theta^{\mathrm{T}}} \right] (\theta - \theta_0) - \frac{n}{2} \theta^{\mathrm{T}} \Sigma_\lambda(\theta_0) \theta,$$

其中

$$\Sigma_\lambda(\theta_0) = \mathrm{diag}\left\{\frac{p'_{\lambda_{11}}(|\beta_{01}|)}{|\beta_{01}|}, \cdots, \frac{p'_{\lambda_{1p}}(|\beta_{0p}|)}{|\beta_{0p}|}, \frac{p'_{\lambda_{21}}(|\gamma_{01}|)}{|\gamma_{01}|}, \cdots, \frac{p'_{\lambda_{2q}}(|\gamma_{0q}|)}{|\gamma_{0q}|}\right\}.$$

进而, 根据 Newton-Raphson 算法, 可以得到如下迭代计算过程,

Step 1　　给定初始值 $\theta^{(0)}$.

Step 2　　令 $\theta^{(0)} = \theta^{(k)}$, 通过以下迭代公式解得 $\theta^{(k+1)}$

$$\theta^{(k+1)} = \theta^{(k)} - \left\{\frac{\partial^2 \mathcal{L}(\theta^{(k)})}{\partial\theta\partial\theta^{\mathrm{T}}}\right\}^{-1}\left\{\frac{\partial \mathcal{L}(\theta^{(k)})}{\partial\theta}\right\}.$$

Step 3　　重复 Step 2, 直到收敛, 并且记最终 θ 为估计 $\hat{\theta}$.

在以上迭代计算过程中, 初值 $\theta^{(0)}$ 可以选为没有惩罚的极大扩展拟似然估计. 调整参数 $\{\lambda_j, j = 1, 2, \cdots, s\}(s = p+q)$. 采用 BIC 方法(Wang et al., 2007) 选择. 要同时选择多个调整参数是非常困难的. 在实际应用中, 我们建议 $\lambda_j = \dfrac{\lambda_0}{|\tilde{\theta}_j^{(0)} \times t|}, j = 1, 2, \cdots, s$, 其中 $\tilde{\theta}_j^{(0)}$ 是没有惩罚的极大扩展拟似然估计 $\tilde{\theta}^{(0)}$ 的第 j 个元素. 由于均值部分和方差部分的联系函数都是非线性的, 因此用 t 来调整. 若 $\tilde{\theta}_j^{(0)}$ 对应的参数是 β 部分, 那么 $t = \displaystyle\sum_{i=1}^{n}\frac{d\mu_i}{d\beta_j}(j = 1, \cdots, p)$; 若 $\tilde{\theta}_j^{(0)}$ 对应的参数是 γ 部分, 那么 $t = \displaystyle\sum_{i=1}^{n}\frac{d\phi_i}{d\gamma_{j-p}}(j = p+1, \cdots, p+q)$. 这样的话, s 元的问题就转换成一元的问题. 其中 λ_0 就可以根据以下 BIC 来选择

$$\mathrm{BIC}(\lambda) = -\frac{2}{n}Q^+(\hat{\beta}, \hat{\gamma}) + df_\lambda \times \frac{\log(n)}{n},$$

其中 df_λ 是估计 $\hat{\theta}$ 中非零的个数. 通过这种方法所给出的调整参数满足对零系数的调整参数大于对非零系数的调整参数. 进而我们可以在给出非零系数相合估计的同时, 把零系数的估计压缩为零, 从而达到变量选择的目的. 数据分析的结果也可以看出, 我们所提出的调整参数的选择方法是可行的.

类似于文献 (Fan and Li, 2001), 我们的变量选择方法也可以相合地识别出真实模型, 即模型中未知参数的最终估计也具有相合性和渐近正态性. 由于本章主要探讨的是双重 Logistic 模型在妊娠期高血压疾病研究中的具体应用, 因此模型的理论研究就不在这里详细讨论.

7.3　数　据　分　析

我们的数据来源于 2006~2008 年在某医院分娩, 具有完整的产前检查、入院、

出院以及产后随访记录的 900 例妊娠妇女. 由于情况不同, 每个研究对象参与检查和随访的次数各异. 影响这些次数的因素不只有研究对象本身的情况, 还有其他不可观测的因素. 对于每个研究对象, 除了是否为妊高病的诊断结果, 还有相关因素的观测值. 考虑到本项研究的目的在于分析影响妊高病发病概率的因素, 这里不做纵向数据分析, 只进行截面数据分析, 同时对在过程中从无妊高病到有妊高病诊断而其他状态变量无明显变化的患者的数据进行了归并, 整理后的数据即具有 7.2 节给出的样本形式, 其中大多数 $m_i = 1$.

众所周知, 影响妊高病发病率的相关因素有 CVT(X_1)、$K(X_2)$、CI(X_3)、TPR (X_4)、AGE(X_5)、年龄 (X_6)、体重指数 BMI(X_7)、初产 (X_8)、多胎 (X_9)、自然流产史 (X_{10})、妊高病史 (X_{11})、高血压家族史 (X_{12})、糖异常 (X_{13})、身高 (X_{14})、体重 (X_{15})、职业 (X_{16})、流产史 (X_{17})、糖尿病家族史 (X_{18})、高血压疾病家族史 (X_{19})、妊高病家族史 (X_{20})、X_0 表示截距项. 其中 BMI= 体重 (kg)/身高 m^2, K 表示脉搏波波形系数, TPR 表示正常组外周阻力, CI 表示心脏指数, 把以上所有的因素都考虑进到均值模型和散度模型中来, 即模型中的 $Z_i = X_i$. 有关这些因素数量化的处理方法见表 7-1. 在表 7-1 中 $I\{\cdot\}$ 表示示性函数. 利用双重 Logistic 回归模型同时进行变量选择和参数估计. 我们利用前面 800 个数据来做变量选择和参数估计, 然后利用后面 100 个数据做预测分析.

表 7-1　数量化方法

因素	变量	数量化
脉博波波形系数 (K)	X_2	$I\{K \geqslant 0.4\}$
心脏指数 (CI)	X_3	$I\{\text{CI}< 2.5\}$
外周阻力 (TPR)	X_4	$I\{\text{TPR} \geqslant 1.2\}$
AGE	X_5	$I\{\text{AGE} \geqslant 35 \text{ 岁}\}$
BMI	X_7	$I\{\text{BMI} \geqslant 24\}$
初产	X_8	是 $=1$, 否 $=0$
多胎	X_9	是 $=1$, 否 $=0$
自然流产史	X_{10}	是 $=1$, 否 $=0$
妊高病史	X_{11}	是 $=1$, 否 $=0$
高血压家族史	X_{12}	是 $=1$, 否 $=0$
糖异常	X_{13}	是 $=1$, 否 $=0$
职业	X_{16}	轻度劳累 $=0$, 中度劳累 $=1$, 重度劳累 $=2$
糖尿病家族史	X_{18}	父母双方都没有 $=0$, 只要一方有 $=1$
高血压疾病家族史	X_{19}	父母双方都没有 $=0$, 只要一方有 $=1$
妊高病家族史	X_{20}	母亲没有 $=0$, 母亲有 $=1$

我们利用前面 800 个数据应用 7.2 节的模型和算法做变量选择和参数估计得到的结果在表 7-2 中. 其中 "QMLE" 表示极大扩展拟似然得到的一般极大似然估计,"SCAD" 表示基于 SCAD 罚函数极大惩罚扩展拟似然得到的估计.

表 7-2　对影响妊高病的相关因素进行变量选择和参数估计的结果

β	QMLE	SCAD	γ	QMLE	SCAD
β_0	-1.3199	-1.6979	γ_0	-0.0259	0
β_1	1.1681	1.1346	γ_1	-0.0317	0
β_2	0.5786	0.5320	γ_2	0.0680	0
β_3	-0.5473	-0.4572	γ_3	-0.0670	0
β_4	1.3714	1.2404	γ_4	0.0265	0
β_5	0.6922	0.4545	γ_5	0.0923	0
β_6	-0.1415	0	γ_6	-0.0340	0
β_7	0.3766	1.5267	γ_7	-0.1647	-0.0825
β_8	-0.1543	0	γ_8	-0.0496	0
β_9	0.9300	0.9810	γ_9	0.3455	0.4024
β_{10}	1.3238	1.0762	γ_{10}	0.0491	0
β_{11}	0.4202	0	γ_{11}	1.3273	1.2163
β_{12}	-0.2665	0	γ_{12}	-0.0425	0
β_{13}	0.2127	0	γ_{13}	0.2209	0.1849
β_{14}	-0.0626	0	γ_{14}	-0.0681	0
β_{15}	0.7764	0	γ_{15}	0.2254	0.1548
β_{16}	0.1059	0	γ_{16}	0.0597	0
β_{17}	-0.0560	0	γ_{17}	-0.0302	0
β_{18}	-0.4904	-0.4981	γ_{18}	-0.0381	0
β_{19}	-0.2665	0	γ_{19}	-0.0425	0
β_{20}	-1.4714	0	γ_{20}	-0.9661	0

从表 7-2 中, 我们可以看出: 在均值模型部分通过变量选择剔除了变量年龄 (X_6)、初产 (X_8)、妊高病史 (X_{11})、高血压家族史 (X_{12})、糖异常 (X_{13})、身高 (X_{14})、体重 (X_{15})、职业 (X_{16})、流产史 (X_{17})、高血压疾病家族史 (X_{19})、妊高病家族史 (X_{20}); 在保留下来的变量中 CVT(X_1), K(X_2), TPR(X_4), AGE(X_5), BMI(X_7), 多胎 (X_9), 自然流产史 (X_{10}) 表现出很强的正相关; 而变量 CI(X_3), 糖尿病家族史 (X_{18}) 表现出一定的负相关. 在方差模型中我们挑选出了影响模型方差的变量 BMI(X_7), 多胎 (X_9)、妊高病史 (X_{11})、糖异常 (X_{13})、体重 (X_{15}). 因此我们可以认为变量年龄 (X_6)、初产 (X_8)、妊高病史 (X_{11})、高血压家族史 (X_{12})、糖异常 (X_{13})、身高 (X_{14})、体重 (X_{15})、职业 (X_{16})、流产史 (X_{17})、高血压疾病家族史 (X_{19})、妊高病家族史 (X_{20}) 对妊娠期高血压疾病的发生影响不是很大, 这与现有此类研究文献的成果大体上是一致的.

在均值部分挑选出来的变量中, 脉搏波波形系数 K 对妊高病的发病是有显著影响的. $K \leqslant 0.4$ 提示为低阻力, $K > 0.4$ 则为高阻力. 因此早在 20 世纪 80 年代, 丛克家和罗志昌 (1989) 就应用脉博波波形系数 K 值的异常来预测妊高病的发生, 为妊高病的发生提供预防和干预指导. 心脏指数 CI 降低也是妊高病发病的潜在危险因素. 本研究也显示 35 岁以上妊高病的发病率明显增加. 也就是认为年龄大于 35 岁是妊高病发病的危险因素. BMI 用来反映肥胖程度. 参照有关文献标准 (吴琦婵和李素芸,2001), 对于我国人群, 当 BMI≥24 时认为肥胖, 以 BMI=24 作为界限. 结果也显示肥胖作为妊高病的一项危险因素应该予以重视. 这也是由于肥胖孕妇的血脂水平高于理想体重孕妇或是低体重孕妇, 且肥胖孕妇的前列环素分泌减少, 过氧化酶增多, 从而引起血管收缩, 血小板聚集从而容易诱发妊高病. 我们还发现多胎妊娠是妊高病发病的危险因素. 双胎或者多胎妊娠的重要并发症之一就是妊高病, 这与赵伟平 (2008) 对长治市妇幼保健院 15 年来分娩的多胎妊娠 290 例, 其中并发妊高病的 56 例患者的临床资料进行分析得到的结论是一致的, 都是认为多胎妊娠较单胎妊娠更容易发生妊高病, 多胎妊娠发生妊高病的风险大约是单胎妊娠发生妊高病的 4~5 倍. 因此对于多胎妊娠妇女要加强监测, 随时发现不良情况, 尽可能地避免不良妊娠. 有无自然流产史对妊高病的发生也是具有显著影响的, 有关自然流产史与妊高病发病关系的文献报道较少, 赵伟和王建华 (2004) 在研究自然流产与妊高病发病关系时发现自然流产的次数影响妊高病的发生, 随着流产次数的增加, 患妊高病的风险性增加, 这和我们的结论相符. 有资料显示有自然流产史的孕妇患妊高病的风险性是无自然流产史孕妇的 3.38 倍. 此外, 我们从表 7-2 中也可以看出, CVT 和 TPR 越大, 孕妇在妊娠期越容易患妊高病.

目前有关妊娠期糖耐量异常或者妊娠期糖尿病与妊高病发病相关性的研究较多, 在两者相关性研究方面也存在一定的争议. 韩乃枝和李平 (2006) 在妊娠期糖耐量异常与妊高病的相关性研究中得到结论是, 妊高病组中 OGTT 血糖异常者也显著高于正常组. 但是在本书中认为妊娠期糖异常不是妊高病发病的危险因素, 考虑到可能是因为数据量相对较少, 在一定程度上未能反映出妊娠期糖异常与妊高病发病的相关性, 也有可能是因为随着孕妇自我保健意识的加强, 孕期饮食结构的调整等使得妊娠期糖异常在正常组和妊高病组中分布差异逐渐弱化. 从我们的结果中还发现高血压家族史对妊高病发病的影响并不显著. 其实高血压具有一定的家族聚集性, 如果父母患有高血压则子女患高血压的风险会大大增加, 这可能与遗传因素以及共同的生活环境有关, 有调查研究显示父母有高血压史的孕妇患妊高病的估计相对危险度为 2.24(赵君丽等, 2005). 对于妊高病具有家族聚集性, 目前还没有发现特定的遗传模式和母源及胎儿遗传表型. 因此对于本书的结论, 也考虑可能是因为本研究为回顾性调查研究, 有些孕妇的父母本身已是高血压患者但由于没有典型的临床表现而不求医未被诊断为高血压. 有研究发现有妊高病家族史的孕妇再次患妊高病的概率会大大地增加. 但是在本研究中却认为它不是一个危险因素, 分析原因可能是有妊高病史的孕妇对正确的孕产期保健更加重视, 在孕早期即采取预防措施, 在一定程度上就大大降低了妊高病再次发生的可能性.

通过我们的研究最后还发现变量 BMI(X_7)、多胎 (X_9)、妊高病史 (X_{11})、糖异常 (X_{13})、体重 (X_{15}) 影响模型的方差和数据的波动性. 例如, 变量多胎 (X_9)、妊高病史 (X_{11})、糖异常 (X_{13})、体重 (X_{15}) 能比较大地影响数据的波动性. 而变量 BMI(X_7) 能控制数据的波动性. 又因为模型的方差能更好地解释数据变化的原因和规律, 所以找到影响方差的变量对研究妊高病具有重要的指导作用.

妊高病的预测一直以来都是广大妇产科医生关注的焦点, 妊高病严重危害母亲和胎儿的健康, 寻找一种方便快捷且经济实惠的妊高病预测方法显得尤其重要. 本书基于以上得到的惩罚极大似然估计结果给出一种比较有效实用的预测方法.

因为在实际应用中, 我们可以根据一个阈值 T, 只要预测概率 $P > T$, 我们就可以认为很可能发生妊高病; 但是由于选择阈值 T 带有一定的主观性, 本书提出了一种较为客观的选择方法. 我们根据前面 800 个数据, 找到使得预测最准确的 T 作为阈值, 然后根据这个阈值进行预测分析. 通过计算得到基于 QMLE 的阈值为 0.55 和基于罚极大似然估计得到的阈值为 0.45; 然后根据这两个阈值分别对剩下的 100 个数据做预测分析. 在这里我们也通过用经典的散度不带结构的 Logistic 模型分析来作比较, 记其极大似然估计为 "SMLE", 然后同样基于 SMLE 对数据进行预测分析, 具体结果在表 7-3 中.

表 7-3　预测分析结果

阈值	预测 (QMLE)	预测 (SCAD)	预测 (SMLE)
0.55	61%	65%	59%
0.45	72%	73%	67%

从表 7-3 中的第二列和第三列可以看出, 基于惩罚极大似然估计得到的预测准确率要比基于 QMLE 得到的结果高. 因此, 从这个角度我们也认为变量选择已经起到了很大的作用. 因为在实际工作中, 我们可能会把对妊高病影响很小或者根本不影响的相关因素罗列进来, 并且有些变量的观测数据获得需要昂贵的费用, 这样势必会造成此研究需要的人力物力的不必要加大, 所以首先对模型中的预测变量进行变量选择是很有必要的, 这也能大大地减少此项研究的工作量.

从表 7-3 中的最后一列我们也发现, 基于散度带结构的 Logistic 模型的预测准确率要明显高于基于经典的散度不带结构的 Logistic 模型的结果. 因此在妊娠期高血压疾病的研究中运用双重 Logistic 模型来对危险因素进行统计分析是很有必要的.

7.4 小 结

本章主要研究了双重 Logistic 模型在妊高病危险因素分析中的具体应用, 采用目前比较流行的 SCAD 方法, 对危险因素进行变量选择和参数估计. 然后基于参数估计提出了一种比较客观的预测方法, 并且把基于惩罚扩展拟似然估计的预测结果与基于经典的散度不带结构的极大似然估计得到的预测准确率做比较, 得出基于双重 Logistic 模型得到的预测准确率比较高的结论. 同时也发现通过变量选择, 剔除了很多对妊高病影响很小或者根本不影响的变量, 并且最后做预测分析的结果也要比不剔除变量的结果要高, 这也说明我们的变量选择方法对于此项研究起到了很大的作用.

通过 SCAD 方法, 我们找出影响妊高病的危险因素有: CVT(X_1), $K(X_2)$, CI(X_3), TPR(X_4), AGE(X_5), BMI(X_7), 多胎 (X_9), 自然流产史 (X_{10}), 糖尿病家族史 (X_{18}). 我们也发现变量 BMI(X_7)、多胎 (X_9)、妊高病史 (X_{11})、糖异常 (X_{13})、体重 (X_{15}) 等因素影响数据的波动性.

综上所述, 本研究表明, 妊高病的危险因素既有临床流行病学因素 (AGE(X_5), BMI(X_7)、多胎 (X_9)、自然流产史 (X_{10})), 又有血流动力学因素 (CVT(X_1), $K(X_2)$, CI(X_3), TPR(X_4)). 因此妇幼保健医师在妊高病的防治工作中不但要重视临床流行病学因素对妊高病的影响, 也要对血流动力学因素在妊高病发病中的重要意义给予足够重视.

参 考 文 献

丛克家, 罗志昌. 1989. 应用桡动脉血流图预测妊高征 [J]. 中华妇产科杂志, 24(1): 5-7.

韩乃枝, 李平. 2006. 孕期糖耐量异常与妊娠期高血压疾病的相关性分析 [J]. 滨州医学院学报, 29(5): 398-399.

唐年胜, 韦博成. 2007. 非线性再生散度模型 [M]. 北京: 科学出版社.

王大荣. 2009. 分散度量模型中的变量选择 [D]. 北京: 北京工业大学.

王大荣, 张忠占. 2010. 线性回归模型中变量选择方法综述 [J]. 数理统计与管理, 29(4): 615-627.

王松桂, 史建红, 尹素菊. 2004. 线性模型引论 [M]. 北京: 科学出版社.

韦博成, 林金官, 吕庆哲. 2003. 回归模型中异方差或变离差检验问题综述 [J]. 应用概率统计, 19(2): 210-220.

韦博成, 林金官, 谢锋昌. 2009. 统计诊断 [M]. 北京: 高等教育出版社.

吴刘仓, 张忠占, 徐登可. 2012. 联合均值与方差模型的变量选择 [J]. 系统工程理论实践, 32(8): 1754-1760.

吴琦婵, 李素芸. 2001. 孕前体重指数及孕期体重增长对妊娠结局的影响 [J]. 中华围产医学杂志, 4(2): 81-84.

徐登可, 张忠占, 张松, 等. 2012. 妊娠期高血压疾病危险因素的统计分析 [J]. 应用概率统计, 28(2): 134-142.

赵君丽, 黄桂香, 姚卉, 等. 2005. 妊娠高血压综合症的危险因素分析 [J]. 包头医学院学报, 21(1): 26-27.

赵伟, 王建华. 2004. 妊娠高血压综合症的筛检及相关危险因素的研究 [J]. 中华流行病学杂志, 25(10): 845-847.

赵伟平. 2008. 双胎妊娠并发重度妊娠高血压疾病 56 例 [J]. 中国生育健康杂志, 19(5): 312-313.

Aitkin M. 1987. Modelling variance heterogeneity in normal regression using GLIM [J]. Applied Statistics, 36: 332-339.

Akaike H. 1973. Information theory and an extension of the maximum likelihood principle[C]//Petrov B N, Csaki F. Proceedings of the second international symposium on information theory. Budapest: 267-281.

Antoniadis A. 1997. Wavelets in statistics: a review [J]. Journal of the Italian Statistical Association, 6: 97-130.

Arellano-valle R B, Gomez H W, Quintana F A. 2004. A new class of skew-normal distributions[J]. Communications in Statistics—Theory and Methods, 33: 1465-1480.

Azme K, Ismail Z, Haron K, et al. 2005. Nonlinear growth models for modeling oil palm yield growth[J]. Journal of Mathematics, 1: 225-233.

Azzalini A. 2005. The skew-normal distribution and related multivariate families[J]. Scandinavian Journal of Statistics, 32: 159-188.

Azzalini A, Capitanio A. 2003. Distributions generate by perturbation of symmetry with emphasis on a multivariate skew-t distribution[J]. Journal of the Royal Statistical Society: Series B, 65: 367-389.

Azzalini A, Capitanio A. 1999. Statistical applications of the multivariate skew normal distribution[J]. Journal of the Royal Statistical Society: Series B, 3: 579-602.

Bergman B, Hynén A. 1997. Dispersion effects from unreplicated designs in the 2^{k-p} series[J]. Technometrics, 39: 191-198.

Bolfarine H, Montenigro L C, Lachos V H. 2007. Influence diagnostics for skew-normal linear mixed models[J]. Sankhyā: The Indian Journal of Statistics, 69: 648-670.

Breiman L. 1995. Better subset regression using the nonnegative garrote[J]. Technometrics, 37: 373-384.

Cabral C R B, Bolfarine H, Pereira J R. 2008. Bayesian density estimation using skew student-t-normal mixtures[J]. Computational Statistics & Data Analysis, 52: 5075-5090.

Cancho V G, Lachos V H, Ortega E M M. 2010. A nonlinear regression model with skew-normal errors[J]. Statistical Papers, 51: 547-558.

Candes E, Tao T. 2007. The dantzig selector: statistical estimation when p is much larger than n [J]. The Annals of Statistics, 35: 2313-2351.

Cao C Z, Lin J G, Zhu L X. 2010. Heteroscedasticity and/or autocorrelation diagnostics in nonlinear models with AR(1) and symmetrical errors[J]. Statistical Papers, 51: 813-836.

Carroll R J. 1986. The effect of variance function estimation on prediction and calibration: an example[M]//Gupta S S, Berger J O. Statistical Decision Theory and Related Topics IV, Volume II. New York: Springer.

Carroll R J, Rupert D. 1988. Transforming and Weighting in Regression[M]. London: Chapman and Hall.

Cepeda E, Gamerman D. 2001. Bayesian modeling of variance heterogeneity in normal regression models[J]. Brazilian Journal of Probability and Statistics, 14: 207-221.

Chatterjee S, Hadi A S. 2006. Regression analysis by example[M]. 4th ed. Hoboken, NJ, USA: John Wiley & Sons.

Chen X D. 2009. Bayesian analysis of semiparametric mixed-effects models for zero-inflated count data[J]. Communications in Statistics—Theory and Methods, 38: 1815-1833.

Chen X D, Tang N S. 2010. Bayesian analysis of semiparametric reproductive dispersion mixed-effects models[J]. Computational Statistics & Data Analysis, 54: 2145-2158.

Chen X D, Tang N S, Wang X R. 2012. Local influence analysis for semiparametric reproductive dispersion nonlinear models[J]. Acta Mathematicae Applicatae Sinica, English Series, 28(1): 75-90.

Christensen R. 1987. Plane Answers to Complex Questions: the Theory of Linear Models[M]. New York: Springer-Verlag.

Cook R D, Weisberg S. 1983. Diagnostics for heteroscedasticity in regression[J]. Biometrika, 70: 1-10.

Craven P, Wahba G. 1979. Smoothing noisy data with spline functions[J]. Numerische Mathematik, 31: 377-403.

Cui H J, Li R C. 1998. On parameter estimation for semi-linear errors-in-variables models[J]. Journal of Multivariate Analysis, 64: 1-24.

Davidian M, Carroll R J. 1988. A note on extended quasi-likelihood[J]. Journal of the Royal Statistical Society: Series B, 50: 74-82.

Diggle P, Heagerty P J, Liang K Y, et al. 2002. Analysis of Longitudinal Data[M]. Oxford: Oxford University Press.

Diggle P, Verbyla A. 1998. Nonparametric estimation of covariance structure in longitudinal data[J]. Biometrics, 54: 401-415.

Efron B, Hastie T, Johnstone I, et al. 2004. Least angle regression[J]. The Annals of Statistics, 32: 407-499.

Engel J, Huele A F. 1996. A generalized linear modeling approach to robust design[J]. Technometrics, 38: 365-373.

Engle R F, Granger W J C, Rice J, et al. 1986. Semiparametric estimates of the relation between weather and electricity scales[J]. Journal of the American Statistical Association, 81: 310-320.

Fahrmeir L, Kaufmann H. 1985. Consistency and asymptotic normality of the maximum likelihood estimator in generalized linear models[J]. The Annals of Statistics, 13(1): 342-368.

Fan J Q. 1993. Local linear regression smoothers and their mini-max efficiencies[J]. Annals of Statistics, 21(1): 196-216.

Fan J Q. 2007. Variable screening in high-dimensional feature space[J]. ICCM, 2:735-747.

Fan J Q, Gijbels I. 1996. Local polynomial modeling and its applications[M]. London: Chapman and Hall.

Fan J Q, Huang T, Li R Z. 2007. Analysis of longitudinal data with semiparametric estimation of covariance function[J]. Journal of the American Statistical Association, 102: 632-641.

Fan J Q, Li R Z. 2001. Variable selection via nonconcave penalized likelihood and its Oracle properties[J]. Journal of the American Statistical Association, 96: 1348-1360.

Fan J Q, Li R Z. 2004. New estimation and model selection procedures for semipara-
metric modeling in longitudinal data analysis[J]. Journal of the American Statistical
Association, 99: 710-723.

Fan J Q, Li R Z. 2006. Statistical challenges with high dimensionality: feature selection in
knowledge discovery[M]//Sanz-Sole M, Soria J, Varona J L, et al. Proceedings of the
international congress of mathematicians. Zurich: European Mathematical Society, 3:
595-622.

Fan J Q, Lv J. 2008. Sure independence screening for ultra-high dimensional feature
space[J]. Journal of the Royal Statistical Society: Series B, 70: 849-911.

Fan J Q, Lv J. 2010. A selective overview of variable selection in high dimensional feature
space[J]. Statistica Sinica, 20: 101-148.

Fan J Q, Peng H. 2004. Nonconcave penalized likelihood with diverging number of param-
eters[J]. The Annals of Statistics, 32: 928-961.

Fan J Q, Samworth R, Wu Y. 2009. Ultra-dimensional variable selection via independent
learning: beyond the linear model[J]. Journal of Machine Learning Research, 10: 1829-
1853.

Fan J Q, Song R. 2010. Sure independence screening in generalized linear models with NP-
dimensionality[J]. The Annals of Statistics, 38: 3567-3604.

Fan J Q, Wu Y. 2008. Semiparametric estimation of covariance matrices for longitudinal
data[J]. Journal of the American Statistical Association, 103: 1520-1533.

Fan Y L, Qin G Y, Zhu Z Y. 2012. Variable selection in robust regression models for
longitudinal data[J]. Journal of Multivariate Analysis, 109(1): 156-167.

Fan Y Y, Li R Z. 2012. Variable selection in linear mixed effects models[J]. Annals of
Statistics, 40: 2043-2068.

Foong F S. 1999. Impact of mixture on potential evapotranspiration, growth and yield
of palm oil. In: Proceeding PORIM International Palm Oil Conference(Agriculture),
265-287.

Fu W J. 1998. Penalized regression: the bridge versus the lasso[J]. Journal of Computa-
tional and Graphical Statistics, 7: 397-416.

Garcia R I, Ibrahim J G, Zhu H T. 2010. Variable selection for regression models with
missing data[J]. Statistica Sinica, 20(1): 149-165.

Gelman A. 1996. Inference and Monitoring Convergence in Markov Chain Monte Carlo in
Practice[M]. London: Chapman and Hall.

Gelman A, Roberts G O, Gilks W R. 1995. Efficient metropolis jumping rules[M]//Bern-
ardo J M, Berger J O, Dawid A P, Smith A F M. Bayesian Statistics, Oxford: Oxford
University Press, 5: 599-607.

Geyer C J. 1992. Practical markov chain monte carlo[J]. Statistical Science, 7: 473-483.

Gijbels I, Prosdocimi I, Claeskens G. 2010. Nonparametric estimation of mean and dispersion functions in extended generalized linear models[J]. Test, 19(3): 580-608.

Gupta A K, Chen T H. 2001. Goodness of fit tests for the skew-normal distribution[J]. Communications in Statistics−Simulation and Computation, 30: 907-930.

Harvey A. 1976. Estimating regression models with multiplicative heteroscedasticity[J]. Econometrica, 44: 461-465.

Harville D A. 1974. Bayesian inference for variance components using only error contrasts[J]. Biometrika, 61: 383-385.

He X M, Shi P. 1994. Convergence rate of B-spline estimators of nonparametric conditional quantile functions[J]. Journal of Nonparametric Statistics, 3:299-308.

He X, Fung W K, Zhu Z Y. 2005. Robust estimation in a generalized partial linear model for clustered data[J]. Journal of the American Statistical Association, 100: 1176-1184.

He X, Shi P D. 1996. Bivariate tensor-product B-splines in a partly linear model[J]. Journal of Multivariate Analysis, 58: 162-181.

He X, Zhu Z Y, Fung W K. 2002. Estimation in a semiparametric model for longitudinal data with unspecified dependence structure[J]. Biometrika, 89: 579-590.

Henze, N. 1986. A probabilistic representation of the "skew normal" distribution[J]. Scandinavian Journal of Statistics,13: 13271-13275.

Hu T, Cui H J. 2010. Robust estimates in generalized varying coefficient partially linear models[J]. Journal of Nonparametric Statistics, 22(6): 737-754.

Huang J, Horowitz J L, Ma S G. 2008. Asymptotic properties of bridge estimators in sparse high-dimensional regression models[J]. Annals of Statistics, 36: 587-613.

Huang J Z, Liu L, Liu N. 2007. Estimation of large covariance matrices of longitudinal data with basis function approximations[J]. Journal of Computational and Graphical Statistics, 16: 189-209.

Hurvich C M, Tsai C L. 1989. Regression and time series model selection in small samples[J]. Biometrika, 76: 297-307.

Jørgensen B. 1987. Exponential dispersion models (with discussion)[J]. Journal of the Royal Statistical Society: Series B, 49: 127-162.

Jørgensen B. 1997. The theory of dispersion models[M]. London: Chapman and Hall.

Jiang J. 1996. REML estimation: asymptotic behavior and related topics[J]. The Annals of Statistics, 24: 255-286.

Johnson B A. 2008. Variable selection in semiparametric linear regression with censored data[J]. Journal of the Royal Statistical Society: Series B, 70: 351-370.

Johnson B A, Lin D Y, Zeng D L. 2008. Penalized estimating functions and variable selection in semiparametric regression models[J]. Journal of the American Statistical Association, 103: 672-680.

Kai B, Li R, Zou H. 2011. New efficient estimation and variable selection methods for semiparametric varying-coefficient partially linear models[J]. The Annals of Statistics, 39(1): 305-332.

Kenvard M G. 1987. A method for comparing profiles of repeated measurements[J]. Applied Statistics, 36: 296-308.

Kou C F, Pan J X. 2009. Variable selection for joint mean and covariance models via penalized likelihood. http://www.manchester.ac.uk/mims/eprints, MIMS EPrint: 49.

Lee S Y, Zhu H T. 2000. Statistical analysis of nonlinear structural equation models with continuous and polytomous data[J]. British Journal of Mathematical and Statistical Psychology, 53: 209-232.

Lee Y, Nelder J A. 1998. Generalized linear models for the analysis of quality improvement experiments[J]. Canadian Journal of Statistics, 26(1): 95-105.

Lee Y, Nelder J A, Pawitan Y. 2006. Generalized Linear Models with Random Effects: Unified Analysis via H-likelihood[M]. London: Chapman and Hall.

Leng C, Tang C Y. 2012. Penalized empirical likelihood and growing dimensional general estimating equations[J]. Biometrika, 99: 703-716.

Leng, C, Zhang W, Pan J. 2010. Semiparametric mean-covariance regression analysis for longitudinal data[J]. Journal of the American Statistical Association, 105, 181-193.

Li A P, Chen Z X, Xie F C. 2012a. Diagnostic analysis for heterogeneous log-Birnbaum-Saunders regression models[J]. Statistics & Probability Letters, 82: 1690-1698.

Li G R, Peng H, Zhang J, et al. 2012b. Robust rank correlation based screening[J]. Annals of Statistics, 40(3): 1846-1877.

Li R, Liang H. 2008. Variable selection in semiparametric regression modeling[J]. Annals of Statistics, 36: 261-286.

Liang H, Härdle W, Carroll R J. 1999. Estimation in a semiparametric partially linear errors-in-variables model[J]. The Annals of Statistics, 27: 1519-1535.

Liang H, Li R Z. 2009. Variable selection for partially linear models with measurement errors[J]. Journal of the American Statistical Association, 104: 234-248.

Liang K Y, Zeger S L. 1986. Longitudinal data analysis using generalized linear models[J]. Biometrika, 73: 13-22.

Lin J G, Wei B C, Zhang N S. 2004. Varying dispersion diagnostics for inverse gaussian regression models[J]. Journal of Applied Statistics, 31: 1157-1170.

Lin J G, Wei B C. 2003. Testing for heteroscedasticity in nonlinear regression models[J]. Communications in Statistics—Theory and Methods, 32: 171-192.

Lin J G, Xie F C, Wei B C. 2009a. Statistical diagnostics for skew-t-normal nonlinear models[J]. Communications in Statistics—Simulation and Computation, 38: 2096-2110.

Lin J G, Zhu L X, Xie F C. 2009b. Heteroscedasticity diagnostics for t linear regression models[J]. Metrika, 70: 59-77.

Lin T I, Wang W L. 2011. Bayesian inference in joint modelling of location and scale parameters of the t distribution for longitudinal data[J]. Journal of Statistical Planning and Inference, 141: 1543-1553.

Lin T I, Wang Y J. 2009. A robust approach to joint modeling of mean and scale covariance for longitudinal data[J]. Journal of Statistical Planning and Inference, 139: 3013-3026.

Mallows C L. 1973. Some comments on C_p [J]. Technometrics, 15: 661-675.

Mao J, Zhu Z Y. 2011a. Joint mean-covariance models with applications to longitudinal data in partially linear model[J]. Communications in Statistics—Theory and Methods, 40(17): 3119-3140.

Mao J, Zhu Z Y. 2011b. Joint semiparametric mean-covariance model in longitudinal study[J]. Science China Mathematics, 54(1): 145-164.

McCullagh P, Nelder J A. 1989. Generalized Linear Models[M]. 2nd ed. London: Chapman and Hall.

Nair V N, Pregibon D. 1986. A data analysis strategy for quality engineering experiments[J]. AT & T Technical Journal, 65: 73-84.

Nair V N, Pregibon D. 1988. Analyzing dispersion effects from replicated factorial experiments[J]. Technometrics, 30: 247-257.

Neldera J A. 2000. Quasi-likelihood and pseudo-likelihood are not the same thing[J]. Journal of Applied Statistics, 27: 1007-1011.

Neldera J A, Pregibon D. 1987. An extended quasi-likelihood function[J]. Biometrika, 74(2): 221-232.

Neldera J A, Wedderburn R W M. 1972. Generalized linear models[J]. Journal of the Royal Statistical Society: Series A, 135(3): 370-384.

Ni X, Zhang D, Zhang H H. 2010. Variable selection for semiparametric mixed models in longitudinal studies[J]. Biometrics, 66: 79-88.

Park R E. 1966. Estimation with heteroscedastic error terms [J]. Econometrica, 34: 888.

Peng H, Huang T. 2011. Penalized least squares for single index models[J]. Journal of Statistical Planning and Inference, 141: 1362-1379.

Pourahmadi M. 1999. Joint mean-covariance models with applications to longitudinal data: unconstrained parameterisation[J]. Biometrika, 86: 677-690.

Pourahmadi M. 2000. Maximum likelihood estimation for generalised linear models for multivariate normal covariance matrix[J]. Biometrika, 87: 425-435.

Pregibon D. 1984. Review of generalized linear models (by McCullagh P, NELDER J A)[J]. The Annals of Statistics, 12: 1589-1596.

Qu A, Lindsay B G, Li B. 2000. Improving generalized estimating equations using quadratic inference functions[J]. Biometrika, 87: 823-836.

Rao C R, Toutenburg H. 1995. Linear Model: Least Squares and Alternatives[M]. New York: Springer-Verlag.

Rigby R A, Stasinokpolous D M. 1996. Mean and dispersion additive models[M]//Hardle W, Schimek M G. Statistical Theory and Computational Aspects of Smoothing. Berlin: Physica-Verlag: 215-230.

Roberts G. 1996. Markov Chain Concepts Related to Sampling Algorithm[M]. London: Chapman and Hall.

Rothman A J, Levina E, Zhu J. 2010. A new approach to cholesky-based covariance regularization in high dimensions[J]. Biometrika, 97: 539-550.

Ruppert D, Wand M P, Carroll R J. 2003. Semiparametric Regression[M]. New York: Cambridge University Press.

Sahu S K, Dey D K, Branco M. 2003. A new class of multivariate distributions with applications to Bayesian regression models[J]. Canadian Journal of Statistics, 29: 129-150.

Schumaker L L. 1981. Spline Function[M]. New York: Wiley.

Schwarz G. 1978. Estimating the dimension of a model[J]. Annals of Statistics, 6: 461-464.

Searle S R. 1971. Linear Models[M]. New York: John Wily.

Smyth G K. 1989. Generalized linear models with varying dispersion[J]. Journal of the Royal Statistical Society: Series B, 51: 47-60.

Stefanski L A, Carroll R J. 1990. Score tests in generalized linear measurement error models[J]. Journal of the Royal Statistical Society: Series B, 52(2): 345-359.

Stone J C. 1977. Consistent nonparametric regression[J]. Annals of Statistics, 5: 595-620.

Stute W, Zhu L X. 2002. Model checks for generalized linear models[J]. Scandinavian Journal of Statistics, 29(3): 535-545.

Sun Z M, Zhang Z Z, Du J. 2012. Semiparametric analysis of isotonic errors-in-variables regression models with missing response[J]. Communications in Statistics—Theory and Methods, 41: 2034-2060.

Sun Z M, Zhang Z Z. 2013. Semiparametric analysis of additive isotonic errors-in-variables regression models[J]. Statistics & Probability Letters, 83: 100-114.

Tang C Y, Leng C. 2010. Penalized high dimensional empirical likelihood [J]. Biometrika, 97: 905-920.

Tang N S, Chen X D, Wang X R. 2009. Consistency and asymptotic normality of profile-kernel and backfitting estimators in semiparametric reproductive dispersion nonlinear models[J]. Science in China Series A-Mathematics, 52(4): 757-770.

Tang N S, Duan X D. 2012. A semiparametric Bayesian approach to generalized partial linear mixed models for longitudinal data[J]. Computational Statistics & Data Analysis, 56: 4348-4365.

Tang N S, Wei B C, Zhang W Z. 2006. Influence diagnostics in nonlinear reproductive dispersion mixed models[J]. Statistics, 40: 227-246.

Tang N S, Zhao Y Y. 2013. Semiparametric Bayesian analysis of nonlinear reproductive dispersion mixed models for longitudinal data[J]. Journal of Multivariate Analysis, 115: 68-83.

Taylor J T, Verbyla A P. 2004. Joint modelling of location and scale parameters of the t distribution[J]. Statistical Modelling, 4: 91-112.

Tibshirani R. 1996. Regression shrinkage and selection via the lasso[J]. Journal of the Royal Statistical Society: Series B, 58: 267-288.

Van Der Varrt A W. 1998. Asymptotic Statistics[M]. Cambridge: Cambridge University Press.

Verbyla A P. 1993. Modelling variance heterogeneity: residual maximum likelihood and diagnostics[J]. Journal of the Royal Statistical Society: Series B, 52: 493-508.

Wang C Y, Wang S J, Gutierrez R G, et al. 1998. Local linear regression for generalized linear models with missing data[J]. Annals of Statistics, 26(3): 1028-1050.

Wang D R, Zhang Z Z. 2009. Variable selection in joint generalized linear models[J]. Chinese Journal of Applied Probability and Statistics, 25: 245-256.

Wang H, Li B, Leng C. 2009. Shrinkage tuning parameter selection with a diverging number of parameters[J]. Journal of the Royal Statistical Society: Series B, 71: 671-683.

Wang H, Li R, Tsai C. 2007. Tuning parameter selectors for the smoothly clipped absolute deviation method[J]. Biometrika, 94: 553-568.

Wang H, Xia Y. 2009. Shrinkage estimation of the varying coefficient model[J]. Journal of the American Statistical Association, 104: 747-757.

Wang H, Zhu Z Y, Zhou J H. 2009. Quantile regression in partially linear varying coefficient models[J]. Annals of Statistics, 37(6): 3841-3866.

Wang L, Li H, Huang J Z. 2008. Variable selection in nonparametric varying-coefficient models for analysis of repeated measurements[J]. Journal of the American Statistical Association, 103: 1556-1569.

Wang Q H, Lindon O, Härdle W. 2004. Semiparametric regression analysis with missing response at random[J]. Journal of the American Statistical Association, 99: 334-345.

Wang Q H, Sun Z H. 2007. Estimation in partially linear models with missing responses at random[J]. Journal of Multivariate Analysis, 98: 1470-1493.

Wang S G, Chow S C. 1994. Advanced Linear Model[M]. New York: Marcel Dekker Inc.

Wedderburn R W M. 1974. Quasi-likelihood function, generalized linear Models, and gauss-newton method[J]. Biometrika, 61: 439-447.

Wei B C, Shi J Q, Fung W K, et al. 1998. Testing for varying dispersion in exponential family nonlinear models[J]. Annals of The Institute of Statistical Mathematics, 50: 277-294.

Wong H, Liu F, Chen M, et al. 2009. Empirical likelihood based diagnostics for heteroscedasticity in partially linear errors-in-variables models[J]. Journal of Statistical Planning and Inference, 139: 916-929.

Wu L C. 2014. Variable Selection in Joint Location and Scale Models of the Skew-t-Normal Distribution[J]. Communication in Statistics-Simulation and Computation, 43:615-630.

Wu L C, Li H Q. 2012. Variable selection for joint mean and dispersion models of the inverse gaussian distribution[J]. Metrika, 75: 795-808.

Wu Y C, Liu Y F. 2009. Variable selection in quantile regression[J]. Statistica Sinica, 19: 801-817.

Wu L C, Zhang Z Z, Xu D K. 2013. Variable selection in joint location and scale models of the skew-normal distribution[J]. Journal of Statistical Computation and Simulation, 83(7): 1266-1278.

Xie F C, Lin J G, Wei B C. 2009a. Diagnostics for skew-normal nonlinear regression models with AR(1) Errors[J]. Computational Statistics & Data Analysis, 53: 4403-4416.

Xie F C, Lin J G, Wei B C. 2010. Testing for varying zero-inflation and dispersion in generalized poisson regression models[J]. Journal of Applied Statistics, 9: 1509-1522.

Xie F C, Wei B C, Lin J G. 2009b. Homogeneity diagnostics for skew-normal nonlinear regression models[J]. Statistics & Probability Letters, 79: 821-827.

Xue D, Xue L G, Cheng W H. 2011. Empirical likelihood for generalized linear models with missing responses[J]. Journal of Statistical Planning and Inference, 141: 2007-2020.

Xu D K, Zhang Z Z. 2013. A semiparametric Bayesian approach to joint mean and variance models[J]. Statistics & Probability Letters, 83: 1624-1631.

Xu D K, Zhang Z Z. 2017. Bayesian inference for joint location and scale nonlinear models with skew-normal errors[J]. Communications in Statistics-Simulation and Computation, 46(1): 619-630.

Xu D K, Zhang Z Z, Du J. 2015. Skew-normal semiparametric varying coefficient model and score test[J]. Journal of Statistics Computation and Simulation, 85(2): 216-234.

Xu D K, Zhang Z Z, Wu L C. 2013. Joint variable selection of mean-covariance model for longitudinal data[J]. Open Journal of Statistics, 3: 27-35.

Xu D K, Zhang Z Z, Wu L C. 2014. Bayesian analysis of joint mean and covariance models for longitudinal data[J]. Journal of Applied Statistics, 41: 2504-2514.

Xu D K, Zhang Z Z, Wu L C. 2014. Variable selection in high-dimensional double generalized linear models[J]. Statistical Papers, 55: 327-347.

Xu D K, Zhang Z Z, Wu L C. 2016. Bayesian analysis for semiparametric mixed-effects double regression models[J]. Hacettepe Journal of Mathematics and Statistics, 45 (1): 279-296.

Xu J, Leng C, Ying Z. 2010. Rank-based variable selection in the accelerated failure time model[J]. Statistics and Computing, 20: 165-176.

Xue L G, Wang Q H. 2012. Empirical likelihood for single-index varying-coefficient models[J]. Bernoulli, 18: 836-856.

Xue L G, Zhu L X. 2007. Empirical likelihood for a varying coefficient model with longitudinal data[J]. Journal of the American Statistical Association, 102: 642-654.

Yang Y P, Xue L G, Cheng W H. 2010. Variable selection for partially linear models with randomly censored data[J]. Communications in Statistics—Simulation and Computation, 39(8): 1577-1589.

Ye H J, Pan J X. 2006. Modelling of covariance structures in generalized estimating equations for longitudinal data[J]. Biometrika, 93: 927-941.

Zhang W P, Leng C L. 2012. A moving average cholesky factor model in covariance modeling for longitudinal data[J]. Biometrika, 99: 141-150.

Zhang Z Z, Wang D R. 2011. Simultaneous variable selection for heteroscedastic regression models[J]. Science China Mathematics, 54(3): 515-530.

Zhao P X, Xue L G. 2009a. Variable selection for semiparametric varying coefficient partially linear models[J]. Statistics & Probability Letters, 79: 2148-2157.

Zhao P X, Xue L G. 2009b. Empirical likelihood inferences for semiparametric varying-coefficient partially linear errors-in-variables models with longitudinal data[J]. Journal of Nonparametric Statistics, 21(7): 907-923.

Zhao P X, Xue L G. 2010. Variable selection for semiparametric varying coefficient partially linear errors-in-variables models[J]. Journal of Multivariate Analysis, 101: 1872-1883.

Zhao W H, Zhang R Q, Lv Y Z, et al. 2014. Variable selection for varying dispersion beta regression model[J]. Journal of Applied Statistics, 41: 95-108.

Zhou H B, You J H, Zhou B. 2010. Statistical inference for fixed-effects partially linear regression models with errors in variables[J]. Statistical Papers, 51: 629-650.

Zhu L X, Cui H J. 2003. A semi-parametric regression model with errors in variables[J]. Scandinavian Journal of Statistics, 30: 429-442.

Zou H. 2006. The adaptive lasso and its Oracle properties[J]. Journal of the American Statistical Association, 101: 1418-1429.

Zou H, Hastie T. 2005. Regularization and variable selection via the elastic net[J]. Journal of the Royal Statistical Society: Series B, 67: 301-320.

Zou H, Li R. 2008. One-step sparse estimates in nonconcave penalized likelihood models[J]. Annals of Statistics, 36: 1509-1533.

索　引